古建筑抗震与振动控制关键技术

郑建国　徐　建　著

中国建筑工业出版社

图书在版编目（CIP）数据

古建筑抗震与振动控制关键技术/郑建国，徐建著
.—北京：中国建筑工业出版社，2022.6
ISBN 978-7-112-27452-9

Ⅰ.①古…　Ⅱ.①郑…②徐…　Ⅲ.①古建筑—抗震
加固　Ⅳ.①TU746.3

中国版本图书馆 CIP 数据核字（2022）第 094901 号

本书根据国家自然科学基金、国机集团科技发展基金等项目的科研和工程实践成
果编写而成。项目组经过十多年技术攻关，在古建筑抗震的基础理论、性能评价、性
能提升以及古建筑防工业振动的振动容许标准、振动预测方法、振动控制技术等方面
进行了系统的科学研究和工程实践，解决了古建筑抗震及振动控制中的关键技术难
题，取得一系列突破性的创新成果。全书共 6 章，内容涵盖研究背景及基础知识、古
建筑病害勘查及性能评估技术、古建筑容许振动标准、古建筑振动预测及评估技术、
古建筑抗震性能提升技术和古建筑多道防线振动控制技术。

本书注重理论知识与工程实践的结合，对于从事古建筑保护、结构抗震设计和振
动控制领域的科研人员及工程技术人员具有较强的指导和参考价值，同时也可作为高
等院校土木工程、交通工程等专业的高年级本科生参考书和研究生教材。

责任编辑：刘瑞霞　咸大庆
责任校对：党　蕾

古建筑抗震与振动控制关键技术
郑建国　徐　建　著
*
中国建筑工业出版社出版、发行（北京海淀三里河路 9 号）
各地新华书店、建筑书店经销
北京龙达新润科技有限公司制版
天津翔远印刷有限公司印刷
*
开本：787 毫米×1092 毫米　1/16　印张：21¼　字数：529 千字
2022 年 7 月第一版　　2022 年 7 月第一次印刷
定价：88.00 元
ISBN 978-7-112-27452-9
（39486）

编 委 会

主　编　郑建国（机械工业勘察设计研究院有限公司 总工程师
　　　　　　　全国工程勘察设计大师）

　　　　徐　建（中国机械工业集团有限公司 首席科学家
　　　　　　　中国工程院院士）

编　委　钱春宇（机械工业勘察设计研究院有限公司）

　　　　谢启芳（西安建筑科技大学）

　　　　张　凯（机械工业勘察设计研究院有限公司）

　　　　王　龙（机械工业勘察设计研究院有限公司）

　　　　李　欢（机械工业勘察设计研究院有限公司）

　　　　张利朋（西安建筑科技大学）

前　言

古建筑是世界各国历史发展的见证，具有极高的历史、文化、艺术和科学价值。由于古建筑存在历史久远、各种自然灾害侵蚀和材料性能退化等原因，结构产生许多缺陷；当面临地震灾害威胁时，容易遭受破坏甚至倒塌；随着历史古都城市建设的发展，地铁与地面交通、工业装备、施工机械等引起的振动对古建筑的影响是亟待解决的问题。因此，开展古建筑的抗震与振动控制关键技术研究，减轻或避免古建筑的地震震害，减小或消除因交通等振动引起古建筑的损伤，确保古建筑的结构安全和久远传承，具有重要的社会意义和工程应用价值。

为解决古建筑保护中的抗震与振动控制关键技术难题，并为编制相关国家标准提供技术支撑，由机械工业勘察设计研究院有限公司、中国机械工业集团有限公司、西安建筑科技大学、北京交通大学、隔而固（青岛）振动控制有限公司、上海交通大学、西安交通大学、华中科技大学等单位联合组成科技项目组，基于广泛调研、现场勘查、模型试验、理论研究、工程实践等手段，针对古建筑勘查评估、震害机理、抗震性能退化、振动传播及响应、容许振动标准、抗震性能提升与振动控制等技术难题进行了系统研究，形成了两套基础性理论技术，编制了一系列相关标准，奠定了我国古建筑抗震与振动控制技术发展的基础。

项目部分成果已经被纳入国家标准《工程隔振设计标准》《动力机器基础设计标准》《地基动力特性测试规范》《建筑振动荷载标准》《建筑工程容许振动标准》《工程振动术语和符号标准》、中国工程建设标准化协会标准《古建筑抗震鉴定标准》《古建筑振动控制技术标准》以及陕西省工程建设标准《西安城市轨道交通工程监测技术规范》等。成果已广泛应用于古建筑勘查与评估以及振动防护与抗震工程，应用于明长城遗址、大明宫遗址、西安钟楼、明城墙、小雁塔、青海柳湾遗址等多个重点文保单位的保护工作。

本书由项目组主要成员对研究成果和工程实践总结而成，主要内容包括：古建筑抗震与振动控制关键技术概述、古建筑病害勘查及性能评估技术、古建筑容许振动标准、环境振动对古建筑影响预测及评估技术、古建筑抗震性能提升技术、古建筑多道防线振动控制技术等。具有较强的创新性，对古建筑的保护工作具有指导和借鉴作用。

参加本书编写工作的有：郑建国、徐建、钱春宇、谢启芳、张凯、王龙、李欢、张利朋等。

参加本项目研究工作的还有：机械工业勘察设计研究院有限公司张苏民、张炜、高术孝、李俊连、范寒光、丁吉峰、曹杰、王伟、董霄等；中国机械工业集团有限公司胡明祎；西安建筑科技大学薛建阳、隋龑；北京交通大学刘维宁、马蒙；隔而固（青岛）振动控制有限公司尹学军、高星亮；上海交通大学陈龙珠、宋春雨；西安交通大学廖红建、李杭州、宋丽等；华中科技大学郑俊杰、章荣军；西安市轨道交通集团有限公司李宇东、康佐、邓国华等。

本项目科研及本书编写过程中得到了中国文化遗产研究院、陕西省文物局、西安市文物局以及西安城墙管理委员会等部门的大力支持，同时也参考了一些专家的著作、论文和其他科研成果，在此一并感谢！

本书有不当之处，请提出宝贵意见。

目　　录

第1章 概述

1.1 中国古建筑发展概况

中国是具有五千年历史的文明古国，随着时代的发展，建（构）筑物无论从形式、艺术、结构技术等方面，都在不断地进步与发展。由于自然气象的原因与历年战乱等人为因素，绝大部分重要建筑已不复存在，但是尚有少数建筑与工程历经数百年，甚至数千年，至今仍较完整地保存下来。因此，这些古建筑及伟大的工程是祖国弥足珍贵的财富，也是世界文明的重要见证。

古建筑，广义上不仅是指建筑物（宫殿、寺庙、楼阁、民居），还应包括重大的构筑物与工程，如古长城、城墙、古塔、桥梁、石窟等。中国的古建筑不仅在艺术造型、结构构造等方面和现代建筑物存在很大差异，而且在结构体系以及受力性能、抗震性能方面也与现代建筑迥然不同。中国古建筑与西方古建筑在用材、结构构造以及受力体系等方面也截然不同。中国古建筑的主体结构，包括柱架体系、屋盖梁架体系以及作为两者之间过渡的铺作层，绝大多数均为木材建造，而且有其独特的造型与连接方式。西方的古建筑，起初虽有用木材等多种材料建造，但最后基本趋于用石材建造的石结构，这与木结构不仅在材料上有极大的差异，其受力体系也与木结构完全不同。受中国古建筑的影响，日本、韩国及东南亚国家保存着少数中国式古建筑。比较有名的有日本飞鸟时代的建筑，如奈良法隆寺金堂、五重塔、奈良法起寺三重塔等。

中国的古建筑，根据考古与历史有据可查的，可追溯到距今10000～4000年的原始氏族社会（新石器时代）。原始氏族居民的居住方式，根据地域不同大致可分为穴居与巢居两大类。前者主要适宜于北方较干燥地区，后者主要适宜于南方潮湿地区。因此，古建筑遗址由此发展而来，大体可分为两大系统：其一是黄河中下游地区，史称仰韶文化时期，其典型实例为西安半坡和临潼姜寨遗址（图1.1.1），是从地穴、半地穴发展起来的建筑，已有木骨抹泥墙，上覆盖草泥顶；另一为由巢居发展起来的架空木构干阑，其典型实例为距今7000年前的河姆渡遗址（位于现今浙江余姚）（图1.1.2）。在河姆渡遗址中已有用榫卯与绑扎结合建成的干阑，这也是最早、最原始的榫卯结构。从距今10000年前起，由穴居或巢居发展起来的古代建筑，基本上已确立了以木结构为主要承重体系，此为古建筑结构体系的雏形。

商、周先民已发明了夯土技术，以加强房屋的地基与基础。这种夯土技术一直沿用至今，尤其在黄河中游、中西部湿陷性黄土地区（如河南、山西、陕西、甘肃等）。利用夯土技术不仅可增强地基与基础，更重要的是能消除黄土的湿陷性，使黄土地基的强度与安全性大为提高。典型的例证为河南安阳殷墟中商朝宫殿遗址（图1.1.3）。

(a) 西安半坡遗址   (b) 临潼姜寨遗址

图 1.1.1　仰韶文化时期古建筑遗址（复原图）

图 1.1.2　河姆渡遗址中干阑式建筑（复原图）

图 1.1.3　商朝宫殿遗址（复原图）

　　起初承柱的柱基均埋于地下，由于木材易受潮腐朽，进一步改进为柱架结构支撑于高台基上（图 1.1.4），即柱基逐渐由地下升至地面以置于地上的高台基上。高台基为夯土台基，运用石材护挡。台基之上有天然或经加工的础石作柱础，支承柱架。

　　应当指出的是，在出土的西周铜器上已出现柱上置栌斗，柱间用额枋（也称"阑额""梁额"）、横枋（相当于梁）相连，横枋施于栌斗斗口内。这是标志古代建筑一大特色的斗栱的雏形。我们常说"秦砖汉瓦"，实际上西周已出现板瓦、筒瓦、人字形脊瓦。在陕

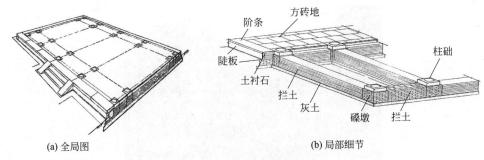

(a) 全局图　　　　　　　　　　　(b) 局部细节

图 1.1.4　台基层构造

西岐山关于西周立国以前的建筑遗址中，除了一般的木构架草屋顶外，已局部用瓦。到战国时，宫室已使用模制花纹地面砖和瓦当，地面及踏步甚至铺设具有内排水功能的空心砖。

据文献记载，春秋时期已经使用"重屋"，即多层房屋，说明已具备了构建多层房屋的技术。

秦统一六国建立秦王朝后，秦始皇在大兴土木方面做了几件大事，为其修宫殿、陵墓和修建长城。在骊山下秦皇陵侧的地宫中已有双额枋和用榫卯连接的柱构架。在修建长城中大量使用烧制青砖，是为"秦砖"。经过烧制，块体强度比生土大大提高，沿用至今，仍为应用广泛的建筑材料。

最迟在东汉时期，木构架的主要形式已经形成，即抬梁式（图 1.1.5a）和穿斗式（图 1.1.5b）。抬梁式结构是木构架的主要形式，各朝官式建筑均为抬梁式。中国古代建筑中许多独有的特点也反映在抬梁式建筑中，此外还有井干式木构架，即由圆木或方木层层叠成井干。由于用木材较多，早期多用于森林地区及南方等地，后已少用。

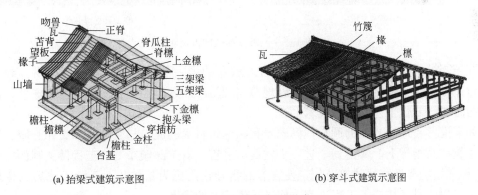

(a) 抬梁式建筑示意图　　　　　　　　(b) 穿斗式建筑示意图

图 1.1.5　木构架主要形式

西汉出现砖石拱券结构和双曲穹窿结构。拱券主要用于桥梁，以石拱桥为主，著名的赵州安济桥（图 1.1.6）即为石拱桥。在建筑中多用拱券作为门窗过梁及装饰，也有用多重拱券、穹窿做成屋顶。西部地区村镇尚存在砖砌窑洞，实为砖拱结构。

古代建筑自夏、商、周、秦、汉逐步改进与完善，至隋、唐、宋时期，已达到近乎完美的程度，中国古建筑中最具特色的斗栱、榫卯连接技术已十分成熟。唐朝是继汉朝以后的又一个繁荣发达时期，因此土木建设也迅猛地发展并成熟。唐朝改大兴为长安（今西

图 1.1.6　赵州安济桥

安），修建了壮丽宏伟的大明宫、兴庆宫。遗憾的是大量宏伟的古建筑已毁于历代的战乱。建于 782 年的山西五台山南禅寺大殿（图 1.1.7a）为目前尚存的最早的木结构建筑，其他还有建于 1056 年的山西应县佛宫寺释迦塔（图 1.1.7b），是世界现存最高的木塔。

(a) 南禅寺大殿　　　　　　　　　　(b) 佛宫寺释迦塔

图 1.1.7　典型木结构古建筑

　　北宋李诫所编《营造法式》是我国官方颁布的第一部集规划、设计、用材、制作工艺、营造方法于一体的土木建筑"综合规范"，总结了我国几千年以来的建筑理念、设计思想与方法、制作工艺与营造技术。

　　如果说《营造法式》的颁布，标志着我国建筑技术的成熟与完美，那么元、明、清时期的建筑在其指导下，又得到了进一步发展与完善。清工部颁布的《工程做法则例》列出了 27 种常用的典型官式建筑范例，使官方的指导作用更为具体化，无疑为此后的建筑既保证了工程质量又加快了工程进度，促进了建筑业的发展。

1.2　古建筑的结构特征

1.2.1　木结构古建筑的结构特征

　　木结构古建筑在其漫长的发展过程中逐渐形成若干区别于其他建筑体系的基本特点。

初具雏形于商、周之时，延续至清末，历时至今有 3000 多年。其间不断发展变化，但有一些基本特点逐渐固定了下来。被近现代建筑史学家大体归纳为以下六个方面：

（1）木构架始终为房屋的主要结构形式

中国古代建筑的主要特点之一是房屋多为木构架建筑。以木构架为房屋骨架，承屋顶和各层荷载；墙壁是围护结构，只承担自重。砖石结构古建筑就全国范围和历史发展而言，始终未能大量使用。

（2）屋面凹曲、屋角上翘的大屋顶

柱梁式房屋的屋面轮廓在汉代还是平直的。自南北朝以来开始出现用调节每层小梁下瓜柱或驼峰高度的方法，形成下凹的弧面屋面，使檐口处坡度变平缓，以利采光和排水。中国古建筑的屋顶有硬山、悬山、歇山、庑殿、攒尖以及卷棚等形式（图1.2.1）。宋以前角梁和椽都架在檩上，而角梁之高大于椽径 2 倍左右。在汉代，椽子和角梁下面取平，故屋檐平直，但构造上有缺陷。至南北朝时，开始出现使椽上皮略低于角梁上皮的做法，下用三角形木垫托，撑起诸椽，这就出现了屋角起翘的形式。至唐成为通用做法，后世更设法加大翘起的程度，遂成为中国古代重要建筑在屋顶外观上又一显著特征，称为"翼角"。

硬山　　　　　　悬山　　　　　　歇山

庑殿　　　　　　攒尖　　　　　　卷棚

图 1.2.1　传统木结构屋盖主要形式

（3）重要建筑使用斗栱

至西周初，在较大的木构架建筑中，已在柱头承梁、檩处垫木块，以增大接触面；又从檐柱柱身向外挑出悬臂梁，梁端用木块、木枋垫高，以承挑出较多的屋檐，保证台基和构架下部不受雨淋。垫块和木枋、悬臂梁经过艺术加工、即成为中国古代建筑中最特殊的部分——"斗"和"栱"的雏形，其组合体合称"斗栱"（图1.2.2）。到唐、宋时，斗栱发展到高峰，从简单的垫托和挑檐构件，发展成与横向的梁和纵向的柱头枋穿插交织、位于柱网之上的一圈井字格形复合梁垫。除向外挑檐、向内承室内天花板外，更主要的作用近似于现代建筑中的连接纵横向梁的柱帽、十字交叉垫梁，成为大型重要建筑结构上不可缺少的部分。元、明、清时，柱头之间便用了大小额枋和随梁枋等，使柱网本身的整体性加强，斗栱使用得更灵巧，体量逐渐缩小。斗栱在中国古代木构架中使用了 2000 年以上，从简单的垫托到起重要作用，标志着木构架从简单到复杂再到简单的进步过程。

（4）以间为单位，采用模数制的设计方法

中国古代建筑的两道屋架之间的空间称一间，是房屋的基本计算单位。每间房屋的面宽、进深和所需构件的断面尺寸，到南北朝后期已有一套模数制的设计方法，到宋代发展得更为完备精密，并记录在公元 1103 年编定的《营造法式》这部建筑法规中。这种设计

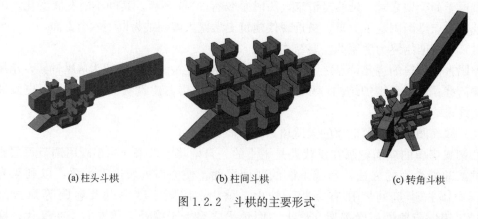

(a) 柱头斗栱　　　　　　　　　(b) 柱间斗栱　　　　　　　　　(c) 转角斗栱

图 1.2.2　斗栱的主要形式

方法是把建筑所用标准木材（即栱和柱头枋所用之料）称"材"，"材"分若干等（宋式为八等），以材高的 1/15 为"分"，"材"高是模数，"分"是分模数。然后规定某种性质（如宫殿、衙署等）、某种规模（三、五、七、九间，单檐、重檐）的建筑大体要用哪一等材，再规定建筑物的面阔和构件断面应为若干"分"，并留有一定的伸缩余地。建屋时，只要确定了性质、间数，按所规定的"材"的等级和"分"数建造，即可建成比例适当、构件尺寸合理，组装精当的房屋。"材"是直接表示构件横截面尺度的基本单位量，既便于计算使用，又便于用简单的平面单线草样图全面描述整体结构，不再需要绘制三视或剖面图。这种模数制的设计方法可以用简单的口诀在工匠间传播，有简化设计、便于制作、保持建筑群比例风格一致的优点。中国木构架房屋易于大量而快速组织设计和施工，构件是通用的，可以在不同建筑中多次使用，采用模数制设计方法是重要原因之一。

（5）室内空间灵活分隔

木构架房屋不需承重墙，内部可全部打通，也可按需要用木装修灵活分隔。木装修装在室内纵向或横向柱列之间。分隔方式可实可虚，自由方便。大型房屋还可把中部做单层的厅，左、右、后侧做二层，利用虚、实两种装修组织出部分敞开、部分隐秘而又互相连通和渗透的室内空间。

（6）结构构件与装饰的统一

木构架建筑的各种构件，往往应其形状、位置进行艺术加工，使之起装饰作用。例如，直柱可加工为八角柱或梭柱；柱下的础石如覆盆，侧面雕刻花纹，柱间额枋插入柱时的垫托构件雀替下部应其受力变化做成蝉肚曲线，在两侧加雕饰不影响受力截面；斗底抹斜、栱头加卷杀，改变其方木块和短木枋的原形，使斗栱兼具装饰效果；梁由直梁加工成月梁，表明了对梁受力特性的谙熟，是力与美的和谐统一；屋檐的飞椽端部也加卷杀，逐渐变得尖细，以增强翼角翠飞的效果。不仅木构件，屋顶瓦件也多兼实用、装饰于一身。例如，屋脊原是盖住屋顶转折处接缝的，鸱尾、吻兽是屋脊端头的收束构件，脊瓦上的蹲兽原是为防止屋瓦下滑所钉铁钉尾上的防水遮盖物，对这些部分稍加艺术处理，也都变成美观而独具特色的饰物。更加有趣的是古代匠师往往用一些装饰性雕刻，如力士、鸟兽神像等惟妙惟肖的形象，生动传神地说明构件和结构的力学功用。

1.2.2　砌体古建筑的结构特征

1. 古塔的结构特征

中国古塔因类型和功能的不同，在外形上有很大的差异，但作为高层建筑的一个特定
的种类，其结构仍可归纳为下部结构和上部结构两大部分。结合古塔的建筑特征，其主体结构自下而上由基础、地宫、基座、塔身、塔顶和塔刹组成（图 1.2.3）。

（1）基础

基础是建筑物的根本，相对于其他古建筑而言，塔体较为高大，占地面积相对较小；塔的地基基础承受的负荷，比一般建筑物大得多。因此，塔的地基基础，比其他建筑的基础更为重要。

建塔首先要选择合适的地区，要有良好的地势和地质条件。由于我国佛寺大都建在山区，建在平原地区的塔也基本选择地势高、土质坚硬的地点建造，所以佛塔大都满足上述两个条件。然而，大多数风水塔难以具备上述条件，一是风水塔的建造地点是依据风水学说确定；二是风水塔多处于城镇的低洼地区。

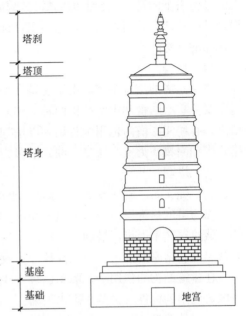

图 1.2.3　古塔的结构组成

塔的地基基础依据其建造场地可归纳为三类：①在石山上建塔，其基础大多直接坐落在山石之上；②在平原的土地上建塔，其基础下大多为夯实的土基；③在水边建塔，其基础大多采用木桩加固处理。

（2）地宫

地宫是我国佛塔构造特有的部分，是佛塔埋葬佛舍利之用，且与中国古代的深藏制度的结合。地宫是用砖石砌成的方形、六角形或圆形的地下室，大都整体埋入地下，也有一半埋入地下的。地宫中除了安置石函、金银、木质棺椁盛放舍利之外，还会放有各种物品、经书等。中华人民共和国成立之后清理和维修的许多古塔，都发现了地宫，有的还埋藏有舍利或其他文物，包括江苏镇江甘露寺铁塔、北京西长安街庆寿双塔、云南大理崇圣寺千寻塔、河北正定天宁寺凌霄塔地宫等，为古塔地宫形制与结构的研究提供了可靠的实物资料。

（3）基座

塔的基座覆盖在地宫之上，通常从基座正中向下即可探到地宫。早期的塔基一般都比较低矮，高度只有几十厘米，如北魏时期的嵩岳寺塔和东魏时期的四门塔，塔基都非常低矮，均是用素平砖石砌成。到了唐代，为了显示塔的高耸，建造了高大的基座，如西安唐代的小雁塔、大雁塔等。唐代以后，塔基有了急剧的发展，明显地分成基台与基座两部分。基台一般比较低矮，而且没有什么装饰；基座这一部分则大为发展，日趋富丽，成了整个塔中雕饰极为华丽的一部分。辽、金时期塔的基座大都为须弥座的形式，"须弥"指

佛教中佛与菩萨居住的须弥山，以须弥为名表示稳固之意。北京天宁寺塔的须弥座为八角形，高度约占了塔高的五分之一，是全塔的重要组成部分。此后，其他类型的塔的基座也往高大华丽的方向发展。喇嘛塔的基座发展得非常高大，几乎占了全塔的大部分体量，高度约占三分之一。金刚宝座塔的基座已经成为塔身的主要部分，基座比上部的塔身还要高大。过街塔下的基座也较上面的塔身要高大得多。塔的基座部分的发展，与我国建筑中重视台基的传统有着密切联系，它不仅保证了上层建筑物的坚固稳定，而且增强了艺术上庄严雄伟的气势。

（4）塔身

塔身是塔的结构主体，由于建筑类型不同，塔身的形式各异。塔身根据内部的结构情况主要分实心结构和中空结构两种。实心塔的内部有用砖石全部满铺满砌，也有用土夯实填满；有些实心塔内也用木骨填入以增加塔的整体连接，但结构仍然比较简单。大多数密檐式塔和喇嘛塔为实心塔身。阁式塔多为中空结构塔，内部可以攀登。

（5）塔刹

刹，梵文名"刹多罗"，意思是"土田"，代表国土，也称为"佛国"。塔刹是塔的顶子，作为塔的最为崇高的部分冠表全塔，至为重要，因此用了"刹"这个字。

从建筑艺术上讲，塔刹是全塔艺术处理的顶峰，以冠盖全塔的形象，所以对塔刹给以非常突出和精密的处理，使之高插云天或玲珑挺拔。

在建筑结构的作用上，塔刹也很重要，是作为收结顶盖用的部件。塔刹的作用是固定住屋盖汇集的构件，并防止雨水下漏。

塔刹的造型实际为一小型的佛塔，所以它的结构也明显地分为刹座、刹身、刹顶三个部分，内用刹杆直贯串联。刹座是刹的基础，覆压在塔顶之上，压着椽子、望板、角梁后尾和瓦垄，并包砌刹杆。刹身的形象特征是套贯在刹杆上的圆环，称为相轮，或称金盘、承露盘。刹顶，是全塔的顶尖，在宝盖之上，一般为仰月、宝珠等组成。刹杆是通贯塔刹的中轴，用于串联和支固塔刹的各个部分；一些较为高大的塔刹，常用铁链将刹杆与层脊相连，以增加其稳定性能。

2. 古城墙的结构特征

古城墙的结构是根据当地的气候条件而定的，按其构筑材料有如下几种类型：

（1）版筑夯土墙：版筑夯土墙是我国最早采用的构筑城墙的方法，它是以木板作模，内填黏土或灰石，层层用杵夯实修筑成的。

（2）土坯垒砌墙：它是用黏土先做成土坯，晒干后再用黏土作胶结材料，像砌砖一样垒砌而成，墙面外再抹一层黄泥作保护层。像嘉峪关的城墙，不少地方均是用土坯垒砌而成。

（3）青砖砌墙：到了唐代以后，制砖技术有了发展，对城门及附近的城墙，开始采取用砖包砌、内填土的方法来修筑；明清时期，采用双侧或单侧砌砖、内夯土的型制。

（4）石砌墙：它是用石砌筑的城墙，山石有的加工成条石，也有的是毛石。这样砌筑的城墙，能承受更大的垂直荷重，抵抗当时各种兵器的袭击，并能经受大自然的侵蚀。

（5）砖石混合砌筑：由于山石承重力好，又能抗自然侵蚀，所以长城不少关隘的城门、城墙以及长城许多地段，均以条石作基础。

西安城墙具有古建筑墙体结构典型特征，是中国现存规模最大、保存最完整的古代城垣。城墙墙高 12m，顶宽 12～14m，底宽 15～18m，轮廓呈封闭的长方形，周长 13.74km。最初的西安城墙用黄土分层夯打而成，最底层用土、石灰和糯米汁混合夯打，异常坚硬。后来又将整个城墙内外壁及顶部砌上青砖（图 1.2.4）。城墙顶部每隔 40～60m 有一道用青砖砌成的水槽，用于排水，对西安古城墙的长期保护起到了非常重要的作用。

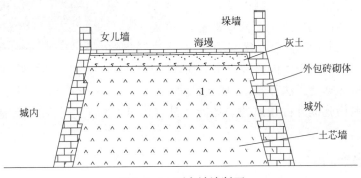

图 1.2.4　西安城墙断面

1.3　古建筑抗震与振动控制研究现状

我国处在世界两大地震带之间，是世界上受地震危害较大的国家之一，强烈的地震使得古建筑面临着巨大的威胁，历次大地震中均有古建筑受到不同程度的损害（图 1.3.1）。在 2008 年的汶川地震中，有 2 处文化遗产、167 处全国重点文物保护单位和 250 处省级文物保护单位遭受严重损坏；在 2013 年的芦山地震中，有 24 处全国重点文物保护单位和 78 处省级文物保护单位遭受不同程度的损害。在国外，地震也一直威胁着古建筑的安全，2015 年尼泊尔地震中，有 14 处历史遗迹遭彻底损毁，其中包括 12 处世界文化遗产。因此通过合理的加固措施提升古建筑的抗震能力是古建筑保护工作中亟待解决的关键问题。

(a) 梁架损毁(秦堰楼)　　　　　　　(b) 塔身震断(盐亭笔塔)

图 1.3.1　古建筑典型震害

另外，随着城市化进程的加快，城市公共交通建设逐渐增加。相对于地震发生的概率，处于城市交通网覆盖范围内的古建筑受地铁等环境振动影响更加频繁，并以人们难以觉察的程度和速度威胁着这些古建筑的安全。如捷克的某一古老教堂在交通振动的影响下,裂缝不断扩大,最终诱发了结构的倒塌;罗马著名的法尔内西纳山庄的挑檐垮落和壁画开裂也被认为与路面交通振动有直接关系;洛阳龙门石窟、敦煌壁画以及雕塑的损坏加快均与交通振动的快速增长有着密切的关系(图1.3.2)。振动对古建筑的影响可能要若干年乃至几十年才能显现出来,而造成的损伤和破坏却是无法补救,因此通过

图1.3.2 龙门石窟受振动影响发生的损坏

必要的振动控制措施提升古建筑的防振能力是古建筑保护工作中另一个需要解决的关键问题。

1.3.1 古建筑抗震技术

我国古建筑的结构形式以木结构和砌体结构为主。木结构古建筑虽然具有良好的抗震性能,但是由于自然环境的影响(风化、雨水侵蚀、火灾及白蚁等生物的虫害蛀蚀)以及人为的破坏,很多木结构古建筑在材料和结构性能等方面均出现了不同程度的劣化,抗震能力大大降低。而砌体结构由于自身承重材料的抗拉和抗剪强度相对较差,地震时比较容易发生破坏,抗震能力较弱。因此,为防止不可预期的地震对现存古建筑的破坏,需要在充分分析古建筑抗震机理的基础上采取合理的修缮加固措施。

1. 木结构古建筑

(1)木结构古建筑抗震机理

对木结构古建筑而言,独特的结构特点使其成为一个由多重隔震减震层次组成的结构体系,主要表现为柱浮搁平置于础石之上、结构构件之间采用榫卯连接、在柱架与屋盖梁架之间使用斗栱层以及采用重量大的屋盖。

多数木结构古建筑的柱脚与础石采用平摆浮搁的连接方式,实现了上部结构与基础的自然断离。在较小的地震作用下,结构可以利用柱与础石之间的摩擦力来抵抗水平荷载,但当水平荷载超过础石所能提供的摩擦力的时候,柱就开始在础石表面滑动,犹如一个滑移隔震装置。柱与础石之间的滑动一方面改变了结构在强震作用下的动力特性,起到一定的隔震作用;另一方面,柱脚的滑移能够提供一部分阻尼,减小了上部结构的动力响应,起到明显的减震效果。除了木结构古建筑底部没有复位装置外,其隔震减震机理几乎与现代结构中基础的滑移隔震是相同的。

木柱与木枋通过半刚性的榫卯节点连接,正是由于这种半刚性的特性,使得榫卯节点能够抵抗一定的倾覆弯矩。同时又能产生较大的转动变形,引起榫头与卯口局部受压,进而通过榫头与卯口间的摩擦(库仑或干摩擦阻尼)及榫头的塑性变形(材料阻尼或滞回阻尼),消耗部分地震能量,起到耗能减震的作用。

斗栱中的各构件(斗、栱、昂、枋等)通过相互咬合的凹形卡口连接,斗底与栱、栌斗与普拍枋之间为平置或暗梢连接,由于卡口间存在间隙,达不到完全密实,并且暗梢的抗剪能力有限,剪力作用下会发生剪切变形甚至折断,所以在地震作用下斗栱构件间可产

生相对摩擦滑动，这种摩擦滑移能够耗散一定的水平地震能量；斗栱各构件在竖直方向上层层垒叠，在上部正常竖向荷载作用下一般仅产生弹性压缩变形，如同巨大的弹簧垫层，可以耗散竖向的地震能量。单个斗栱通过正心枋、里外挑枋等构件的连接组成闭合的斗栱层，在柱架与屋盖之间形成整体性较好的垫层，其层间摩擦滑移及竖向弹性变形起到了一定的隔震减震作用，从而能够减小上部厚重屋盖层的地震反应。

木结构古建筑的屋顶一般重量较大，虽然一定程度上增加了结构在地震作用下的惯性力，但也正是因为这一较大的压力，确保了榫卯间挤压的紧密，使各构架之间的连接趋于密合，进而使得木构架具备一定的抵抗侧向荷载和侧向变形的能力。除此之外，也增强了斗栱及柱底的抗滑移能力，保证了结构的整体稳定性。因此，大重量的屋顶为木构架之间的连接提供了足够的竖向力，加强了各构件之间的整体性和稳定性。

（2）木结构古建筑抗震加固

木结构古建筑虽然具有良好的抗震性能，在强震作用下，主体构架大多能保持不倒，但是历次震害仍然能在柱脚、榫卯节点、填充墙、屋面等多个地方发现不同程度的损伤。

为了提高木结构古建筑的抗震能力，国内学者针对不同的破坏类型提出了相应的加固措施。对于柱脚滑移，修复方式一般为柱脚复位；填充墙的破坏，修复方式则需要根据填充墙的种类，重新砌筑或者制作填充墙；屋面溜瓦的修复方式只需要重新铺瓦就可以达到效果。以上三种破坏情况的修复方式较为简单，相关研究也较少。主要的加固研究集中在榫卯节点，钢构件加固、纤维复合材料加固是最常用的加固方式。钢构件加固能够有效地提高节点的拉伸、压缩、弯曲、剪切等力学性能，适用于强度和刚度明显不足且较隐蔽的榫卯节点；纤维复合材料具有重量轻、强度高、比模量高、耐腐蚀等特点，通过结构胶使纤维复合材料与木构件共同承受荷载，以提高木构件承载能力，适用于破损程度较小的榫卯节点。

上述方法基本上都是通过提高结构构件刚度等"硬抗"的方法来抵抗地震作用。这种"硬抗"的方法在提高结构承载力的同时通常会造成结构刚度的增大，从而导致整体结构承受的地震作用也随之增大；其次也没有考虑局部构件改变后对整个结构的影响，即没有考虑结构的内力重分布，可能会导致过度的加固。为此，越来越多的研究者开始将目光投向了已经在现代结构中广泛运用的消能减震技术。

消能减震是将传到结构中的地震能量转移到特别设置的消能减震装置加以吸收和耗散，从而降低结构构件通过变形等耗散的能量，以达到保护主体结构免于破坏的目的。对于在地震作用下变形较大的木结构古建筑，消能减振装置可以增加结构阻尼，依靠其结构非弹性变形耗散更多的地震能量，在不改变原构件力学性能的前提下，实现整体结构抗震性能的提升。如柱脚的角位移阻尼器，榫卯节点的摩擦阻尼器、黏弹性阻尼器[33]等能够在增大节点刚度和结构阻尼的条件下，同时减轻结构的地震响应。

虽然木结构古建筑的加固保护技术已经在提升结构抗震能力和消耗输入结构的地震能量两种思路方面取得了良好的效果，但是从"修旧如旧"的古建筑保护理念的角度考虑，上述措施依然或多或少会引起古建筑原有风貌的改变，一定程度上影响了古建筑的艺术价值，因而工程实用的价值大打折扣。

2. 砖石结构古建筑

木结构古建筑是一个多重的减隔震体系，具有一定的抗震能力，在地震作用下大部分木结构古建筑的主体结构仍然可以保持完好。然而，砖石结构古建筑由于其材料的抗拉强度低，块体之间粘结性能较差，缺乏抵抗水平地震作用的抗拉构件，因此在历次地震中破坏较为严重，其主要的破坏形式有裂缝、倾斜及垮塌等。因此，更加迫切地需要对现存的砖石结构古建筑进行修缮与加固。

砖石结构古建筑的墙体是主要的受力构件，墙体自身强度的不足，不仅会引起砌体结构的承载力不满足要求，而且容易造成附加加固措施难以发挥加固效果。墙体的强度主要取决于块体和砂浆的性能，其中砂浆是主要的薄弱环节，因此提升墙体中砂浆的性能就成为保护技术的关键问题。针对砖石结构古建筑砂浆出现的不同问题，相关研究学者提出了渗浆、压力灌浆、注浆、注浆绑结、微生物灌浆、聚合物砂浆嵌缝、砂浆置换、嵌筋加固等多种墙体自身补强加固技术，为砖石结构古建筑的抗震加固提供了有效参考。对于砌体结构的风化、酥碱、裂缝、残损等缺陷比较适合的有渗浆、压力灌浆、注浆、注浆绑结及微生物灌浆等技术，这些方法不仅可以弥补缺陷，而且能够增加结构强度，同时加强结构的整体性，是恢复砌体结构受力性能的有效措施；而针对砌体结构安全性不足，需要提高结构承载力的情况，可以采用勾缝加固、聚合物砂浆嵌缝、砂浆置换、嵌筋加固、CFRP加固等加固技术。

砌体结构墙体自身的补强技术仅仅是通过砂浆提高性能，通常提高幅度有限，当不能满足结构性能要求时可以在砌体结构墙体表面采取面层加固技术提升结构性能。面层材料有普通水泥砂浆、复合砂浆、高延性水泥基复合材料、聚脲弹性体等多种选择；面层加强材料出现了钢筋网、镀锌铁丝网、钢绞线网、碳纤维等多种材料；补强或加固方式可以是满铺，也可以是剪刀撑、交叉条带等按受力布置方式。依据砖石结构古建筑的实际需要，墙体自身增强可以与面层补强加固相结合，进一步优势互补。

虽然砖石结构古建筑的加固保护技术也已经在墙体自身补强和面层加固技术两个方面取得了一定的效果，但是基本都需要对结构表面进行改动，不仅操作较为复杂，而且很难保证加固区域外观基本保持不变，同样会对古建筑的艺术价值造成一定的影响。

1.3.2 古建筑振动控制技术

虽然环境振动与地震相比，在振幅和能量级等方面都要比地震作用小得多，也不会像地震那样瞬时造成毁灭性的破坏，但是振动属于长期的反复作用，容易引起结构产生较大的残余应变，当残余应变积累到一定程度，就会引发结构的疲劳破坏，影响建筑的正常使用及结构安全。由于古建筑年代久远，结构自身已经存在一定程度的损伤，在这种持续振动的作用下，古建筑结构的原有损伤将会加速发展，最终导致古建筑寿命的缩短甚至破坏。如果不采取有效的防范措施，一旦损坏就会造成重大的损失。因此需要在评估振动对古建筑影响的基础上采取必要的振动控制措施，为古建筑的保护提供依据和应对办法。

1. 古建筑容许振动标准研究现状

振动对建筑物的影响，分为建筑破坏和结构破坏两种类型。所谓结构破坏，通常是指建筑物的承重结构或者其他附属结构出现开裂、破坏等危及建筑物安全的严重破坏。对于古建筑而言，即承重结构、重要节点或大木作关键构件发生损坏，这类损坏将危及结构安全。所谓建筑破坏，通常是指不会危及结构安全，但会影响建筑物使用功能的破坏，包括墙面开裂、建筑附属部件的开裂和剥落等损坏。这类损坏不会直接影响建筑结构的安全性，但是在长期的疲劳效应作用下可能会转变成为结构破坏，影响建筑结构的安全性和完整性。因此，建筑破坏和结构破坏一样需要引起重视。

（1）国内振动标准

目前国内外的许多建筑结构容许振动标准都是针对建筑结构本身的安全性制订的。由于古建筑具有极高的历史文化和科学价值，在考虑建筑结构安全性的同时必须要考虑建筑结构的完整性。因此，《古建筑防工业振动技术规范》GB/T 50452—2008 针对古建筑提出了以疲劳极限作为古建筑结构容许振动标准的依据，按照古建筑的结构类型、所用材料、保护级别及弹性波在古建筑结构中的传播速度等规定了相应的容许振动值，砖结构为 0.15～0.6mm/s，石结构为 0.2～0.75mm/s，木结构为 0.18～0.35mm/s。对于未定级的古建筑，《建筑工程容许振动标准》GB 50868—2013 规定了由交通振动引起古建筑在顶层楼面处的容许振动速度峰值为 2.55mm/s，基础处容许振动速度峰值在 1.0～3.0mm/s 范围内。

（2）国外振动标准

国外对于古建筑这方面的研究较少，没有为古建筑专门制订相应的振动标准，国际标准 ISO 推荐针对结构破坏提出采用速度峰值（PPV）来进行振动评价，认为结构破坏的上限和下限分别为 10mm/s 和 2.5mm/s。

德国标准 DIN 4150-3-1999 根据建筑物对振动的敏感性将建筑物分为三类，并且根据振动是否会引起建筑物疲劳破坏和引起结构共振将建筑物受到的振动分为短期振动和长期振动，在标准中给出了对振动特别敏感和具有一定保护等级的历史性古建筑处于短期振动时和长期振动时的基础处的振动速度限制和顶层楼板水平速度限制，如表 1.3.1 所示。

DIN 4150-3-1999 中影响建筑物正常使用的振动速度限值（mm/s）　　　　表 1.3.1

建筑物类型	基础处的振动速度限值			顶层楼板水平速度限值	
	短周期振动（Hz）			短周期振动	长周期振动
	1～10	10～50	50～100		
对振动特别敏感的建筑和具有一定保护等级的历史性古建筑	3	3～8	8～10	8	2.5

瑞士标准 SN 640312-1992 根据建筑结构类型将建筑物分为 4 类，其中有一类为古建筑，取质点振动速度峰值 PPV 各方向中的最大值作为振动容许控制值，如表 1.3.2 所示。

SN 640312-1992 对古建筑所规定的振动速度限值　　　　表 1.3.2

建筑物类型	振源 M		振源 S	
	频率（Hz）	V_{max}（mm/s）	频率（Hz）	V_{max}（mm/s）
特别敏感或要求保护的古建筑	10～30	3	10～60	8
	30～60	3～5	60～90	8～12※

注：对于振源 S，带※的较高值用于 90Hz，较低值用于频率 60Hz，中间用插值。

美国联邦公共交通管理局（Federal Transit Administration，FTA）将建筑物分为

4类，其中有一类为对振动极其敏感的建筑物，给出了由施工作业引起建筑振动破坏的限值以及对应的振动级估算，如表1.3.3所示。

FTA规定的由施工作业引起建筑物振动破坏的限值　　　　表1.3.3

建筑物	PPV(in/s)	对应振动级估算
对振动极其敏感的建筑物	0.12	90

2. 古建筑振动预测研究现状

为了研究振动在土层中传播特性、预测自由场地或建筑物的振动响应，可以选用不同的研究方法或建立相应的预测模型。

（1）经验预测模型

早期对轨道交通引起的环境振动进行预测时，对列车的激励产生机制缺少全面的了解，同时准确的土壤特性参数又不容易确定，对整个系统进行比较精确的模拟有一定难度，这种情形下往往应用试验或者测试的方法，根据试验结果和经验分析建立一系列经验公式来对振动反应进行预测，这就是所谓的经验预测模型。这种经验关系式的主要不足就是缺少通用性，在某种意义上它太依赖于具体问题的特定环境条件，由此得到的结果也比较粗糙，准确性不高，所以一般用于轨道交通规划设计之初的初步预测。美国、英国、日本等国也有一套与本国实际相适应的经验公式来初步预测环境振动。

除此之外，各国学者对于列车引起的地面和建筑物振动进行了大量的实测，实测结果反映出很多有价值的振动传播规律。但在国外实测研究基本上是用来验证理论模型，很少用来总结规律和建立振动预测模型。在国内，相关研究团队在对高速列车、城轨列车、地铁列车等引起的地面和建筑物进行大量试验的基础上，总结出了很多有价值的振动传播规律。

（2）解析模型

解析模型就是对振源-传播路径-建筑物系统的每一个构成部分都采用理论模型来描述，计算得到环境振动影响。由于解析模型凭借数学和力学上的理论推导，比较严谨，它不仅能使研究者从理论上更深层次地理解问题，而且能够为数值模拟结果和经验预测结果的验证提供强有力的参考。但是由于列车引起的环境振动问题是一个相对复杂的系统问题，在理论建模过程中必须对实际情况进行必要的简化，同时也必须对传播介质所涉及的几何特性和材料特性施加某些限制，或者直接选取理想状态的情况，所以到目前为止完全精确的解析结果实际上是不存在的。即使在某些理想状态下，一些复杂情况的完全封闭形式的解也是很难得到的，只能采用一些诸如数值积分等方法对解析方法得到的公式进行计算。

轨道交通引起的环境振动解析模型主要研究移动荷载作用下的地面振动问题以及应用波在地基土中的传播理论。研究发现波在介质中的产生和传播过程中，荷载的移动速度成为一个非常关键的因素，所以移动荷载的速度效应越来越引起关注。研究者分别以两种地基土模型（弹性半空间地基土模型、分层弹性半空间地基土模型）为基础，对移动荷载下的地基土振动响应进行了详细的研究：在弹性半空间地基土模型当中，研究主要集中在不同的荷载速度（低波速、跨波速、超波速）和不同的移动荷载类型（点荷载、线荷载）对弹性半空间的反应；分层弹性半空间地基土模型是近些年提出的一种比较符合实际土体的介质模型，它比弹性半空间地基土模型复杂得多，理论研究尚处于初步阶段。

（3）数值模型

对轨道交通引起的环境振动问题，大部分的早期研究所采用的都是解析模型和经验预测模型。近些年来，随着高性能计算机的不断发展，各种数值的分析模型成为预测轨道交通引起振动反应的一个非常有效的工具，并且发挥着越来越重要的作用。国内外各研究单位在预测轨道交通引起的环境振动比较常用的数值模型包括有限元、边界元以及两者相互结合的模型。

有限元是目前国内外广泛应用的一种数值模拟方法，是基于区域边界上的变分原理和剖分插值，其主要优点在于能适应复杂的几何形状和边界条件，适于求解非线性、非均质问题，能够研究土体中埋置结构和土体多层化，就结构物和周围土体的振动分析而言，有限元也是比较方便有效的。但在处理波传播问题上，有限元法就存在一定的缺陷，实际的土体向两侧和向下方都是无限延伸的，但是有限元模拟的土体模型只能是有限尺寸的，不能很好地体现土体的能量辐射。因此必须设置竖向和水平向的人工边界，并在人工边界上加上合适的透射边界条件，这也就是所谓的特殊边界处理的有限元方法。常用的透射边界条件为不透射的边界条件和完全透射的边界条件。

边界元法又称为边界积分方程-边界元法，它以在边界上的积分方程为控制方程，通过对边界分元插值离散，化为代数方程组进行求解。由于边界元方法的基本解中包含了无限远处的辐射条件，在处理辐射阻尼的影响时十分方便，所以边界元法是分析土-结构系统动力响应的一种有效工具，得到了广泛的应用。但是边界元模型也有一定的局限性，主要体现在：①所要计算的结构模型必须保证能用微分算子表示出基本解；②很难应用于内部存在无规则几何特性或材料特性的非均匀结构或土体；③线性方程组对应的系数矩阵为非对称的满阵，解题规模受到较大的限制；④一般非线性问题中出现的域内积分项，部分地削弱了边界元模型仅对边界进行离散的优点；⑤涉及的知识比较广，要求使用者具有较高的数值计算技巧。

为了克服有限元和边界元方法建模时的不足，同时发挥两者建模时的长处，将两者混合使用，即所谓的耦合模型就被提出来了。耦合模型将地基土和结构组成的体系分为两个子系统，即近场和远场。近场可以通过有限元进行模拟，对远场的模拟有许多种方法，包括传统的边界元法、一致边界元、传递边界元、黏滞边界元、叠加边界、旁轴边界、双渐近线边界、外推法边界、多向边界、无限元等。对远场进行准确模拟时需要建立地基土模型的阻抗矩阵，把远场的节点力和节点位移通过近场和远场的交界面联系起来。有限元与边界元的耦合模型实用性较强，经常用来处理波阻障、建筑物、路基、分层土体以及轨道结构等复杂的问题，近年来得到广泛的应用。

但由于受到计算手段的限制，数值模型与解析模型一样，也需要进行一定程度的近似算法，建立简单易于计算的模型。这些简化模型面临的首要问题是需要对其建模的合理性进行验证，这往往要通过试验和实测进行解决。

3. 古建筑振动控制措施研究

根据工业微振动的产生机理、传播规律以及受振对象的响应特点，减振与隔振可以从降低振源强度，切断或延长振动传播途径和建筑物本体减振与隔振三个方面采取对策。

（1）振源振动控制措施

车辆作为列车振动的振源，对其采取减振措施是最有效的。车体轻量化、减小轴重和簧下质量、改善转向架的性能等措施都能够降低列车的振动。而对于轨道而言，采用无缝钢轨、增加轨道结构的弹性、提高钢轨的平顺度、保证轮轨表面的光滑等，能够有效地降低车辆对轨道的冲击作用，减小列车的振动。目前，较多采用的方法是选用钢弹簧浮置板轨道作为减振道床。

（2）传播途径控制措施

传播路径主要包括轨道结构、隧道结构、土层等。轨道结构处的隔振减振方法有在轨下和枕木下设置弹性垫层、轨道减振器扣件以及采用新型减振轨道结构等。土层中的隔振方法主要是设置屏障进行隔振，主要的隔振形式有连续屏障和非连续屏障。

传播途径控制措施中有效的方法就是在轨道线路规划时避开重要的敏感建筑，或加大地铁隧道埋深，以达到延长振动传播路径从而减弱其对古建筑的振动影响。另一种主要措施就是在传播途径上采用沟渠、排桩、板桩墙等连续或非连续屏障截断、散射及绕射振波实现隔振的目的。

（3）建筑物振动控制措施

可对建筑物调整结构的振动特性，避开列车振动的主要频率区间，或对建筑物进行加固防止在振动下发生破损。

1.4　古建筑抗震与振动控制关键技术

虽然国内外学者已经对古建筑的保护开展了众多研究，并取得了一些成果，但关于古建筑性能提升措施的研究大多停留在经验上，缺乏相关设计依据。因此，对古建筑的抗震与振动控制领域进行更深入的研究是一项重要的工作。在国家自然科学基金和国机集团科技发展基金的支持下，项目组成员从古建筑的结构安全性检测、抗震性能评价、抗震性能提升以及振动控制标准、振动响应预测、振动控制技术等方面开展研究，取得了一系列关键技术成果，可为古建筑今后的保护工作提供参考。

1. 古建筑检测评估技术

现存的古建筑由于各种复杂因素的影响，其抗震性能和承振能力已经有所下降，在地震和振动中易遭受损失。为了减少损失，必须在准确把握古建筑整体结构、材料性能、构件缺陷等基础上对古建筑进行准确的安全性评估。因为只有准确的安全性评估才能为古建筑合理、经济的修缮提供依据，进而提高古建筑抗震以及承振能力。目前，我国古建筑的安全性评估方法准确性不高，相应的检测设备和技术也不成熟，研究基础较为薄弱。

针对这一问题，项目组提出了三维激光扫描、地质雷达等无损（微损）综合探测方法，并从营造方式、残损程度、抗震性能等多维度，建立了古建筑木结构安全性评估分级标准，为抗震性能提升和振动控制提供了依据。

2. 古建筑抗震关键技术

（1）古建筑抗震机理

应用现代技术对古建筑的修缮保护，不仅要保持建筑外形原貌，还需保持其原有的结构功能。只有对其独特的结构特性和抗震机理有科学的、完善的理解和掌握，才能做到

"修旧如旧"的维护和加固原则要求。本项目的研究工作根据这一要求，基于古建筑完整结构模型振动台和残损构件试验，应用现代抗震理论对古建筑的结构特性和抗震性能进行科学的阐释和研究，为古建筑的加固和修缮提供科学依据。

（2）古建筑抗震性能提升

古建筑本身蕴藏着丰富的历史价值、文化价值和科学价值，具有不可替代性。遵循古建筑加固的"最小干预、不改变文物原状"原则，避免产生内力重分布。基于古建筑结构抗震加固方法及其加固后的性能试验与理论研究，对加固与未加固构架的破坏特征、滞回曲线、骨架曲线、刚度退化曲线、强度退化曲线等进行对比分析，首次提出了砖石结构的高延性纤维混凝土抗震加固技术和木结构榫卯节点的形状记忆合金抗震加固技术。

3. 古建筑振动控制关键技术

（1）古建筑振动控制标准

《古建筑防工业振动技术规范》GB/T 50452—2008 按照古建筑结构类型、所用材料、保护级别及弹性波在古建筑中的传播速度等规定了相应的容许振动值，介于 0.1～0.75mm/s。与国外标准和研究结果相比较，目前我国的推荐标准限值过于严格，这对交通线路规划、减隔振措施提出了非常高的要求。针对这一问题，项目组开展了砖以及木结构古建筑材料疲劳特性试验和整体结构疲劳损伤仿真分析，提出了科学合理的容许振动标准。

（2）振动预测技术

北京、南京、西安等这些历史悠久的大城市不断有城市轨道交通新线投入建设和运营，线路势必会经过古建筑和文物保护单位，在规划和建设的过程中必须考虑城市轨道交通引起的环境振动问题。盲目规划，采取措施不当，将会造成难以挽回的损失，因此必须采取有效的技术对振动引起的响应进行合理的预测，为交通新线线路的规划提供依据。为此，项目组提出了地铁振动对古建筑影响的"三级动态预测评估方法"、基于实测数据的"两级校准定量预测方法"以及"动态参数反演模型分析方法"，实现了对古建筑振动的准确预测。

（3）振动控制技术

为了将振动程度降至可接受的水平，可以从提高承振能力和降低振动强度两方面出发采取措施。项目组从不考虑改变交通线路设计的角度出发，结合振源、传播路径、敏感目标这三个环节考虑，进行振动控制。建立了基于振源减振、屏障隔振与古建筑防振性能提升的多道防线振动控制成套技术，有效控制了古建筑在复杂振源作用下的振动。

第2章 古建筑病害勘查及性能评估技术

2.1 古建筑地基基础病害勘查技术

地质雷达是一种十分适用于古建筑地基基础勘查的技术，是利用高频电磁波的反射来探测地下目标体及地质现象的。早在 1910 年，德国就有研究者将雷达探测技术用于地下探查。但是，由于地下介质情况的多样性和复杂性，且多数介质衰减特性较强，最初的应用基本局限于波吸收较弱的冰层、岩盐矿等介质。直到 20 世纪 70 年代以后，随着仪器信噪比的大大提高和数据处理技术的应用，地质雷达的实际应用范围迅速扩大，逐步应用于工程地质探测、煤矿井探测、泥炭调查、放射性废弃物处理调查、地质构造填图、水文地质调查、地基和道路下空洞及裂缝调查、埋设物探测、考古探查等。

地质雷达是一种非破坏性、无损的探测技术，可以安全地应用于古建筑地基基础的探测。它具有抗电磁干扰能力强的特点，可以适应城市古建筑周围的复杂噪声环境条件；探测深度和分辨率能满足古建筑地基基础探测的需要，获得的数据图像清晰直观；仪器轻便，通过便携主机控制数据采集、记录、存储和处理，现场基本仅需 3 人或更少的人员即可工作，工作效率高。

1. 地质雷达探测原理

地质雷达是利用高频电磁波（主频为 $10 \sim 1000 \text{MHz}$）的传播特性，对地下目标体进行探测的。基本目标体探测原理见图 2.1.1。电磁波的传播取决于介质的电性，介质的电性主要有电导率 μ 和介电常数 ε，前者主要影响电磁波的穿透（探测）深度，在电导率适中的情况下，后者决定电磁波在该物体中的传播速度。因此，所谓电性介面也就是电磁波传播的速度介面。不同的地质体（物体）具有不同的电性，当被测地质体（物体）内部介质均匀，介电常数差异很小时，电磁波向下传播不会产生强烈反射信号，电磁波信号均匀、无杂乱反射，图像上没有明显的反射界面，其典型图像见图 2.1.2；当被测物内部存在缺陷，电磁波到达缺陷表面时，由于介电常数差异较大，电磁波会在缺陷面上产生强烈的反射信号，从而在图像上形成明显的反射界面。根据接收天线接收到反射回波的时间和形式，能够确定反射界面的距离及判定反射体的可能性质。

电磁波在特定介质中的传播速度是不变的，因此根据地质雷达记录的电磁波传播时间 ΔT，即可据下式算出异常介质的埋藏深度 H：

$$H = V \times \Delta T / 2 \tag{2.1.1}$$

$$V = C / \sqrt{\varepsilon} \tag{2.1.2}$$

式中：V 为电磁波在介质中的传播速度；C 为电磁波在大气中的传播速度，约为 $2.0 \times$

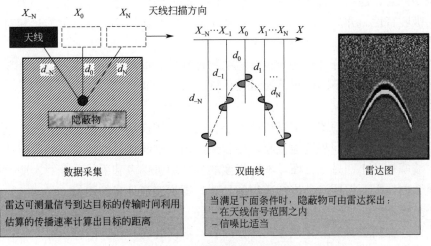

图 2.1.1　地质雷达的工作原理

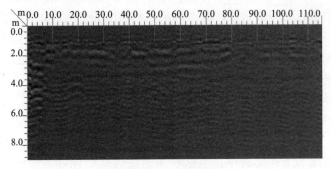

图 2.1.2　典型图像

$10^8\,\mathrm{m/s}$；ε 为相对介电常数，不同的介质其介电常数亦不同。

雷达波反射信号的振幅与反射系统成正比，在以位移电流为主的低损耗介质中，反射系数可表示为：

$$r = \frac{\sqrt{\varepsilon_1} - \sqrt{\varepsilon_2}}{\sqrt{\varepsilon_1} + \sqrt{\varepsilon_2}} \tag{2.1.3}$$

反射信号的强度主要取决于上、下层介质的电性差异，电性差越大，反射系数也越大，因而反射波的能量也越大，反射信号越强。雷达波的穿透深度主要取决于地下介质的电性和波的频率。电导率越高，穿透深度越小；频率越高，穿透深度越小。

探测的分辨率问题，是指对多个目标体的区分或小目标体的识别能力，这个问题取决于脉冲的宽度，即与脉冲频带的设计有关。频带越宽，时域脉冲越窄，它在射线方向上的时域空间分辨能力就越强，或可近似地认为深度方向的分辨率高，其关系式为：

$$1/\Delta t \approx B_{\mathrm{eff}} \tag{2.1.4}$$

式中：B_{eff} 为有效频带宽度；Δt 为分辨界面的有效波形之间的时间间隔。

若从波长的角度来考虑，则波长越短（主频率越高），雷达反射波的脉冲波形就越窄，其分辨率应越高。实际应用中可以将半波长作为尺度来表示纵向分辨率。

分辨率问题，还应包含水平空间方向上的区分性概念。这个分辨能力很大程度上取决于介质的吸收特性。介质吸收越强，目标体中心部位与边缘部位的反射能量相对差别也越大，水平方向的分辨能力也就越强。

此外，地质雷达的分辨率还与目标体的物理性质、埋深等许多因素有关，在实际工作中，应根据不同场地、不同的仪器通过具体试验进行确认。

2. 雷达图像的解译

地质雷达探测得到的图像资料往往不能直接用于辨识缺陷情况。一方面，电磁波通过地下不同介质时会被不同程度地吸收，接收天线接收到的信号波形与原始发射波形有较大的差别，波幅被减小；另一方面，不同程度的各种随机噪声和干扰波会对实测数据产生干扰，甚至歪曲。因而需要对其进行适当的处理，得到清晰可辨的图像。

（1）解释原理

地质雷达探测资料的解释包含两部分内容：数据处理和图像解释。

数据处理主要是对所记录的波形进行处理。例如：根据所使用的天线主要工作频率，进行相应滤波处理，以除去高频杂波或突出目标体，降低背景噪声和多次反射的影响；控制增益以补偿介质吸收和抑制杂波；取多次重复测量值的平均值，以抑制随机噪声；取邻近的不同位置的多次测量值的平均值，以压低非目标体的杂乱回波，改善背景等。

图像解释首先是识别异常，然后进行解释。对于异常的识别很大程度上是基于地质雷达图像的正演成果。

（2）图像解释研究成果

对图像异常的解释，目前基本依靠人工判读，没有统一的标准，在应用过程中易造成误判，准确性差、客观性差、规范性差。图像解释的成功率需要大量实践经验来不断完善提高。项目组在长期的工程实践中，不断积累地质雷达图像解释经验，同时采用两种设备、四种型号天线分别在西安城墙、陕西彬县大佛寺明镜台台体、宁夏同心清真大寺台面、延安桥儿沟革命旧址天主教堂等进行了地质雷达测试试验，研究确定了古建筑地基基础主要缺陷如孔穴、含水率高、不密实、脱空等分别对应的地质雷达特征图像，从地质雷达图像的波形、频率、振幅、相位及电磁波能量衰减情况等细节特征的变化规律出发，初步确立了古建筑地基基础地质雷达无损探测图像判定标准。

反射电磁波的波形、频率、振幅、相位、能量衰减等根据缺陷类型的不同发生不同的变化，下面根据不同的缺陷类型分别说明如下：

1）孔穴（出现在夯土内部或表层砖砌体内部，孔穴内部多充填为空气）

地质雷达向地下发射的电磁波为半球状发散。拖动天线通过孔穴上方，在此过程中，电磁波到达孔穴表面经历的时间不同，在图像上将某一时间获得的反射信号认定为该信号位置在天线正下方，因而孔穴缺陷的特征图像为单双曲线。

2）含水率高（多出现在夯土内部，在某一区域某一深度范围内富集水）

一般是地质雷达电磁波在含水层表面发生强振幅多次反射，在富含水带产生绕射、散射现象，并掩盖对富含水带内及更深范围的探测，电磁波能量快速衰减。因夯土一般分层夯筑，其内部高含水率缺陷通常分布连续，反射波同相轴连续性好，波形相对较均一，因而含水率高缺陷的特征图像为多条平行直线。

3）不密实（多出现在夯土内部，土的夯填不密实）

不密实缺陷因其充填介质杂乱、不均匀，介电常数差异大，地质雷达电磁波在其填筑不密实的缝隙常常产生绕射、散射，波形杂乱，电磁波能量衰减快且规律性差，因而不密实缺陷的特征图像为图像杂乱无章。

4）脱空（多出现在表层砖砌体和夯土之间，砖砌体和内部夯土分离，之间形成空气层）

表层砖与其下面的夯土层介电常数存在差异，电磁波在分层处会产生反射信号，由于介电常数差异不大，电磁波能量大部分为散射形式，少部分为反射形式，故反射信号不强烈。若出现脱空缺陷，由于空气与砖、夯土的介电常数差异极大，电磁波能量大部分为反射形式，少部分为散射形式，故反射信号强烈。表层砖砌体一般厚度差异不大，反射波同相轴连续性好，因而脱空缺陷的特征图像为单一直线。该特征图像不同于高含水率缺陷的多条平行直线。

根据上述各缺陷的电磁波反射原理，同时结合现场开挖情况，初步制定了古建筑地基基础主要缺陷的地质雷达图像判定标准，见表 2.1.1。该标准建立在不同缺陷类型电磁波的反射原理及大量实测数据的基础上，可以作为以后同类型条件下地质雷达图像解释的重要判据，使地质雷达成果规范化、客观化。

古建筑地基基础主要缺陷的地质雷达图像判定标准 　　　表 2.1.1

雷达特征图像	特征图像描述	缺陷类型
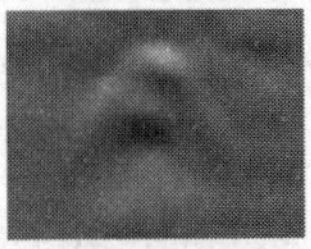	单双曲线	孔穴
	多条平行直线	含水率高
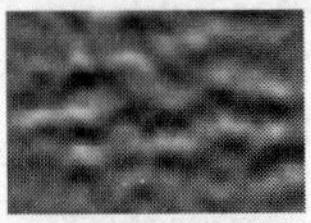	图像杂乱无章	不密实
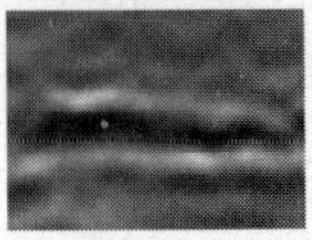	单一直线	脱空/裂缝

3. 地质雷达无损探测技术方案

结合长期工程实践，总结出地质雷达在古建筑地基基础无损探测中的技术方案如下：

（1）现场数据采集

根据现场地形、测试缺陷大致深度选择不同的测试天线（目标深度在 2.0m 以内选用 500～900MHz 频率屏蔽天线，2.0～10.0m 选用 100～500MHz 频率屏蔽天线），根据不同的天线类型设置采样频率、时窗等参数（与所选天线匹配），将地质雷达天线置于被测目标物表面，拖动天线，采集测试原始数据。

（2）数据预处理

地质雷达数据处理的目的主要是压制各种噪声，增强有效信号，提高分辨率，以便从数据中提取速度、振幅、频率、相位等特征信息，进行有效的图像解释。一般处理流程：剔除无效信号→距离归一化→零点校正→滤波→增益处理，得到处理后的地质雷达图像。

（3）判定缺陷类型

将得到的地质雷达图像与表 2.1.1 中的各种缺陷特征图像进行比对，进行缺陷类型的判定。

2.2　古建筑结构性能检测技术

2.2.1　古建筑测绘及变形监测技术

三维激光扫描技术是 20 世纪 90 年代中叶测绘领域发展起来的一种高新技术，可全天候、快速、直接、高精度地采集指定区域的三维信息，使传统的单点采集数据变为连续自动获取数据，为古建筑测绘、变形监测提供了一种全新的手段。

1. 三维扫描技术原理

三维激光扫描系统主要由扫描仪、控制器和电源供应系统以及附属构成，如图 2.2.1 所示。其系统主要由激光发射器、接收器、时间计数器、马达控制旋转滤光镜、同轴相机、电脑以及软件等组成。在仪器内，通过两个同步反射镜快速而有序地旋转，将激光脉冲发射体发出的窄束激光脉冲依次扫过被测区域，测量每个激光脉冲从发出经被测物表面再返回仪器所经过的时间（或者相位差）来计算距离，同时扫描控制模块控制和测量每个脉冲激光的角度，最后计算出激光点在被测物体上的三维坐标。

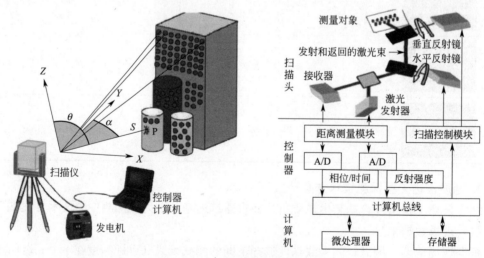

图 2.2.1　三维激光扫描测量系统

三维激光扫描仪的原始观测数据主要包括：

（1）利用两个连续转动的镜子来反射脉冲激光，而这两个镜子之间的角度，可以算出激光的横向与纵向的值；

（2）利用激光传播的时间算出扫描仪和物体之间的距离，再利用激光横向与纵向的方向角，算出每个点的空间相对坐标；

（3）扫描点的反射强度可以用不同的颜色给扫描点进行匹配，点的表示形式为（X，Y，Z，F），不仅包含点的空间位置还包含点的反射强度。

对物体进行扫描后，得到的空间位置信息是以特定的坐标系统为基准的，称之为地面三维激光扫描测量系统。这种特殊的坐标系称为仪器坐标系，不同类型的仪器使用的坐标轴方向不一样，一般被定义为：坐标原点位于激光束发射处，Z 轴位于仪器的竖向扫描面内，向上为正；X 轴位于仪器的横向扫描面内与 Z 轴垂直；Y 轴位于仪器的横向扫描内与 X 轴垂直，同时，Y 轴正方向指向物体，且与 X 轴、Z 轴一起构成右手坐标系。三维激光扫描点的坐标（X，Y，Z），计算公式如下：

$$\begin{cases} X = S\cos\theta\sin\alpha \\ Y = S\cos\theta\cos\alpha \\ Z = S\sin\theta \end{cases} \tag{2.2.1}$$

式中：θ 表示激光束的竖直方向角；α 表示激光束的水平方向角；S 表示仪器到扫描点的斜距。

2. 技术方案

（1）准备工作

确定被扫描物体的空间分布、形态以及对扫描点位置的选取、扫描精度的选择等进行分析和确认，进而制定相关的扫描方案，并根据扫描方案编写技术设计书，准备相应的仪器和设备。

（2）现场扫描

1）安置仪器：在测站位置放置三脚架，安置三维激光扫描仪，进行对中、整平，并将三维激光扫描仪与仪器的驱动软件相连接。

2）仪器参数设置：当确认仪器安置无误后，即可打开仪器电源开关，进行扫描参数设置。主要包括工程文件名、文件存储位置、扫描范围、分辨率、标靶类型等，其中与精度相关的参数设置要与技术设计书相符。

3）开始扫描：仪器参数设置正确后，即可执行扫描操作。当扫描结束后，可以检查扫描数据质量，不合格需要重新扫描。依据扫描方案，还可以进行拍照、扫描标靶、测量标靶坐标等。

4）换站扫：当确认一测站相关工作完成无误，可以将仪器搬移到下一测站，重复前述步骤工作。为方便后续数据处理过程中的点云配准，每个测站均应有扫描区域的重叠，在测量标靶位置时，要遵循"为下一测站服务"的原则，尽量做到"多站式兼顾"，即让尽可能多的测站能采集到标靶的数据，这样有助于减少后期点云数据处理的误差。

（3）数据处理

1）点云的预处理：由于扫描过程中外界环境对扫描目标会构成阻挡和遮掩，如移动的车辆、行人、树木的遮挡以及实体本身的反射特性不均匀等，导致最终获取的扫描点云数据内可能包含不稳定点和错误点，这些影响导致点云数据含有误差，出现"黑洞"。只有把这些错误点和含有误差的点剔除后，才可继续进行其他操作，这个过程称作点云数据的滤除。滤波除噪的原理是，根据激光扫描回波信号强度辨别，回波信号强度低于阈值时，距离信号无效；利用中值滤波剔除奇异点；利用曲面拟合去除前端遮挡物。个别的坏点和"黑洞"部分还需重新扫描测量，去除遮挡、补充扫描空洞处点云数据，以保证点云数据采集的完整性、准确性。

2）点云数据的拼接：要获取对象的完整三维点云数据，往往需要环绕该对象设置多站，获取其不同视角下的点云数据。不同站点初始的坐标系统是由其独立的扫描仪位置和方向决定的，不同视角获取的点云数据必须借助于重叠信息融为一体，将不同测站的点云数据归算到某一个测站坐标体系中，这个过程即为点云数据的拼接。

经过多站拼接后，各站点云数据虽处于统一的坐标系中，但尚未建立与地理坐标系的位置关系，为此还需添加全局控制点，通过坐标校正将点云数据纳入统一的地理坐标系下。

3）点云消冗处理：多站点云数据拼接后，虽然得到了完整的点云模型，但在扫描重叠区内的重复采样会带来数据冗余的问题，这种重叠区域的数据会占用大量的资源，降低操作和储存的效率和质量。为此需要对点云数据进行一定程度上的简化和平滑，通过一定的算法对数据进行缩减，既达到数据简化的目的，又能有效保留有用的特征信息。

（4）三维建模

1）点云特征点、线和面的提取：为获取被扫物体的精准三维重建体，在点云数据上提取其点、线和面的特征信息至关重要。对规则的几何图形可通过求交点选取特征点。对特征占所在位置较为明显的，可人工直接拾取；而对一些测量断面的区域，可以将所有垂足点顺序连接，采取曲面拟合方法计算出光滑曲线上的曲线点，从中提取出对象轮廓变化处的特征点。

2）三维模型创建：三维激光扫描所得到的点云模型，是由空间不规则的离散点构成的，通过对被扫物体点云特征点、线、面进行分段处理，构造 TIN 模型，将被扫物体细部模型化，同时对绘制出的轮廓线进行修剪，使其明显不规则的地方按其实际图形修整，在描绘空间单面墙体时，可用切片方法切出一个切面，然后再根据切片点云绘制成线画图，最后构建 360°空间线画塔体三维模型。

3）三维可视化表达：经过上述步骤得到的三维模型，已经具有很好的几何精准性，但是为了满足可视化的需要，还原真实的三维景观，还需要采用纹理映射技术对三维模型添加真实色彩。利用扫描仪自带摄像头或数码相机获取纹理信息，通过建立数字影像与点云模型的映射关系，判断其满足的几何条件，可将数字影像的灰度属性信息赋予点云模型，从而使点云模型具有真实的色彩，用这种纹理映射方法，实现点云模型真色彩的三维可视化，使被扫描物体的三维表达很好地符合其现实逼真形态。

2.2.2 古建筑材料及内部缺陷无损检测技术

无损检测技术（Non-destructive testing）又称非破坏性检测或无损探伤，是以无损或微损的可靠方式，对材料或制件进行内部缺陷检测、材质性能评定（化学成分、力学性能、组织结构等）等操作，获取相关信息数据的一门技术方法。从该定义可以看出，古建筑的无损检测主要包括以下两方面的应用：①内部缺陷检测：主要思路是材料内部健康部分与有缺陷部分某些性质存在差异，利用仪器识别两者间的差异及其分布范围，便可以反映出材料内部的缺陷情况，实现内部缺陷的无损检测；②材质性能评定：材料的性能总是与某些参数相关的，当材料内部存在缺陷，导致强度降低时，相关参数亦会发生改变，而找到可无损识别的参数，并建立该参数与材料性能之间的关系，即可实现对性能的间接评定。

（1）木结构无损检测技术

木材无损检测技术首先用于活立木的无损检测，其后逐渐推广应用到木结构建筑的无损检测中。欧美等国自 20 世纪 50 年代以来，逐渐建立了较为成熟完善的近代建筑木结构的无损检测。日本稍晚，约从 20 世纪 60 年代开始发展木材的无损检测技术，如今在古建筑木结构无损检测方面，从设备开发、材质性能、残损形态检测等方面，都有了较为系统的研究。而在我国，近年来针对古建筑木构件的检测，研究了多种无损检测技术的适用性，有许多成功案例，也取得了许多成果。目前无损检测技术已经开始出现向多种方法综合运用、检测结果定量化发展的趋势。检测设备也向小型化、便携化、智能化和集成化发展。

弹性模量和密度是表征木材性能的两个重要指标，对其进行测定可以对木材质量进行判断。目前关于木材无损检测的方法多是基于这点认识而发展的。常用的无损检测方法可以分为三类：一是基于弹性模量的检测，包括振动法和速度法，其中速度法又可分为超声波法和应力波法；二是基于密度的检测，包括皮罗钉法、微钻阻力法、射线检测法等；三是基于木材的其他特性，如基于木材中的某些极性基因对热量的吸收特性而发展起来的红外线检测法，基于状态变化时材料内部会发出瞬态弹性波的特性而发展的声发射技术。此外，还有综合运用多种方法进行检测的，如应力波和微钻阻力仪联合检测，定量评估古建筑木构件材料弹性模量、弯曲强度和顺纹抗压强度的方法。

（2）砖石结构无损检测技术

砖石结构的无损检测与混凝土无损检测较为相似，目前国内外较为常用的无损检测方法大致可分为三大类：

第一类：根据局部强度与整体强度的关系，进行局部破坏性试验，主要包括表面压痕法、射击法、拔出法、钻芯法、贯入法等。

第二类：根据强度与密实度或空隙率的关系，用非破损法测量建筑的密实度，进而推算其强度，主要包括透气法、γ 射线穿透吸收及散射法等。

第三类：根据建筑强度与应变性能的关系，测量混凝土在某一应力作用下所产生的变形，进而推定其强度，主要包括回弹法、超声法和振动法等。

对于古建筑保护而言，在保护工作中要遵循不改变原状、最低限度干预原则，一方面要求最小程度破坏，另一方面又希望最大程度准确获取必要信息。传统的检测手段中两者往往是矛盾的，无法兼顾，而无损检测技术的出现，有效地平衡了两者之间的关系，因而在古建筑保护中应用前景广泛。本节主要对古建筑木材、砖、石、灰浆等材料力学性能常用的无损检测技术进行介绍，比较各种技术的优缺点，筛选出适宜的无损检测技术。

1. 常用无损检测方法及其基本原理

（1）超声波法

超声波是频率高于 20000Hz 的声波，人耳无法感知，在弹性介质中传播时具有方向性好、穿透能力强等特点。目前已广泛应用于工业、医学、军事等领域，是距离检测、速率检测、清洗、碎石等常用的手段。

超声波的传播具有两个主要特征：一是超声波在不同介质的界面上会发生反射、折射和散射；二是超声波的传播速度可以推算出木材的弹性模量。因而，可以根据超声波的传播速度对材料性能进行检测，也可根据传播速度的变化，推测材料内部缺陷情况。目前用于古建筑超声波检测主要为非金属超声波无损检测仪（图 2.2.2）。

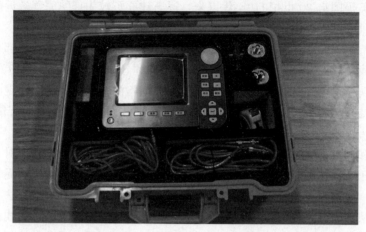

图 2.2.2　非金属超声波无损检测仪

（2）回弹法

材料的抗压强度与表面硬度之间存在某种联系，而回弹仪的弹击锤被一定的弹力打击在混凝土表面上，其回弹高度（通过回弹仪读得回弹值）与材料表面硬度成一定的比例关系。因此可以利用回弹值来间接求得材料的抗压强度。

回弹值与抗压强度之间的关系称为测强曲线，在利用回弹法进行强度检测时，首先应该进行试验建立测强曲线，没有条件进行试验的，应该参照已有的类似材料结构的测强曲线进行。

回弹法适用于古建筑砖、石、灰浆等材料抗压强度的检测，所用仪器主要为测砖回弹仪（图 2.2.3）、混凝土回弹仪（图 2.2.4）和砂浆回弹仪。

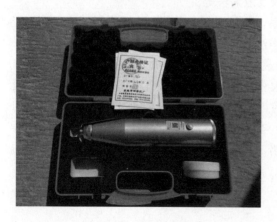

图 2.2.3　测砖回弹仪

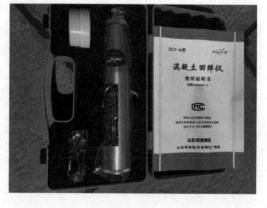

图 2.2.4　测岩石强度回弹仪（混凝土回弹仪）

（3）贯入法

贯入法与回弹法类似，贯入深度与材料的表面硬度之间存在一定关系，因而可以通过贯入深度求得材料的表面硬度，进而求得其抗压强度。

贯入深度与抗压强度之间的关系称为测强曲线，在利用砂浆贯入仪（图 2.2.5）进行砂浆强度检测时，首先应该进行试验建立测强曲线，没有条件进行试验的，应该参照已有的类似种类砂浆的测强曲线进行。

图 2.2.5　砂浆贯入仪

（4）地质雷达法

地质雷达方法（图 2.2.6）基于电磁波在不同介质中的传播特性。电磁波的传播取决于介质的电性，介质的电性主要有电导率 μ 和介电常数 ε，前者主要影响电磁波的穿透（探测）深度，在电导率适中的情况下，后者决定电磁波在该物体中的传播速度，因此，所谓电性介面也就是电磁波传播的速度介面。不同的物体具有不同的电性，因此，当发射天线发射的高频电磁波遇到介电常数不同的界面时，都会产生反射回波，根据接收天线接收到反射回波的时间和形式，能够确定反射界面的距离及判定反射体的可能性质。

（5）应力波法

木材具有声学特性，当木材某点受机械敲击作用时，内部会产生应力波的传播。应力波检测仪就是通过该原理，利用特定的感应探针发射和接收在木材中传播的应力波振动波束，测定两个感应探针间的传播时间，以此判断木材的材质性能和内部残损情况，如空洞、腐朽及计算木材的弹性模量等。

应力波的检测方法与超声波法相似，根据应力波传播速度可推算出木材的弹性模量，根据传播速度的变化，推断出缺陷情况。

应力波检测可分为纵向应力波检测和横向应力波检测，用于木材力学性能检测的为纵向应力波检测，即轴向应力波检测，常用的检测仪器为单路径应力波检测仪（图 2.2.7）。横向应力波主要用于木材内部腐朽、孔洞等缺陷的检测，常用的检测仪器为多路径应力波检测仪（图 2.2.8）。

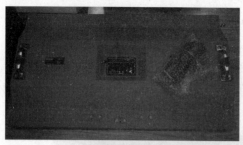

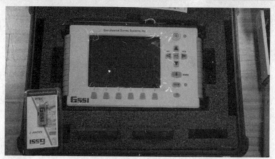

图 2.2.6　地质雷达主机与天线组

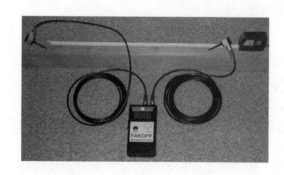

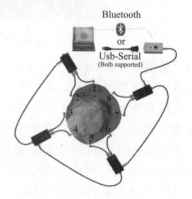

图 2.2.7　单路径应力波检测仪　　　　图 2.2.8　多路径应力波检测仪

（6）皮罗钉检测法

皮罗钉检测仪（图 2.2.9），原为丹麦生产的专门用于木质电杆安全性检测的仪器，后广泛应用于古建筑木构件和活立木检测。主要用于木材表面一定深度范围内的特性检测，其原理是预先设定好能量，将探针射入木材中，通过射入的深度分析木材密度的变化情况，密度越大，射入深度越浅，反之亦然。进而分析木材的材质性能和缺陷情况。

（7）微钻阻力法

微钻阻力检测（图 2.2.10）是将一根直径约 1.5mm 的钻针，依靠电机驱动以恒定的速率钻入

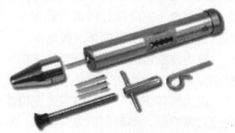

图 2.2.9　皮罗钉检测仪

木材的内部，通过阻力值的大小变化反映出木材的密度变化，并形成检测路径上的阻力曲线。通过对阻力曲线的分析，即可得到木材的早晚材密度情况，是否存在腐朽、裂缝、空洞等残损情况等。微钻阻力检测在单路径上的结果，数据能真实准确地反映木材的内部情况，精确度较高且结果直观。微钻阻力检测时会在木材表面留下一个孔径 2.5～3mm 的贯穿型孔洞，因此严格意义上来说应属微损检测。目前常用的木材微钻阻力检测设备有 IML Resistograph PD-Series（德国）和 RESISROGRAPH（德国）等。

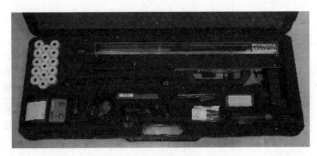

图 2.2.10　微钻阻力检测仪

（8）射线检测法

射线检测通常分为 X 射线检测、γ 射线检测、中子射线检测和高能射线检测，目前较为常用的是 X 射线检测和 γ 射线检测。

其原理是基于不同密度的木材对射线吸收系数不同，因此当被测物体存在材质性能差异或内部缺陷时，通过特定的检测设备（如感光胶片）来检测透射射线的强度，即可准确判断被测物体内部的材质性能和缺陷的面积、位置等信息。

该方法具有辐射性，会对人体健康产生危害，且设备体量大，工作电压往往高达数万伏至数十万伏，检测作业时应注意高压危险。

（9）红外线检测法

红外光是波长范围在 0.78～1000μm 之间的电磁波。一切温度高于热力学零度的物体都在以电磁波的形式向外辐射能量，红外线检测是经过一定的热激励后，利用红外热像仪接收木材自身各部分辐射的差异，进行红外成像，从而将木材发出的红外辐射图像转换为可视的热分布图像，能够准确、直观地发现内部缺陷，待建立热图像数据库后，还可实现对缺陷的定性和定量的判断。

（10）声发射技术

声发射技术是基于木材受外力或内力作用发生裂缝发育、塑性变形等破坏时，内部会发出瞬态弹性波的特性，通过接收和分析木材的声发射信号来判断其性能或内部缺陷情况。

目前，国内外已经开展了许多声发射技术在木材无损检测中的研究和应用，并取得了较好的经济价值。该技术可以很好地监测和识别木材缺陷及损伤的发展过程，因而在古建筑安全性评估领域有广阔的发展前景，但目前并没有关于该技术在古建筑保护中应用的文献报道。

2. 常用方法适用范围和优缺点

在古建筑现场检测作业中，检测条件往往比试验室中会更加复杂，如构件形状和位

置、周边环境干扰、用电来源、劳动强度等因素。只有充分了解各类常用无损检测设备的
性能和特点，才能在具体的检测工作中合理选择，做到对症下药、有的放矢。结合目前已
发表的研究文献，总结常用的各种无损检测方法在古建筑木、砖、石、灰浆检测上的适用
范围和优缺点，如表 2.2.1 所示。

常用无损检测方法比较表 表 2.2.1

序号	方法名称	无损/微损	适用材料				应用范围		优点	缺点
			木	砖	石	灰浆	性能评定	缺陷检测		
1	超声法	无损	√	√	√	—	√	√	无损,便于携带	操作后耦合剂清理困难,不适用于粗糙或表面弧度较大的构件检测,且每次检测仅能获取两点间的波速,操作较为烦琐
2	回弹法	无损	—	√	√	√	√	—	无损,便于携带,操作简便、经济、快速	受表面状态影响,精度较低,且大多无法取样进行试验来建立专门测强曲线
3	贯入法	微损				√	√		便于携带,操作简便、经济、快速	微损,精度较低,且大多无法取样进行试验来建立专门测强曲线
4	地质雷达法	无损	—	√	√	—	—	√	无损,快速便捷	分辨率低,精度低,解译难度大
5	应力波法	微损	√	—	—	—	√	√	体量轻便,便于携带,不需耦合剂,受环境因素干扰少,适用于现场检测,检测结果可视化	微损,传感器连接与拆卸较烦琐,检测速度稍慢,对裂缝的识别精度不高
6	皮罗钉法	微损	√				√	√	便于携带,检测精度高	微损,只能检测表层密度和缺陷情况
7	微钻阻力法	微损	√				√		便于携带,适用于现场检测,检测结果可视化	微损;主机与电池分体设计,不方便高空作业;无自我保护功能,遇内部较大孔洞或坚硬物体时易断针;属单路径检测,对整体检测截面的判定存在一定局限性
8	射线法	无损	√	√	√		√	√	无损,检测精度高	设备体积和质量较大,不方便携带搬运;存在辐射,有一定安全隐患,不适合在密度较大的城区使用;成本较高,不易推广
9	红外线检测法	无损	√				—	√	无损,检测结果可视化,能够快速地对大面积的木材内部缺陷进行检测	精度不高,对于较细小的裂缝识别不了,对有彩绘或是背景颜色太过复杂时不适用
10	声发射技术	无损	√	√	√	—	—	√	动态无损检测技术,有望实现对缺陷的预报,但信号处理分析难度大,目前没有专门适用于古建筑的传感器、数据分析与处理软件和仪器	

综上分析，可以得出如下结论：

（1）完全无损的检测方法有超声波法、地质雷达法、射线法、红外线检测法、声发射
技术；会对古建筑造成微小破坏，即微损的方法有回弹法、贯入法、应力波法、皮罗钉
法、微钻阻力法。

（2）超声波法适用于古建筑的性能评定和缺陷检测，但在使用过程中要注意耦合剂的
问题，不能采用黄油、凡士林等，可以研究胶水、橡皮泥等作为替代耦合剂的可行性；超
声波法更适用于辅助检测和重点部位检测。

（3）回弹法适用于砖、石和灰浆的强度检测，但会对木结构表面造成较大伤害，不适

用于木结构。

（4）地质雷达法可用于砖石结构不同深度的缺陷检测，但不适用于木结构。

（5）应力波法和微钻阻力法均会产生轻微破坏，但检测精度较高，可以适用于大多数古建筑，但不适用于表面有珍贵彩绘等不能产生损伤的古建筑构件。

（6）皮罗钉法仅适用于表层检测，且为微损检测手段。

（7）射线法精度高，但更适用于试验室检测，且对人体有辐射，成像材料成本过高，不易推广。

（8）红外线检测适用于大面积普查性质的检测，更加适合于对古建筑薄弱区域的识别，但对于表面有彩绘或是背景颜色复杂的不适用。

（9）声发射技术是近年来的热点，在古建筑中的适用性仍待进一步研究分析。

3. 无损检测技术的选择

通过对文献报道中出现的古建筑常用无损检测技术的整理和分析，对基本原理、适用范围和优缺点进行了分析，基本明晰了各种方法特性。在对古建筑进行现场检测时，应根据检测目的综合考虑被测构件材质、位置、尺寸、表面状态、残损类型等多方面影响，进行合理方法的选用，特别是综合利用多种方法以提高检测结果的准确性。可按照以下方法进行选取：

（1）被测区域面积较大时的内部缺陷检测，宜优先考虑红外线检测法和地质雷达法，但红外线法不适用于背景颜色复杂的构件，地质雷达不适用于木构件。

（2）被测区域较小时的内部缺陷检测，木构件宜综合采用应力波法和微钻阻力法，并辅以超声波法进行检测；砖石结构宜采用超声波法进行检测。

（3）木结构的性能检测宜综合采用应力波法和微钻阻力法，并辅以超声波法进行检测。

（4）砖、石材料的性能检测宜采用超声回弹综合法进行确定。

（5）灰浆的性能检测宜优先采用贯入法，也可采用回弹法进行。

2.2.3　古建筑结构动力特性和振动响应测试技术

动力特性是表示结构动态特性的基本物理量，如固有频率、振型和阻尼等。这些特性是由结构形式、质量分布、结构刚度、材料性质、构造连接等因素决定的，与外荷载无关。

对于古建筑而言，动力特性测试主要有以下几方面的应用：

（1）为研究古建筑的抗震、防工业振动的性能和能力提供动力特性参数，了解结构的自振特性；

（2）为检测、诊断古建筑的损伤积累提供可靠的资料和数据；

（3）通过长时间的定期监测，积累不同时期结构的动力特性参数，可通过从结构自身固有特性的变化来识别结构物的损伤程度，为结构的可靠度诊断和剩余寿命的估计提供依据；

（4）对古建筑进行大型维护工程或保护加固工程时，可通过维护前后的监测实现对保护工程影响的评价；

（5）古建筑发生异常情况时，可用于对异常情况的评估。

随着城市建设日新月异的发展，交通系统的不断完善，尤其是城市轨道交通建设运营的迅速发展，对公共交通设施的运营产生的振动引起古建筑的振动响应也越来越引起社会和民众的关注。城市轨道车辆行驶引起的振动通过附近地层（地下或地面）向外传播，从而导致地下结构物及邻近建筑物产生振动，这种反复而长期的振动达到一定水平会对周边建筑尤其古建筑带来不可避免的损伤、变形，从而导致其安全性受到威胁，因此其影响不容忽视。振动测试是评判古建筑受振动影响问题的重要环节，是准确了解振源激励和古建筑响应的手段，也是唯一能够评判解析解和数值解的标尺。

1. 测试仪器和测试系统

（1）传感器

传感器是测试系的仪器，其可靠性、精度等参数指标直接影响到系统的质量，一般要求灵敏度高、分辨率高。传感器有速度、加速度和位移传感器等类型。需要根据研究目的或测试对象评价所用物理量来选用传感器的种类。

1）灵敏度

测试系统的灵敏度是指输出信号与输入信号（被测物体的物理量，如位移、速度、加速度、力、应变等）的比值。传感器的灵敏度越高，可以感知的变化量小，即被测量有微小变化时，传感器就有较大的响应。但也应考虑到，灵敏度高时，与测量信号无关的外界噪声也容易混入。因此，要求传感器既要能够检测出小量值，又不易从外界引进干扰噪声，要有较大的信噪比。

2）频率范围

传感器的使用频率范围是指在这个频率范围内，传感器输入信号频率的变化不会引起其灵敏度发生超出限值的变化，传感器的响应特征必须在频率范围内满足不失真测试的条件。在动态测试中，传感器的响应特征对测试结果有直接影响，在选用时，应充分考虑到被测物理量的变化特点，如稳态、瞬变、随机等。

测试过程中，传感器应正确安装和固定，常用的固定方法有：螺栓固定、磁力底座固定和粘结固定。对于古建筑需要遵循不破坏原貌的准则，所以一般采用橡皮泥粘结的方式固定。

（2）测试系统

测试系统一般采用动态信号测试分析系统。该系统适合各种传感器（电压、电流、电阻、电荷、应力、应变等）输出信号的适调、采集、放大、存储和分析。测试系统中的信号采集软件和模态分析软件可以整合在一起，也可以是各自独立的，图2.2.11为测试仪器的连接示意图，图2.2.12为古建筑动力特性和振动响应实测所用的仪器及其连接。

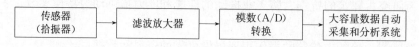

图 2.2.11　动力特性测试及振动响应测试连接示意图

2. 测点的布置要求

为了获得较为理想的测试结果，测点的合理布置十分重要，需要注意的方面如下：

（1）动力特性测试

1）同步测试法

结构动力特性的环境激振测试一般采用跑点法或同步测试法。当在结构层数较多而传

图 2.2.12　仪器连接示意图

感器较少的情况下，一般采用跑点法，即不需要对每个测点布置传感器，除固定参考点外，只对计划的测点用少量传感器进行跑点测试。但是此方法由于采集到的信号不是同步测试的且信号本身具有一定的随机性，必然给测试结果带来一定误差，也在一定程度上增加了数据处理的难度。为了获得较为准确的动力特性值，应尽量采用同步测试法，即在各层均布置传感器后同步采集脉动信号。

　　2）在结构中心位置布置测点

　　从建筑结构的振动状态来分析，一般可分为水平方向振动、扭转振动和垂直振动。如果研究的重点是古建筑水平方向的振动，在布置测点时，传感器一般安放在结构的刚度中心处，其目的是让传感器接收到的信号仅仅是平移振动信号，尽量排除扭转振动信号，这样做数据分析处理时便于识别平移振动信号。由于受到结构形状和现场测试条件的限制，传感器往往不能放置在结构的刚度中心，所以在现场测试时，一般把传感器放在平面位置的几何中心处。

　　3）在结构特殊位置布置测点

　　为了方便得到需要的振型，应在振型曲线上位移较大的部位布置测点。特别要注意的是结构在某一楼层的截面突然变化，引起刚度或质量的突变，从而引起结构振动形态的变化。此外，要注意防止将测点布置在振型曲线的"节"点处，即在某一振型上的结构振动位移为"零"的不动点。所以在测试之前宜通过理论计算进行初步分析，对可能产生的振型有一个大致的了解。

　　（2）振动测试

　　振动测试测点的布置，需要准确反映被测对象的振动响应，一般依据能够反映整体承重结构最大响应的原则，选取的测点为控制点，要具有代表性。一般来说，古建筑最高处的响应是结构的最大响应，因而木结构的测点位置为中跨的顶层柱顶，砖石结构的测点为承重结构最高处，石窟的最大响应为窟顶。

　　3. 测试数据分析

　　（1）结构动力特性

　　1）自振频率的确定

　　在对古建筑自振频率识别时，可以采用频响函数，频响函数 $H(\omega)$ 是结构的输出响应和输入激励力之比，其幅值受到输出响应的振型值和输入激励力振型值的影响，可按式（2.2.2）计算：

$$|H(\omega)|^2 = \frac{G_{yy}(\omega)}{G_{ff}(\omega)} \qquad (2.2.2)$$

式中：$G_{ff}(\omega)$、$G_{yy}(\omega)$ 分别为激振力 $f(t)$ 和结构振动响应 $y(t)$ 的自功率谱。

由于在实际动力特性测试中，输入信号中存在背景振动、风脉动等振动信号，没有办法准确测量到输入激励信号，因此当古建筑在背景振动环境下时，可将输入激励信号近似为有限带宽白噪，将输入激励信号的功率谱认为是一常数 C，用式（2.2.3）近似估计频响函数值：

$$|H(\omega)|^2 = \frac{G_{yy}(\omega)}{G_{ff}(\omega)} = \frac{G_{yy}(\omega)}{C} \qquad (2.2.3)$$

由于在现场测试过程中，在环境振动中会存在测量噪声，所以各测点的速度响应自功率谱可能存在多个峰值，并非每个峰值处都是结构的模态频率，所以进行模态频率识别时，要参照以下几点来判断：①结构反应各测点的自功率谱峰值位于同一频率处；②自振频率处各测点间的相干函数较大；③各测点在自振频率处相角接近 0°或者±180°，即各测点之间为同向或者反向关系。

2）振型的确定

在确定古建筑固有频率后，用不同测点在固有频率处响应的比，就能获得固有的振型，响应信号的互谱与自谱的幅值之比即其传递函数可近似确定振型。以参考点为输入，测点为输出，用参考点与测点之间的传递函数分析振型可表示为：

$$H(\omega) = \frac{G_{fy}(\omega)}{G_{ff}(\omega)} \qquad (2.2.4)$$

式中：G_{fy} 为响应信号的互功率谱。

3）阻尼比的确定

阻尼分析一般是在频域上进行的，根据各测点的频谱图，用半功率带宽法算出各测点在各阶频率上的阻尼比，即模态阻尼比：

$$\zeta_i = \frac{\Delta\omega_i}{2\omega_i}(i=1,2,\cdots,n) \qquad (2.2.5)$$

式中：$\Delta\omega_i = \omega_{bi} - \omega_{ai}$，就是半功率带宽。为了保证阻尼比估计的可靠性，一般希望 $\Delta\omega_i > 5\Delta F$，这里的 ΔF 是快速傅里叶变换（FFT）计算中的频率分辨率，$\Delta F = 1/T$。这就意味着需要较高的频率分辨率，结果是需要更长时间的记录，所以，一次采样时间通常不得少于 30min。

（2）振动响应

1）自相干分析和互相干分析

所谓相关是指变量之间的线性关系，对于确定性信号，两个变量之间可以用函数关系来描述，对于两个随机信号就不具有这样的确定性关系，但是通过大量统计就可以发现它们之间还是存在某种内在的物理关系。使用相关分析可以研究两个信号之间的相关性。

相关分析分为自相关分析和互相关分析两种，自相关函数是描述信号 $x(t)$ 一个时刻取值与另一个时刻取值之间的依赖关系，相关函数的计算公式为：

$$R_x(\tau) = \lim_{T\to\infty} \frac{1}{T}\int_0^T x(t) \cdot x(t+\tau)\mathrm{d}t \qquad (2.2.6)$$

式中：$x(t)$ 为要分析的信号序列；τ 为时间延迟。

工程上常使用相关系数来描述相关性，更具有对比性和方便性，相关系数函数定义为：

$$\rho(\tau) = \frac{R_x(\tau) - \mu_x^2}{\sigma_x^2} \tag{2.2.7}$$

式中：μ_x 为均值；σ_x^2 为方差。

自相关分析可用于：

①判断信号的性质，如周期信号的自相关函数仍为同周期的周期函数；对随机信号，当时间延迟趋于无穷大时，相关函数趋于信号均值的平方，当时间延迟为零时，自相关系数最大，等于 1。

②检测随机信号中的周期成分，因为周期信号在所有时间延迟上，自相关系数不为零。

③对自相关函数进行傅里叶变换，可以得到自功率谱密度函数。

互相关函数是描述信号 $x(t)$ 一个时刻的取值与信号 $y(t)$ 另一个时刻取值之间的依赖关系，可以表示为：

$$R_{xy}(\tau) = \lim_{T \to \infty} \frac{1}{T} \int_0^T x(t) \cdot y(t + \tau) \mathrm{d}t \tag{2.2.8}$$

同样，互相关系数定义为：

$$\rho_{xy}(\tau) = \frac{R_{xy}(\tau) - \mu_x \mu_y}{\sigma_x \sigma_y} \tag{2.2.9}$$

互相关分析用于：

①研究系统的时间滞后性质，系统输入信号和输出信号的互相关函数，在时间延迟等于系统滞后时间的位置上出现峰值。

②利用互相延时和能量信息可以对传输通道进行分析识别。

③对互相关函数进行傅里叶变换可以得到互功率谱密度函数。

2）互谱分析与相干函数

互谱分析是对两个信号进行互功率谱计算，如两列时域信号序列 $x(n)$ 和 $y(n)$ 经过傅里叶变换后得到的幅值为 $X(K)$ 和 $Y(K)$，其乘积 $X^*(K) \cdot Y(K)$ 称为互功率谱 $P_{xy}(K)$，即：

$$P_{xy}(K) = X^*(K) \cdot Y(K) \tag{2.2.10}$$

式中：K 为频域序列号；$X^*(K)$ 为 $X(K)$ 的共轭函数。

互功率谱表示两个时域信号序列在频域中所得两种谱的共同成分及其相位差关系。互谱分析中进行傅里叶变换后，就得到实部和虚部，实部是傅里叶变换的余弦项幅度，虚部是正弦项幅度。

相干函数（又称凝聚函数）定义为：

$$r_{xy}^2(f) = \frac{|P_{xy}(f)|^2}{P_{xx}(f) \cdot P_{yy}(f)} \tag{2.2.11}$$

式中：$P_{xy}(f)$ 为互功率谱；$P_{xx}(f)$ 和 $P_{yy}(f)$ 为自功率谱。

相干函数反映两个信号进行互功率谱计算中外来不相干噪声影响的大小，相干越大表示外来影响越小。

3）传递函数

对一个系统，通过其输入信号和输出信号，进行系统的响应分析，称为传递函数分析。它反映了系统对信号的传递特性（幅频特性和相频特性），取决于系统的本身特性，若系统的输入和输出分别为 $x(t)$ 和 $y(t)$，则传递函数定义为输出信号的傅里叶变换 $S_y(f)$ 与输入信号的傅里叶变换 $S_x(f)$ 之比。此外，也可以利用输出与输入信号的互功率谱 $P_{xy}(f)$ 与输入的自功率谱 $P_{xx}(f)$ 之比得到传递函数即：

$$H_{xy}(f)=\frac{S_y(f)}{S_x(f)}=\frac{P_{xy}(f)}{P_{xx}(f)} \tag{2.2.12}$$

需要注意的是，式（2.2.12）得到的传递函数为复数，具有实部和虚部。

2.3 古建筑安全性评估技术

古建筑经过大自然数百乃至数千年的洗礼，包括地震的袭击，风、雨、雷、火等自然力的不断侵蚀等，加之在漫长历史中的许多人为破坏，都不可避免地对其结构造成了不同程度的破损。因此，对古建筑的保护工作刻不容缓，而安全性评估是保护工作的首要阶段。古建筑的安全性评估，就是通过调查、检测等手段获得古建筑的相关信息，进行安全性分析与验算，对古建筑的所处状况以及安全性水平作出评价，并最终根据评价结果采取相应的修缮措施，使古建筑免于破坏与倒塌。安全性评估是古建筑保护的必由之路，也是重中之重。

2.3.1 安全性评估的流程和原则

古建筑安全性评估应按图 2.3.1 所示流程进行。

对评估对象由小到大分三个层次（单个构件、组成部分、整体结构）进行评估，具体做法为：

（1）单个构件：分一、二级按规定评估。

一级评估：项目包括结构损伤状况、材料强度、构件变形、节点及连接构造等。当通过一级评估则不需二级评估。

二级评估：先作整体力学建模与受力分析，再进行结构安全性验算。

（2）组成部分：分别对地基基础、上部结构，进行权重计算。

Γ 是安全性不满足要求的构件的权重比，按式（2.3.1）进行计算：

$$\Gamma=\sum_{i=1}^{n}\omega_i \Big/ \sum_{j=1}^{m}\omega_j \tag{2.3.1}$$

式中：n 是安全性不满足要求的构件总数；i 是安全性不满足要求的构件编号；ω_i 是第 i 号构件的权重；m 是所有构件总数；j 是所有构件编号；ω_j 是第 j 号构件的权重。

通过式（2.3.1）可得出地基基础或地上部分的构件权重比 Γ 结果，对应表 2.3.1。其中，a 级是指不必处理，b 级是指极少数需要采取措施，c 级是指少数需要采取措施，d 级是指大部分需要采取措施。

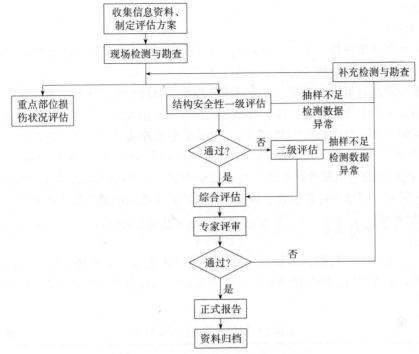

图 2.3.1 古建筑结构安全评估流程图

安全性等级划分评价标准　　　　　　　　　　　　　　　表 2.3.1

安全性等级	评判标准	备注
a	$\Gamma=0$	安全性满足要求
b	$0.05 \geqslant \Gamma > 0$	安全性基本满足要求
c	$0.30 \geqslant \Gamma > 0.05$	安全性显著不满足要求
d	$\Gamma > 0.30$	安全性严重不满足要求

（3）整体结构：按组成部分中最低一个为评定等级。

若结构布置不合理，存在薄弱环节，或结构选型、传力路线设计不当及其他明显的结构缺陷，建筑整体安全性等级（不含 d 级）在原有基础上降低一级。如出现如下某一情况直接定为最低级：

1）上部结构存在承重构件断裂、局部坍塌等显著破坏现象；

2）上部结构承重构件有严重的异常位移，存在失稳现象；

3）结构出现明显的永久变形，变形数值大于《近现代历史建筑结构安全性评估导则》WW/T 0048—2014 所列限值的 30%；

4）连接节点存在松动变形、滑移、沿剪切面开裂、剪坏等致使连接失效等现象；

5）承重构件截面削弱超过截面 1/4；

6）简支构件搁置长度小于相关规范允许值的 70%；

7）其他严重影响结构安全的损伤。

2.3.2 安全性评估的主要内容

1. 地基基础构件评估

此部分安全性评估分为地基、基础两个部分。

（1）地基

1）一级评估

应结合地质勘察报告、地基沉降观测资料或不均匀沉降对上部结构的影响这三个方面。如符合如下其中某一种情况，须进行二级评估：

①建筑物地基有不均匀沉降，沉降差或倾斜率（取较大者，下同）大于 7‰；

②当建筑物处于软弱地层，且有相邻工程在开挖深基坑时，判别标准为：建筑物地基有不均匀沉降，沉降差或倾斜率大于 7‰，倾斜速率已连续 3 天大于 1‰，建筑物沉降速率连续 2 个月大于 2mm/月，建筑物砌体部分出现持续发展的变形裂缝（缝宽大于 1.5mm），或周边地面出现持续发展的大于 1cm 的裂缝，基坑底部或周边土体出现少量流砂、涌土、隆起、陷落等可能引起土体剪切破坏的迹象或影响地基安全的征兆。

2）二级评估

$$\zeta_c R/S \qquad (2.3.2)$$

式中：ζ_c 是地基土长期压密提高系数，其值可按表 2.3.2 采用；R 是结构抗力，即结构（构件）抵抗作用效应的能力；S 是作用效应，即由荷载或变形引起的结构（构件）的反应。

地基土长期压密提高系数取值表 表 2.3.2

年限与岩土类别	$\zeta_c = P_0/f_s$			
	1.0	0.5	0.4	<0.4
2 年以上的砾、粗、中、细、粉砂 5 年以上的粉土和粉质黏土 8 年以上地基土静承载值标准值大于 100kPa	1.2	1.1	1.05	1.0

注：P_0 指基础底面实际平均压应力（kPa）；f_s 指地基承载力特征值，使用年限不够或岩石、碎石土、其他软弱土，提高系数值可取 1.0。

当式（2.3.2）的结果大于等于 1 时，则满足要求；否则，判定不满足要求。

（2）基础

1）一级评估

应结合上部结构（尤其砖墙）是否出现地基不均匀沉降导致的墙体裂缝、裂缝走向、缝宽、延伸状况、是否通缝 5 个方面内容，必要时开挖基础进行勘察。如出现如下情况，须进行二级评估：

①上部砌体出现沉降裂缝（缝宽大于 5mm），预制构件间连接部位出现沉降裂缝（缝宽大于 2mm）；

②基础出现明显老化、腐蚀、酥碎、折断等损坏情况。

2）二级评估

当 $R/S \geq 0.9$ 时，则判定满足基础安全性要求；否则，判定为不满足要求。

2. 上部结构结构构件评估

（1）砌体结构

1）一级评估

需要满足砌体的外观质量、材料强度等级、形变、裂缝、构造 5 个检测项目，否则需要进行二级评估。

①外观质量：因自然风化、人为破坏或各种砌筑质量问题引起的缺陷，导致承重有效面积的最大受损率墙超过 6％或柱超过 4％，则不满足。

②强度等级：块材（包含砖块、石块）强度等级不小于 MU10，砌筑砂浆不小于 M1.5。

③构件形变：层间高度内砌体构件发生偏离形变的最大水平位移值不大于 $h/350$（h 为层高），倾斜率（一层或整栋建筑在顶部的水平偏移量除以对应高度的比值）不大于 7‰。

④构件裂缝：出现以下任一情况时，即不满足一级评估：

A. 受力裂缝：

a. 自桁架、主梁支座下墙柱的端部或中部起，块材向下竖向（贯通）断裂；

b. 空旷建筑承重外墙的变截面位置出现水平裂缝或斜缝；

c. 砌体过量的跨中或支座开裂，或虽未见开裂，但在跨度范围内有后加集中荷载；

d. 在筒拱、双曲筒拱或扁壳等拱壳面的沿拱顶母线或对角线上出现裂缝；

e. 拱壳支座附近或承接的墙体有沿砌块断裂的斜缝；

f. 其他明显的受弯、受压或受剪的裂缝。

B. 非受力裂缝：

a. 纵横墙连接处有通长竖向缝；

b. 墙身开裂严重，最宽处大于 3mm；

c. 柱上裂缝宽度大于 1.5mm，或有柱断裂、错位的情况；

d. 其他显著影响结构整体性的裂缝。

⑤构件的构造：墙、柱的允许高厚比符合或略不符合国家现行设计规范的要求，连接及砌筑方式正确，主要构造基本符合国家现行设计规范要求，无缺陷或仅有局部表面缺陷，工作无异常。

2）二级评估

承载力验算 $R/S \geq 0.9$ 时，则判定满足砌体结构构件安全性要求；否则，判定为不满足要求。

（2）木结构

1）一级评估

需要满足木结构的外观质量、形变、裂缝、构造 4 个检测项目，否则需要进行二级评估。

进行二级评估时，应对木材的力学性能、腐朽、蛀蚀、缺陷 4 方面进行检测；同时木构件截面只算有效值。

①外观质量：有效面积受损率不大于 7.5％，则满足一级评估。勘查构件缺陷时，应用敲击法或仪器探测，若有心腐缺陷，无需两级评估，可直接判定其安全性不满足要求。

②木结构构件形变：抬梁式屋架、枋以及柱不大于 $L_0/180$（L_0 为构件计算跨度，单位为 mm），三角桁架、搁栅以及檩条不大于 $L_0/160$。

③构件斜裂缝斜率（相对于纵轴线的夹角的正切值）：受拉构件斜率不大于 8％，受弯构件及偏压构件不大于 12％，轴压构件不大于 17％。

④构件的构造：连接（或节点）连接方式正确，主要构造基本符合国家现行设计规范

要求，无缺陷，或仅有局部表面缺陷，通风良好，工作无异常；屋架起拱值符合或略不符合国家现行设计规范规定，但未发现有推力所造成的影响。

2）二级评估

承载力验算 $R/S \geqslant 0.9$，则判定满足木结构构件安全性要求；否则，判定为不满足要求。

2.4　古建筑抗震评估技术

在经历了强烈的地震作用后古建筑会出现不同程度的破坏。地震对这些仅存的历史文化遗产造成了不可估量的损失，因此必须要采取一定措施，尽可能地减轻地震对结构造成的影响，降低损伤风险。结构的抗震评估是降低地震风险的基础，从而可以进一步采取合理的减灾措施，对存在破坏风险的传统木结构建筑进行有效的保护。

结构地震易损性分析是抗震评估的核心内容，它可以得到结构在不同地震动强度下发生各种破坏状态的概率，从概率的意义上定量地刻画结构的抗震性能，量化古建筑在地震作用下的风险值，进而实现对结构地震风险的控制。因此，项目组提出了基于能量耗散的古建筑结构地震损伤模型。

2.4.1　结构整体损伤评估模型

1. 结构耗能能力的确定

结构耗能能力为结构受力与变形达到极限状态时所能吸收的能量，对于结构极限承载力以及变形的判定目前最为常用的方法是 Pushover 分析，该方法是在结构上施加竖向荷载并保持不变，同时施加某种分布的水平荷载，该水平荷载单调增加，使结构从弹性阶段开始，经历开裂、屈服直至破坏倒塌，从而得到结构在横向静力作用下的弹塑性性能。相关研究表明，结构达到破坏时吸收的总能量并不是一个稳定的值，它与加载路径、循环位移幅值的大小、不同幅值位移发生的顺序以及位移偏移程度等有关，即和整个结构位移反应的历程有关。Pushover 分析方法虽然可以得到结构的弹塑性性能，但仍然属于静力分析范畴，不能考虑地震动力效应，且结构分析结果很大程度上依赖水平荷载的分布形式。

随着对震害经验的不断积累，研究者们发现，仅将地震作用等效为静力进行分析难以保证结构在地震作用下的安全，于是结构地震分析的动力分析方法得到了快速发展，逐步增量弹塑性时程分析方法（Incremental Dynamic Analysis，IDA）就是最常用的方法之一。借助该方法，可以合理地判定结构的极限状态，进而确定结构的耗能能力。IDA 方法的基本原理是通过改变输入地震动的强度，对结构进行多次同一地震动波形作用下的动力时程分析，得到结构在不同地震强度作用下的结构最大响应，利用地震动强度指标（IM，一般选择 PGA）和相应的结构最大地震响应（DM）绘制 IDA 曲线，再通过对 IDA 曲线的分析，定性定量地了解结构的性能变化特点。在计算过程中需要解决的关键问题是 DM 选定，即结构反应指标，要求其能够清晰准确地反映出结构倒塌破坏的临界值。层间位移角不仅是结构塑性变形能力的最好体现，能够准确反映结构延性，而且简单直观，因此在以往的分析中通常采用单一的最大层间位移角 $\theta_{\max}$ 来判定结构的极限倒塌状态。

2. 结构楼层地震损伤模型

结构的累积滞回耗能指标在一定程度上可以反映地震的累积损伤效应。因此，根据结构累积滞回耗能需求和耗能能力的比值，定义结构 i 在地震作用下的损伤系数为 D_i，即：

$$D_i = \frac{E_i}{E_{i,\max}} \tag{2.4.1}$$

式中：E_i 为第 i 楼层在地震作用下的滞回耗能。

3. 结构整体地震损伤模型

地震损伤评估一般都是建立在结构经历地震作用后整体损伤程度基础上的，因此，如何从局部结构的损伤通过一定组合方式得到结构整体的损伤，这将直接影响到整体结构损伤评估的正确性与合理性。

加权组合法是目前采用最为普遍的方法，其判定整体结构损伤程度的一般步骤是：首先求得局部结构的损伤指数，按照它们对整体破坏的贡献大小给出相应的权重系数，然后对局部结构损伤指数和相应的权重系数的乘积求和，就能够得到结构整体的损伤指数。

耗能越大的构件的损伤程度对结构整体损伤影响越大。为了能够反映各楼层在保持结构整体稳定性中的相对重要程度，楼层权重系数 λ_i 依然选用与结构损伤破坏关系密切的累积滞回耗能来定义，即楼层耗能占总体耗能的比率：

$$\lambda_i = E_i / \sum_{i=1}^{n} E_i \tag{2.4.2}$$

式中：n 表示结构的总层数。

随后，采用加权组合法，就可以由结构层的损伤递推到整体结构的破坏，则结构的整体损伤模型如下：

$$D = \sum_{i}^{n} \lambda_i D_i \tag{2.4.3}$$

2.4.2　古建筑损伤等级的确定

结合传统结构建筑的有关规范、多年来传统木结构建筑震害资料的调查，同时借鉴我国对一般建筑震害等级的判定标准，传统木结构建筑地震破坏等级可以划分为 5 个级别，各震害等级以及相关的宏观描述见表 2.4.1。

传统木结构建筑的地震破坏等级及宏观破坏特征　　　　　　　　　　　表 2.4.1

震害等级	破坏特征
基本完好	屋盖侧移量很小，承重构架完好，屋面有少量溜瓦，围护墙基本完好，发生少量轻微裂缝，斗栱无损坏及脱落；附属构件和装饰构件发生局部损坏。不经修缮，可以继续使用
轻微损伤	承重构架完好或轻微倾斜，局部构件轻微倾斜，屋盖侧移量稍大，斗栱有少量滑移；围护墙体轻微裂缝较多，个别裂缝轻微损坏明显；个别墙体轻微外闪，门窗框有轻微变形，附属和装饰构件较多损坏或脱落。需经少量修缮即可继续使用

震害等级	破坏特征
中等破坏	承重构架多数轻微倾斜或部分明显倾斜;出现拔榫现象,中等破坏拉脱节点不多,斗栱局部劈裂或脱落;屋面溜瓦较多;围护墙体明显破坏;屋顶装饰构件移位或塌落
严重破坏	承重木柱明显倾斜,部分柱压劈,节点拔榫较多,斗栱严重破坏,劈裂、断折、移位较多;围护墙局部倒塌或开裂严重;部分檩条及椽条断落引起局部屋面塌落
倒塌	承重木柱折断或倾倒,围护墙几乎全部倒塌;屋盖塌落

结构的破坏程度,可以通过一个具体的量化指标来表示,这个量化指标与结构的损伤有着直接的关系。以往的分析中,基本都采用结构的最大层间位移角来判定结构所处损伤状态,但其仅能反映结构的首次超越破坏,并不能考虑结构遭受的塑性累积损伤破坏,也不能反映局部损伤对整体结构破坏的影响。而整体损伤系数却能弥补以上缺点,它不仅能够反映耗能薄弱层的部位,体现不同构件层的重要性,也能考虑各主要耗能结构层的损伤对整体结构破坏的影响。因此采用与能量相关的整体破坏系数为反应指标是合适的。表2.4.2给出了以往研究者建议的传统木结构建筑整体处于不同损伤状态下的损伤指数范围,在此基础上,基于统计学的角度给出了研究建议的损伤指数范围。

传统木结构建筑不同损伤破坏状态对应的损伤指数范围　　　表 2.4.2

资料来源	震害等级				
	基本完好	轻微损伤	中等破坏	严重破坏	倒塌
薛建阳等	0~0.1	0.1~0.35	0.35~0.65	0.65~0.8	≥0.8
高大峰等	0~0.1	0.1~0.3	0.3~0.6	0.6~0.8	≥0.8
李桂荣等	0~0.1	0.1~0.35	0.35~0.6	0.6~0.9	≥0.9
本文	0~0.1	0.1~0.35	0.35~0.6	0.6~0.8	≥0.8

美国的 FEMA273 将结构的极限状态划分为四个等级,分别为正常使用极限状态(Operational,OP)、基本运行极限状态(Immediate Occupancy,IO)、生命安全极限状态(Life Safety,LS)和接近倒塌极限状态(Collapse Prevention,CP)。借鉴这种划分方法,量化了传统木结构各阶段的限值,如表 2.4.3 所示。

结构极限状态与量化指标限值（D）　　　表 2.4.3

结构极限状态	OP	IO	LS	CP
极值点	0.1	0.35	0.6	0.8

2.4.3　地震易损性分析模型

1. 地震动强度参数的选取

虽然地震具有很大的不确定性,而且对结构的破坏机理也相当复杂,但是大量的研究表明地震的三要素(振幅、频谱特性和持时)与结构的损伤破坏密切相关。因此,在地震易损性分析中,地震动强度参数的选取对分析结果的正确性有较大影响。

(1) 振幅

地震动的振幅包含地震的峰值,包含加速度、速度以及位移。常用的与振幅相关的地震动强度参数分别是：峰值加速度（PGA）和峰值速度（PGV）。

（2）频谱特性

地震动的频谱特性是地震动对具有不同自振周期结构的响应，随着震级、震中距以及场地土而变。常用的与频谱特性有关的地震动强度参数分别为：震中距（R）和结构第一周期对应的谱加速度（SA_1）。

（3）持时

地震动持时对结构的最终损伤程度有着重要的影响，持时越长，造成累积损伤的可能性越大。但是在地震工程界中，对持时的定义却不一致，为了避免问题的复杂性，本书暂不考虑持时长短对结构易损性分析的影响。

不同的地震动强度参数之间可能相互独立，也可能存在一定的相关性，彼此之间可以相互转换。为了尽量避免筛选出来的两个地震动参数具有高度的相关性，从而影响结果的准确性，采用 Pearson 相关系数来衡量各个地震动强度参数之间的关系，即两个变量的协方差与两者标准差之积的商，如式（2.4.4）所示。相关系数 ρ 的取值一般介于 -1 和 1 之间，当 $\rho=0$ 时，表示两个变量之间不存在线性关系；当 $0<|\rho|\leqslant0.3$ 时，是微弱相关；当 $0.3<|\rho|\leqslant0.5$ 时，是低相关；当 $0.5<|\rho|\leqslant0.8$ 时，是显著相关；当 $0.8<|\rho|\leqslant1$ 时，是高度相关；当 $|\rho|=1$ 时，是完全线性相关。

$$\rho_{XY}=\frac{\mathrm{cov}(X,Y)}{\sigma_X\sigma_Y} \tag{2.4.4}$$

2. 地震易损性曲面概率模型

在地震易损性曲线分析中，结构地震需求参数可由单一地震动强度参数的对数线性关系式表示，当选用两个地震动强度参数（IM_1 和 IM_2）来表示结构地震需求参数（DM）时，仍然可假设为对数关系，可以用下式表示：

$$\ln(DM)=a+b\ln(IM_1)+c\left[\ln(IM_1)\right]^2+d\ln(IM_2) \tag{2.4.5}$$

式中：IM_1 和 IM_2 分别表示地震动的振幅参数和频谱参数；a、b、c、d 为回归分析得到的回归系数。

地震易损性曲面上的数值表示在不同的地震动强度参数（IM_1 和 IM_2）条件下，结构各阶段的地震需求 DM 超越结构各阶段抗震能力 CM 的概率，其表达式如下：

$$P_f=P(CM\geqslant DM\,|\,IM_1=i,IM_2=j) \tag{2.4.6}$$

假定结构地震需求参数 DM 与抗震能力参数 CM 均服从对数正态分布，则式（2.4.6）的概率函数可转换为下式：

$$P_f=P(CM\geqslant DM\,|\,IM_1=i,IM_2=j)=\phi\left[\frac{-\ln\left(\dfrac{CM}{DM}\right)}{\sigma}\right]=\phi\left[\frac{\ln(DM)-\ln(CM)}{\sigma}\right] \tag{2.4.7}$$

式中：ϕ 为标准正态分布，即 $\phi(x)=\dfrac{1}{\sqrt{2\pi}}\displaystyle\int_{-\infty}^{x}\mathrm{e}^{\left(\frac{-t^2}{2}\right)}\mathrm{d}t$；$\sigma$ 为 $\ln(CM/DM)$ 的标准差。

3. 基于整体损伤的地震易损性分析步骤

古建筑以结构整体损伤指数为指标的地震易损性评估的基本步骤如下：

（1）根据古建筑的结构特点，建立合理有效的数值分析模型；

（2）选择一系列符合结构所在场地条件的地震动，分别进行增量动力时程分析（IDA），根据结构倒塌极限状态，确定结构的耗能能力；

（3）分析第 i 条地震动在幅值 j 作用下结构各楼层的累积滞回耗能分布情况，利用式（2.4.1）～式（2.4.3），计算整体结构的地震损伤指数；

（4）重复（2）～（3）步，计算在结构不同地震波不同幅值作用下的整体损伤指数，并记录相应的地震动强度参数。通过回归分析，建立结构地震需求参数 DM（整体损伤指数 D）与地震动强度参数 IM_1（PGA）、IM_2（SA_1）之间的关系，其中以两个地震动强度参数（PGA 和 SA_1）为自变量，结构整体损伤指数（D）为因变量；

（5）根据式（2.4.7）计算在不同幅值地震作用下，结构反应超越某一破坏状态的概率，进而能够绘制出地震易损性曲面。

古建筑基于整体损伤的地震易损性评估的主要流程如图 2.4.1 所示。

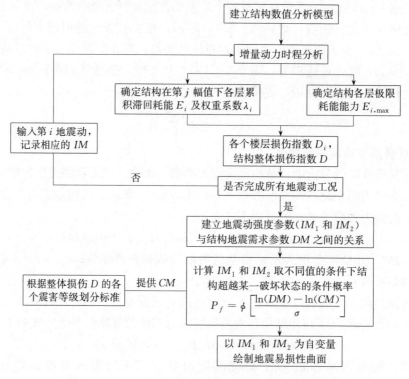

图 2.4.1　基于整体损伤的地震易损性评估方法流程图

2.5　工程应用实例

2.5.1　延安桥儿沟天主教堂安全性评估

延安桥儿沟天主教堂（图 2.5.1）位于延安市东北 5km 的桥儿沟，于 1926～1934 年由西班牙人投资建造，1938 年中共六届六中全会在此召开，1996 年被确定为全国重点文物保护单位。2016 年，在开展鲁艺文化园区改造工作中，发现教堂外墙和柱子表面存在较多细小的裂缝，目测教堂存在明显的倾斜，教堂北侧为正在建设的延安新区，周边正在大量开挖、拆除、重建，且东邻交通要道桥沟路，南邻长青路，易受周围环境振动的影响。天主教堂现状如何，是否存在重大安全隐患，是目前保护工作中亟待解决的问题。

图 2.5.1　天主教堂南立面

1. 建筑现状三维测绘与病害现状调查

（1）结构构件划分编号

结构构件划分及编号按照《近现代历史建筑结构安全性评估导则》WW/T 0048—2014 的规定，结合教堂实际情况进行。构件划分及其编号见图 2.5.2，共划分墙体构件 37 个（Q1～Q36、NQ1），柱构件 16 个（Z1～Z16），壁柱构件 34 个（BZ1～BZ34）。

（2）三维尺寸测绘

本次现场工作利用三维激光扫描仪与全站仪相结合的方式，对教堂进行了测量、测绘。所用仪器设备及其主要参数见表 2.5.1，现场工作照片见图 2.5.3。

测量仪器设备使用一览表　　　　　　　　表 2.5.1

序号	仪器名称	型号	产地	主要参数
1	全站仪	徕卡 TS15	瑞士	测角精度 1″，测距 1mm＋1.5ppm
2	三维激光扫描仪	FARO FocusS 150	美国	距离精度：±1mm 测距：0.6～150m

现场共布置 48 个站点，将现场采集到的数据导入 SCENE 软件进行数据的去噪、拼接，建模得到教堂的三维模型，三维模型效果图见图 2.5.4。

根据本次测绘可知：

1）教堂为垂直交叉拱砖石混合结构，占地面积约 862m²，教堂墙体平面大致呈南北长、东西短的矩形，其中南北长约 36.74m，东西长约 15.84m，南面东、西各有一座钟塔，钟塔最高处距底部台面约 23.97m，教堂一般高度约 11m。最北一间在 1987～1990 年的全面维修工程中拆除并重建，其内部亦为拱形结构。

2）教堂建筑为砌体结构，上部由砖砌体构成，所用墙砖均为 240mm×115mm×53mm 的仿古青砖，砖间灰缝为水泥混合砂浆，其厚度为 12mm；砖砌体底部有两层条石（砂岩），其总高约 90cm。

3）教堂墙体为带壁柱墙，即每隔一定距离将墙体局部加厚，一层壁柱凸出墙面约 50cm，底部条石宽约 86cm，条石上砖砌体宽约 76cm，两壁柱之间为墙体，墙体一般宽

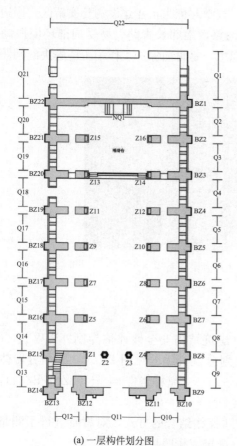
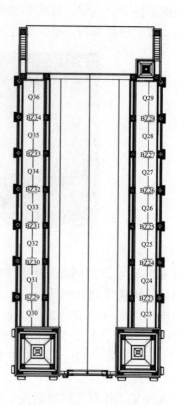

(a) 一层构件划分图   (b) 二层构件划分图

图 2.5.2   构件划分示意图

注：Q 代表墙体，Z 代表柱子，BZ 代表壁柱。

(a) 全站仪测量   (b) 三维扫描测量

图 2.5.3   测量现场工作照片

度为 3.79m。

4) 教堂内部为单拱形结构，拱顶最高距地面约 9.37m，拱的跨度约 6.54m，拱顶厚度在 1.39～4.00m 之间。

5) 表面风化主要集中在教堂底部的砂岩条石上，条石上部高 40cm 范围内砖墙存在

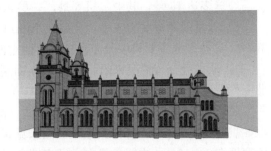

图 2.5.4　教堂三维模型效果图

不同程度的风化，以 Q6～Q9 风化最为严重。砖砌体截面基本无削弱，底部条石最大风化深度不大于 3cm，最大截面损失率小于 4％。

（3）建筑倾斜测量

对一层墙体各壁柱和教堂南面的两座钟楼的倾斜情况进行测量，最终发现教堂东侧立柱及东侧钟楼南侧立柱倾斜度在 0.012～0.033 之间，倾斜方向在东到东南方向之间；西侧立柱及西侧钟楼南侧立柱倾斜度在 0.004～0.010 之间，倾斜方向在东到西南方向之间；总体上东侧倾斜度比西侧大，倾斜最大为东侧最北端两立柱（BZ1、BZ2）。

（4）裂缝调查、测绘与检测

利用全站仪（图 2.5.5a）对教堂外立面裂缝坐标、走向进行测量，利用裂缝综合检测仪对裂缝宽度进行了测量（图 2.5.5b），并绘制裂缝分布图。

(a) 全站仪测量裂缝　　　　　　　　　　　　(b) 裂缝综合测试仪检测裂缝

图 2.5.5　裂缝测量现场工作照片

最终发现：

1) 东立面分布有裂缝 15 条（一层 10 条，二层 5 条）；南立面分布有裂缝 13 条；西立面裂缝多达 46 条，其中二层 6 条，一层 40 条，在北立面并未发现裂缝。

2）教堂裂缝宽度均较小，普遍在 1mm 以下，有 16 条裂缝宽度超过 1mm，但未超过 3mm，这些裂缝主要集中分布在教堂的西立面。

3）从裂缝分布情况来看，教堂西立面裂缝发育最为严重，其次为南立面和东立面，北立面情况较好。

教堂内部墙面均重新用白灰进行粉刷（图 2.5.6），除最北面墙体（NQ1）石柱表面存在裂缝（图 2.5.7）外，其余墙面均未见裂缝。NQ1 墙体立面石柱上共计裂缝 4 条，裂缝宽度在 1～10mm 之间，缝内已经充填水泥砂浆。

图 2.5.6　教堂内景

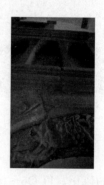
图 2.5.7　NQ1 石柱上的裂缝

2. 砖砌体强度检测

依据相关规范对该教堂外部砖砌体的砖强度进行检测，采用回弹法和超声波法进行。通过测砖回弹仪、非金属超声波无损检测仪检测墙砖的表面强度从而推算出墙砖的强度，该方法具有无损、仪器轻便、使用方便、操作简单，测试速度快、可做较多数量、检测面广、代表性高，可以基本反映构件抗压强度规律等优点。该方法在实际工程的检测中应用较广。

（1）测点布置及现场检测工作

结合现场实际情况以及相关规范的规定，对检测点进行布置，具体布置情况见表 2.5.2，现场检测工作见图 2.5.8。

砖强度检测点位布置　　　　　　　　　　　　　　表 2.5.2

检测项目	构件数(检测区域)		测区数	测位数	点位
	墙体	壁柱			
超声波法	36	34	815	—	4075
回弹法	36	34	73	1168	5840

（2）检测及数据分析

1）超声波法

用纵波换能器进行平测法测试，每个测点改变发射电压，记录接收信号的时程曲线，读取声时、首波幅值和周期值。砖结构上测得的典型时域信号见图 2.5.9。读取两次声时，取其平均值为本测距的声时，对于异常的点读取三次声时，测距除以平均声时为该测点的弹性波传播速度。

(a) 超声波检测

(b) 回弹检测

图 2.5.8　砖强度检测

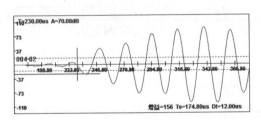
(a) 砖墙测试曲线

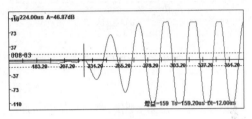
(b) 壁柱测试曲线

图 2.5.9　典型时域信号

砌砖超声波波速汇总如图 2.5.10 所示。

由图 2.5.10 可知:

①教堂一层墙面砖砌体的超声波波速值介于 0.4808～1.3706km/s 之间，超声波波速平均值介于 0.9189～1.0342km/s 之间；二层墙面砖砌体的超声波波速值介于 0.7557～1.9716km/s 之间，超声波波速平均值介于 1.1293～1.4051km/s 之间。

②一层壁柱砖砌体的超声波波速值介于 0.4808～1.2066km/s 之间，超声波波速平均值介于 0.8615～1.0331km/s 之间；二层壁柱砖砌体的超声波波速值介于 0.7557～1.6938km/s 之间，超声波波速平均值介于 0.9785～1.3533km/s 之间。

③教堂各构件砖砌体超声波波速整体偏低。

2）回弹法

用测砖回弹仪测得各构件砖的回弹值。单个测位的回弹值，取 5 个弹击点回弹值的平均值。各检测构件回弹平均值如图 2.5.11 所示。

由图 2.5.11 可知:

①教堂墙面砖砌体一层砖的回弹值介于 12～36 之间，回弹平均值介于 15.44～24.40 之间；二层砖的回弹值介于 14～38 之间，回弹平均值介于 19.67～27.25 之间。

②壁柱砖砌体一层砖的回弹值介于 15～34 之间，回弹平均值介于 20.85～25.40 之间；二层砖的回弹值介于 15～38 之间，回弹平均值介于 19.83～27.93 之间。

③除构件 Q10～Q12（教堂南立面墙体）砖的平均回弹值明显偏低外，其余墙面和壁柱之间砖的平均回弹值差异不大。

（3）砖砌体抗压强度分析

根据《砌体工程现场检测技术标准》GB/T 50315—2011 的相关规定，利用回弹法推定烧结普通砖的抗压强度，对强度为 6～30MPa 的烧结普通砖可按照下式进行计算：

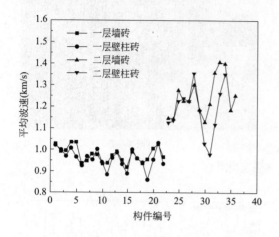 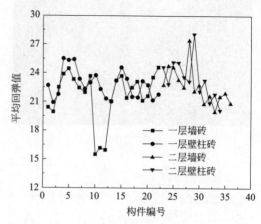

图 2.5.10　各构件平均超声波波速汇总分析图　　图 2.5.11　各构件平均回弹值汇总分析图

$$f_{ij}=0.02R^2-0.45R+1.25 \tag{2.5.1}$$

式中：f_{ij} 是第 i 测区第 j 测位的抗压强度换算值；R 是第 i 测区第 j 测位的平均回弹值。

项目组前期已经对古建筑砖砌体进行了回弹、超声检测以及抗压强度试验，建立了适用于古建筑砖砌体超声回弹综合法的抗压强度计算公式：

$$f_{c}=1.75R^{0.6}v^{0.16}-5.56 \tag{2.5.2}$$

式中：f_c 是抗压强度换算值；R 是砖样的回弹值；v 是砖样的声速值。

根据式（2.5.1）和式（2.5.2），结合统计的声速值和回弹值，对教堂砖的抗压强度进行换算可得：由回弹法得到的砖抗压强度换算值介于 -0.9～4.3MPa 之间，平均值为 1.3MPa；由超声回弹综合法确定的砖抗压强度换算值介于 3.8～8.1MPa 之间，平均值为 6.2MPa。因为由回弹法单独测定的数值超过式（2.5.1）的使用区间，所以教堂砌砖强度以超声回弹综合法为准，即 6.2MPa。

3. 砌筑砂浆强度检测

依据相关规范对该教堂外部砖砌体的砖间灰缝强度进行检测，采用砂浆贯入法进行，该方法具有操作简单、快速便捷、检测结果准确、检测效率高、检测范围广等特点。

（1）测点布置及检测

根据相关规范的规定，结合现场实际情况，对检测点进行布置，检测区域 36 处，共 576 个点位，现场检测工作见图 2.5.12。

（2）检测数据分析

教堂砖砌体砂浆种类为水泥混合砂浆，现场利用砂浆强度贯入检测仪进行强度检测。依据《贯入法检测砌筑砂浆抗压强度技术规程》JGJ/T 136—2017，计算贯入深度平均值时，应将 16 个贯入深度值中的 3 个最大值和 3 个最小值剔除，然后将余下的 10 个贯入深度值按下式计算：

$$d_{m}=\sum_{i=1}^{10}d_{i}/10 \tag{2.5.3}$$

式中：d_m 是贯入深度平均值；d_i 是第 i 个测点的贯入深度值。

图 2.5.12　砌筑砂浆强度检测

将计算得到的贯入深度平均值，查砂浆抗压强度换算表得到砂浆的抗压强度换算值。教堂各测区砂浆抗压强度换算值在 1.20～3.26MPa 之间，砂浆抗压强度平均值为 2.07MPa。

4. 石材强度检测

依据相关规范对该教堂建筑所用石材强度进行检测，石材主要分两种形式存在，一是墙体和壁柱底部的条石，编号为 Q1～Q36 和 BZ1～BZ34，二是教堂内部的石柱，编号为 Z1～Z16，详见图 2.5.2。

石材强度依然采用回弹法和超声波法进行检测。通过混凝土回弹仪、非金属超声波无损检测仪检测石材的表面强度从而推算出石材的抗压强度。

（1）测点布置及现场检测

根据相关规范的规定，结合现场实际情况，对检测点进行布置，具体布置情况见表 2.5.3，现场检测情况如图 2.5.13 所示。

石材强度检测点位布置　　　　　　　　　　　　表 2.5.3

检测项目	构件数		测区数	测点位
	条石	石柱		
超声波法	22	16	400	2000
回弹法	22	16	40	640

（2）检测数据分析

1）超声波法

采用纵波换能器进行平测法测试，每个测点改变发射电压，记录接收信号的时程曲线，读取声时、首波幅值和周期值。石材上测得的典型时域信号如图 2.5.14 所示。读取两次声时，取其平均值为本测距的声时，对于异常的点读取三次声时。测距除以平均声时为该测点的弹性波传播速度。

各检测构件石材的超声波速平均值如图 2.5.15 所示。

由图 2.5.15 可知：

①教堂底部条石超声波波速值介于 1.2042～2.9481km/s 之间，超声波波速平均值介于 1.4740～2.3990km/s 之间。

②教堂内部石柱超声波波速值介于 1.2231～2.7902km/s 之间，超声波波速平均值介于 1.5654～2.2170km/s 之间。

③石材超声波波速值离散性大。

(a) 超声波检测

(b) 回弹法

图 2.5.13　石材强度检测

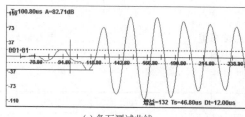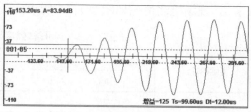

(a) 条石测试曲线　　　　　　　　　　　　　　(b) 石柱测试曲线

图 2.5.14　典型时域信号

2）回弹法

用混凝土回弹仪测得各测试区域石材回弹值。计算测区平均回弹值时，应从该测区 16 个回弹值中剔除 3 个最大值和 3 个最小值，然后计算平均值。各检测构件回弹平均值如图 2.5.16 所示。

由图 2.5.16 可知：

①教堂墙体和壁柱底部条石回弹值介于 26～50 之间，回弹平均值介于 31.40～41.00 之间；教堂内部石柱的回弹值介于 43～66 之间，回弹平均值介于 47.40～56.80 之间。

②教堂内部石柱与教堂底部条石均为砂岩，但回弹值检测结果存在显著差异，造成这一现象的原因是条石裸露于室外，较室内的石柱风化更为严重，表面强度更低。

（3）抗压强度分析

采用回归分析的方法得出超声法、回弹法以及超声回弹综合法检测的石材强度预测公式。

超声回弹综合法预测石材强度按照以下公式进行计算：

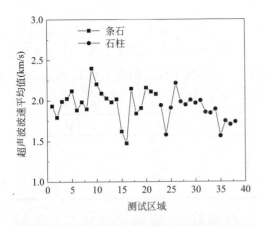

图 2.5.15 石材构件超声波波速平均值分布图

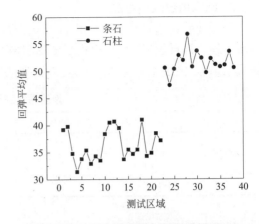

图 2.5.16 石材构件回弹平均值分布图

$$f = 1.812R^{0.516}v^{1.059} \tag{2.5.4}$$

式中：f 为抗压强度换算值；R 为石材的回弹值；v 为石材的声速值。

超声波法预测石材强度按照以下公式进行计算：

$$f = 6.556v^{1.499} \tag{2.5.5}$$

式中：f 为抗压强度换算值；v 为石材的声速值。

回弹法预测石材强度按照以下公式进行计算：

$$f = 3.7283R^{0.6373} \tag{2.5.6}$$

式中：f 为抗压强度换算值；R 为石材的回弹值。

根据式(2.5.4)～式(2.5.6)，结合图 2.5.15 和图 2.5.16 统计的声速值和回弹值进行抗压强度换算，换算结果见图 2.5.17。

由图 2.5.17 可知：

①教堂底部条石抗压强度按超声回弹综合法换算公式计算其强度在 17.0～28.0MPa 之间，其平均值为 23.9MPa；按超声波法换算公式计算其强度在 11.7～24.3MPa 之间，其平均值为 18.4MPa；按回弹法换算公式计算其强度在 33.5～39.8MPa 之间，其平均值为 36.8MPa。

②教堂内石柱抗压强度按超声回弹综合法换算公式计算其强度在 21.5～32.6MPa 之间，

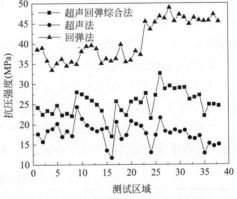

图 2.5.17 石材构件强度预测值

其平均值为 26.9MPa；按超声波法换算公式计算其强度在 12.8～21.6MPa 之间，其平均值为 16.8MPa；按回弹法换算公式计算其强度在 43.6～48.9MPa 之间，其平均值为 46.0MPa。

超声波检测法可以穿过石材，能够反映石材内部结构的信息（微裂缝、空隙），但是石材一般都是非匀质、非弹性，具有较大的离散性；回弹法反映石材的表面硬度，但是却忽略了石材内部的情况。因此，超声回弹的综合应用可以综合考虑砖材的表面情况以及内部信息对于石材强度的影响，能够更确切地反映出石材的强度。基于此，本次教堂岩石强度推定值以超声回弹综合法为准，即底部条石为 23.9MPa，内部石柱为 26.9MPa。

5. 结构内部缺陷检测

采用地质雷达对教堂墙体内部及屋顶缺陷进行了探测，发射、接收天线为 400MHz 屏蔽天线，样点数为 512。根据现场实际情况，教堂侧墙上共布置测线 6 条、屋顶共布置测线 12 条，测线总长度 239m。测线一览表见表 2.5.4，现场探测如图 2.5.18 所示。

地质雷达测线统计一览表   表 2.5.4

探测位置	测线编号范围	天线频率(MHz)	测线数量	测线长度(m)	备注
侧墙	150～153	400	4	55	一层侧墙
	147、149	400	2	40	二层侧墙
顶部	148、154～164	400	12	144	拱顶

图 2.5.18　地质雷达探测现场工作照片（一）

将现场采集的雷达图像在数据处理软件 RANDA7 中进行增益、滤波等处理，以补偿介质吸收和抑制杂波，除去高频、突出目的体。识别缺陷反射信号，判定其等级。从地质雷达探测结果来看，探测区域范围内，教堂墙体内部以及拱顶均未发现明显的内部结构缺陷。

6. 地基基础现状勘察

为查明教堂及其周边地下地基土内部缺陷情况，采用地质雷达进行全面探测，发射、接收天线为 100MHz 和 400MHz 屏蔽天线，样点数为 1024、512，自动叠加。

根据现场实际情况，地面上共布置 100MHz 雷达测线 70 条、400MHz 雷达测线 76 条。本次探测共完成地质雷达测线长 2566m，测线一览表见表 2.5.5，现场探测照片见图 2.5.19。

地质雷达测线统计一览表   表 2.5.5

探测位置	测线编号范围	天线频率(MHz)	测线数量	测线长度(m)
地面上	77～146	100	70	1533
	1～76	400	76	1033

通过对教堂进行的地质雷达测试，在测试范围内可得出以下结论：

（1）400MHz 天线探测结果表明，教堂内部地面下 1m 范围内土体不密实，存在局部空洞区域；

（2）100MHz 天线探测结果表明，教堂南边广场及教堂室内地下局部区域存在空洞和含水率高的现象。

图 2.5.19　地质雷达探测现场工作照片（二）

7. 振动响应测试

　　教堂北近延安新区北区的施工现场，紧邻交通要道桥沟路（距离约 30m），桥沟路南接宝塔区，北通延安新区北区，来往车辆车速快，有许多混凝土罐装车、卡车等大型运输车辆通行，路面交通长期的振动将会对路旁的天主教堂产生影响。此外，教堂周边正在进行环境改造，短期施工振动也会对教堂产生振动影响。为评估现有环境振动对天主教堂的影响程度提供依据，对天主教堂所受周边环境振动响应情况进行了测试。

　　（1）测点布置及现场测试

　　在天主教堂共布置 11 个测点，测点位置如图 2.5.20 所示，1～6 号测点为一层测点，7～11 号测点为二层测点，每个测点测量 x、y、z 三个方向的速度时程信号，规定：x 向为东向，y 向为北向，z 向为竖向。

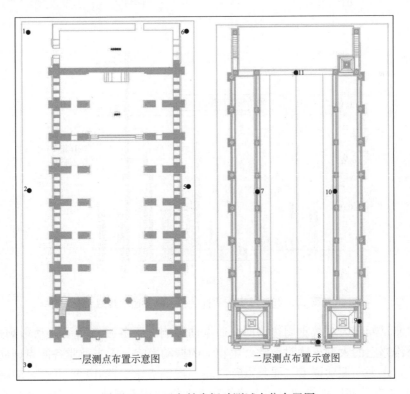

图 2.5.20　天主教堂振动测试点位布置图

拾振器牢固固定在被测结构上。安装拾振器时，使用高黏性橡皮泥粘结拾振器和被测构件，在保证连接牢固同时又尽量避免所粘贴的橡皮泥过厚，防止振动信号在传递过程中产生不必要的衰减。为保证信号的稳定性，测线电缆应与结构件固定在一起，不得悬空。现场测试情况如图 2.5.21 所示。

图 2.5.21　现场振动测试

（2）测试结果分析

天主教堂为砖石结构建筑，以砖为主要承重材料，根据弹性波测试结果可知，教堂各构件的平均弹性波波速在 0.8615～1.4051km/s 之间，根据《古建筑防工业振动技术规范》GB 50452—2008 的规定，其容许振动速度为 0.15mm/s（水平向）。对处理后的数据进行自功率谱、互功率谱和相干函数分析，获得其频谱曲线。

将各层测点速度幅度最大值统计绘制成图，如图 2.5.22 所示。

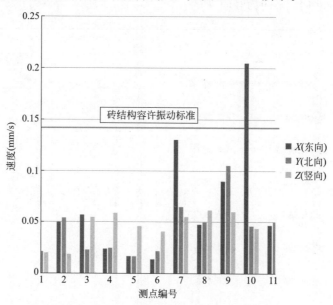

图 2.5.22　天主教堂各层测点振动速度幅值

对本次测试期间天主教堂周边路面交通振动影响之下各测点所受振动影响进行分析，可知东侧桥沟路上的大型车辆对教堂产生较大的振动影响。天主教堂各测点竖向振动速度幅值均不大，水平向振动速度二层测点普遍较一层测点大。除 10 号测点（东墙中部二层屋顶），东西向振动速度幅值超过《古建筑防工业振动技术规范》GB 50452—2008 中所规定的容许振动标准；其余各测点振动速度幅值均在容许振动标准之内。

8. 结构安全性验算

延安桥儿沟天主教堂为砖砌体拱形结构，主要分为上下两部分，上部为单跨拱，下部为连续多跨拱。现对其现状结构进行承载力验算。

（1）拱的受力分析及承载力验算

主要计算其拱体部分轴力、剪力并验算其是否满足承载力。

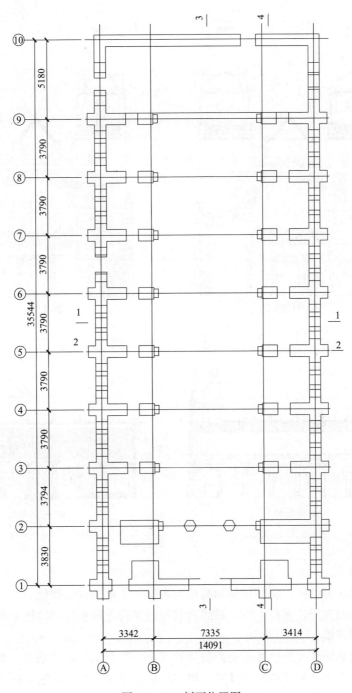

图 2.5.23　剖面位置图

1）计算模型的建立

①计算剖面

上部拱体计算剖面选择 2-2 剖切位置，下部拱体计算选择 4-4 剖切位置。剖面位置图及各剖面图分别如图 2.5.23、图 2.5.24 所示。

(a) 1-1剖面图　　　　　　　　　　　　　(b) 2-2剖面图

(c) 3-3剖面图　　　　　　　　　　　　　(d) 4-4剖面图

图 2.5.24　计算剖面图

②计算模型

对于该砌体拱形结构，将整体结构简化为上部一个单跨双铰圆拱，其两端铰支座分别作用在左右两边的多跨连续拱上面，最终荷载通过多跨连续拱传到墙体上端，最终所有荷载通过墙体传到基础。

整体结构荷载计算分为拱体承受荷载计算（上、下两部分拱体轴力、剪力计算）和墙体承受荷载（主要为竖向荷载）的计算，整体结构荷载计算模型简图如图 2.5.25 所示。

由于该结构为砌体结构，因此上部拱体与下部结构之间为铰接，下部多跨连续拱体与墙体之间为铰接，可取下部多跨连续拱中某单跨进行计算，墙上端的竖向荷载为相邻两跨竖向支座反力的和，因此下部多跨连续拱计算模型简图如图 2.5.26 所示。

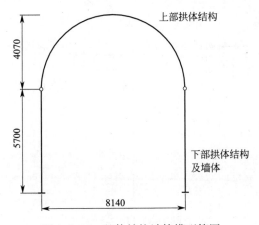

图 2.5.25　整体结构计算模型简图

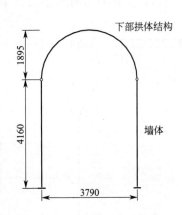

图 2.5.26　下部拱体计算模型简图

2）荷载设计值计算

①计算简图

拱体结构采用青砖砌筑，拱上部为灰土夯实，青砖与灰土重度均取 18kN/m³。上部拱体承受拱体自身重力、填土重量以及屋面活荷载，下部拱体承受自身重力、填土重量、屋面活荷载以及上部拱作用在其上面的竖向力。

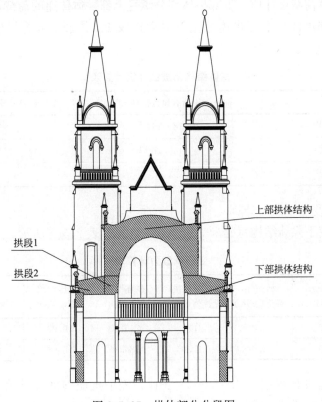

图 2.5.27　拱体部分分段图

上部拱体取每延米计算荷载设计值，下部拱体部分段承受上部拱体传递的荷载，因此将下部拱体分两段计算，上部拱体与下部拱体相交位置为拱段 1，其余部分为拱段 2（图 2.5.27），计算简图如图 2.5.28 所示。

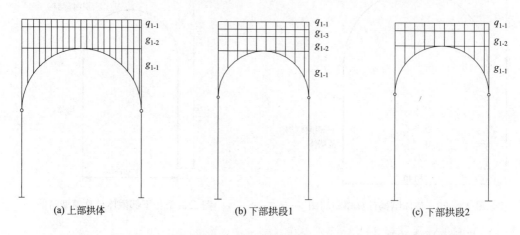

(a) 上部拱体   (b) 下部拱段 1   (c) 下部拱段 2

图 2.5.28 计算简图

注：g_{1-1} 代表拱体顶部均匀填土荷载以及拱体自重，g_{1-2} 是拱体顶部不均匀填土荷载，
g_{1-3} 是上部拱体竖向支座反力，q_{1-1} 是屋面活荷载。

②荷载设计值计算结果

取每延米计算荷载设计值，下部拱体部分承受上部拱体传递的荷载，因此将下部拱体分两段计算，上部拱体与下部拱体相交位置为拱段 1，其余部分为拱段 2，计算结果见表 2.5.6。

拱体结构荷载设计值计算表   表 2.5.6

结构	轴心受压荷载设计值(kN/m)	受剪荷载设计值(kN/m)
上部拱体结构	189.86	41.16
下部拱段 1	480.47	104.99
下部拱段 2	82.69	13.70

3）拱体结构受压承载力计算

不同拱体厚度下拱体结构每延米受压承载力计算如表 2.5.7 所示。

受压承载力计算表   表 2.5.7

结构位置	砂浆抗压强度(MPa)	砖抗压强度(MPa)	抗压强度设计值(MPa)	拱体厚度(mm)	受压承载影响系数	拱体结构每延米受压承载力(kN/m)
上部拱体	2.0	6.0	1.30	240.00	0.90	280.80
下部拱体	2.0	6.0	1.30	480.00	0.90	561.60

查《砌体结构设计规范》GB 50003—2011，表中抗压强度设计值满足荷载设计值，可知拱体结构的抗压承载力满足要求。

（2）墙体部分受压承载力验算

借助 PKPM 对墙体部分受压承载力进行了验算。模型建立如图 2.5.29 所示。

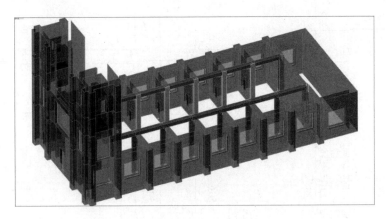

图 2.5.29　PKPM 模型图

1）荷载参数计算

荷载取值见表 2.5.8。

荷载取值表　　　　　　　　　　　　　　　　　　表 2.5.8

荷载类型	恒荷载 $g(\mathrm{kN/m^2})$	活荷载 $q(\mathrm{kN/m^2})$
中跨板(上部拱体)	40.92	0.5
两跨板(下部拱体)	28.67	0.5

2）墙体结构受压承载力验算

墙体受压承载力验算见图 2.5.30。根据《近现代历史建筑结构安全性评估导则》WW/T 0048—2014 的规定，当结构抗力与作用效应的比值大于等于 0.9 时，判定砌体构件安全性满足要求；反之，则判定砌体构件安全性不满足要求。

由图 2.5.30 可知，一层墙体中 B/②、C/②安全性不满足要求，其余墙体安全性均满足要求。

（3）地基承载力验算

教堂地下素填土层地基承载力为 170kPa，黄土状土层地基承载力为 160kPa，假定地基土压缩层为一种土，按承载力 160kPa 进行验算。用理正结构设计工具箱软件对地基部分受压承载力进行验算。

根据《建筑地基基础设计规范》GB 50007-2011 得基底平均反力，A、D 轴线墙下地基底面压力为 162.35kPa，②～⑩轴线墙下地基底面压力为 130.25kPa，而 B、C、①轴线仅在塔楼下有一小段墙体，因此其地基底面压力值大于 A、D 轴线墙下地基。

根据《建筑地基基础设计规范》GB 50007-2011 的规定，轴心受压作用时，基础底面的压力应不大于地基承载力的规定。据此对教堂各处地基承载力进行验算，发现 A、D 轴线墙下地基承载力和 B、C、①轴线墙下地基承载力均不满足要求，只有②～⑩轴线墙下地基承载力满足要求。

基础材料为毛石，根据《建筑地基基础设计规范》GB 50007—2011 可知，允许宽高

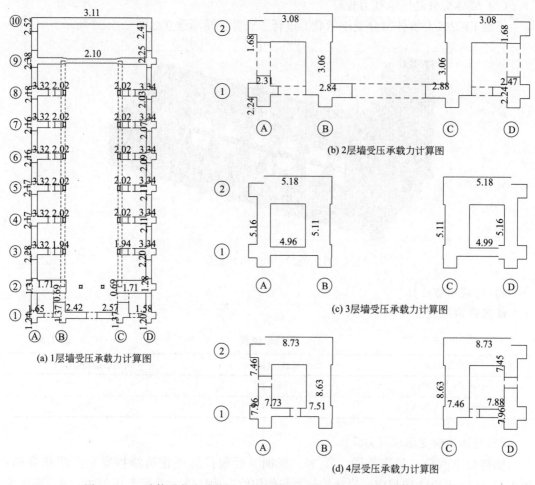

图 2.5.30　墙体承载力计算图（图中数值为受压抗力与荷载效应的比值）

比 $[b_t/H_0]$ 为 0.67，根据计算可知基础第一阶和第二阶的宽高比分别为 0.18 和 0.16，满足规范要求。

9. 安全性评估

依据相关规范和已有实践经验对教堂整体进行安全性评估，评估工作主要分两个组成部分进行，即地基基础安全性评估和上部结构安全性评估。每个组成部分按规定分一级评估、二级评估两级进行，当不满足一级评估时，需进行二级评估。

（1）基础安全评估

根据《近现代历史建筑结构安全性评估导则》WW/T 0048—2014 的规定，对教堂基础进行安全性评估，最终发现教堂基础满足一级评估的要求，可不进行二级评估。将基础安全性等级评定为 a 级。

（2）地基安全评估

1）构件权重比值确定

教堂地基构件按计算单元进行划分，分为 14 个构件，即①～⑩、A～D。并根据其对教堂安全性影响程度划分为强、稍强、弱三个等级，具体见表 2.5.9。

各构件对教堂安全性影响等级一览表　　　　表 2.5.9

编号	构件类型	划分等级
①～⑩	a(横轴方向地基)	Ⅰ(影响程度强)
A、D	b(纵轴方向地基,两侧)	Ⅱ(影响程度中等)
B、C	c(纵轴方向地基,中间)	Ⅲ(影响程度弱)

利用层次分析法确定各类构件所占权重，用 c_{ij} 表示构件 i 和构件 j 对结构的影响之比，形成判断矩阵 $C=(c_{ij})$，矩阵元素的取值按表 2.5.10 确定。

构件权重比值的确定　　　　表 2.5.10

i/j	相同	稍强	强
比值	1	3	5

计算判断矩阵 C 的最大特征值及其对应的特征向量即为权重向量，确定相应各类构件权重比值，如表 2.5.11 所示。

各类构件权重比值　　　　表 2.5.11

a 类(①～⑩)	b 类(A,D)	c 类(B,C)
1.96	0.80	0.51

2）构件安全性评估

因为教堂基础各部分倾斜率在 0.004～0.033 之间，超过 7‰ 的限值，教堂地基不满足一级评估的要求，需进行二级评估。二级评估根据安全性验算结果进行，安全性验算过程及结果见结构安全性验算一节，可知②～⑩轴线墙下地基安全性满足评估要求，A、B、C、D、①轴线墙下地基安全性不满足评估要求。

3）地基安全性评估

安全性不满足要求的构件的权重比按式(2.3.1)进行，计算得到 $\Gamma=0.21$，因此将教堂地基安全性等级评定为 c 级。

（3）上部结构安全性评估

1）构件权重比值确定

教堂上部结构共划分构件数为墙体构件 36 个（Q1～Q36）；壁柱构件 34 个（BZ1～BZ34）；石柱构件 16 个（Z1～Z16）；内部独立墙体构件 1 个（NQ1）。共分为五种构件类型，并根据其对教堂安全性影响程度划分为两个等级，具体见表 2.5.12。

各构件对教堂安全性影响等级表　　　　表 2.5.12

编号	构建类型	构件范围	划分等级
1	一层墙体	Q1～Q22、NQ1	Ⅰ(影响程度稍强)
2	一层壁柱	BZ1～BZ22	Ⅰ(影响程度稍强)
3	二层墙体	Q23～Q36	Ⅱ(影响程度弱)
4	二层壁柱	BZ23～BZ34	Ⅱ(影响程度弱)
5	室内石柱	Z1～Z16	Ⅱ(影响程度弱)

利用层次分析法确定各类构件所占权重，用 c_{ij} 表示构件 i 和构件 j 对结构的影响之比，形成判断矩阵 $C=(c_{ij})$，矩阵元素的取值按表 2.5.10 确定。

计算判断矩阵 C 的最大特征值及其对应的特征向量即为权重向量，确定相应各类构件权重比值，如表 2.5.13 所示。

各类构件权重比值 表 2.5.13

一层墙体	一层壁柱	二层墙体	二层壁柱	室内石柱
1.67	1.67	0.56	0.56	0.56

2）构件安全性评估

根据病害现状调查以及结构强度检测的内容对教堂上部结构的安全性进行一级评估。

由病害现状调查可知，教堂上部结构外观质量较好，风化主要集中在底部的砂岩条石及条石上的部分墙砖表层，砖砌体截面基本无削弱，底部条石最大风化深度不大于 3cm，最大截面损失率小于 4%，满足一级评估要求。

教堂外立面裂缝宽度均不大于 3mm，满足一级评估要求；教堂内部 NQ1 墙体裂缝最大宽度大于 5mm，不满足一级评估要求。

根据《砌体结构设计规范》GB 50003—2011 的要求，对教堂墙体进行高厚比验算，根据计算结果发现，教堂墙体高厚比符合国家现行设计规范的要求，另教堂结构的连接及砌筑方式正确，主要构造基本符合国家现行设计规范要求，无缺陷。可以得出结论，教堂砌体构件的构造满足一级评估的要求。

同时对不同类型构件进行安全评估，最终发现在所有构件中只有 Z1～Z16 满足一级评估要求，其余构件均不满足一级评估要求。

墙体受压承载力验算见图 2.5.30。由图 2.5.30 可见，一层墙体中 B/②、C/②处墙体（Z1、Z4）受压承载力不足，其余墙体受压承载力均满足要求。

3）上部结构安全性评估

安全性不满足要求的构件的权重比按式(2.3.1)进行，计算得到 $\Gamma=0.92$，因此将教堂地基安全性等级评定为 d 级。

（4）教堂整体安全性评估

由结构的基础、地基以及上部结构安全性评估的内容可得出以下结论：

1）教堂基础满足安全性一级评估的要求，其安全性等级为 a 级；

2）地基安全性不满足要求的构件占比 0.21，其安全性等级评定结果为 c 级；

3）上部结构安全性不满足评估要求的构件占比 0.92，其安全性等级评定结果为 d 级。

根据《近现代历史建筑结构安全性评估导则》WW/T 0048—2014 的规定，教堂整体安全性评估等级应按基础、地基、上部结构三个组成部分中安全性等级最低的一个确定，并用对应大写字母表示，故可将教堂整体安全性等级评定为 d 级（大部分构件需要采取措施）。

2.5.2 古建筑木结构基于能量的整体损伤的地震易损性评估

以西安钟楼为研究对象，建立有限元模型，进行易损性分析。

1. 地震动以及强度参数的选取

根据选波方法，从 PEER（Pacific Earthquake Engineering Research Center，太平洋工程地震研究中心）选取 20 条地震波作为地震动输入，将选取地震波进行 $0.15g \sim 1.5g$ 的等步长调幅，步长为 $0.15g$，每条地震动调幅 10 次，共计输入 20 次地震波，对结构进行非线性时程分析。

因为地震动的三要素的不同组合决定着各类建筑结构在地震作用下的安全性，最终在对传统木结构的地震易损性曲面分析中，需要同时考虑两个强度参数，且分别取自地震动的振幅参数和频谱特性参数。其中 PGA（振幅参数），简单易用，在结构抗震分析和设计中运用最为广泛；SA_1（频谱特性参数），数据离散性最小，且与结构的动力特性密切相关。根据式(2.4.3)得到这两个参数（PGA 和 SA_1）的 Pearson 相关系数为 0.47，满足要求。

2. 耗能能力的分析

传统木结构建筑分层明显，具有明显的层倒塌机制，即每一层的极限层间侧移角不相同。因此需要确定不同的极限状态点，最终将所选地震波的 PGA 调整为 PGA_{max}（结构极限状态对应的峰值加速度），对结构进行极限状态下的弹塑性时程分析可以确定各层的耗能能力 $E_{i,max}$。

（1）柱架层

张锡成通过分析木柱的摇摆机制并结合重力二阶效应的影响最终确定木构架的极限层间侧移角限值为 1/20，李铁英等结合传统木结构建筑遭受地震损坏状况给出结构倒塌的极限状态层间位移角为 1/16，日本学者 Katagihara 等基于试验研究提出了木构架 1/15 的层间侧移角倒塌限值，因此极限倒塌状态的层间位移角限值的取值范围为 $1/20 \sim 1/15$，从结构安全性能的角度考虑，木构架取最小值 1/20 层间位移角为极限状态的临界值。虽然按照美国抗震设计指导条文 FEMA273 的规定，砌体填充墙以及木质墙的倒塌限值转角分别为 3/500 和 3/100，但是传统木结构具有墙倒屋不塌的特性，即使墙体全部破坏，木构架仍然可以继续抵抗地震作用，所以整个木构架结构层的极限转角以木构架的层间位移角为基准，即 1/20。

（2）斗栱层

斗栱是由层层相叠的斗和栱叠加而成，彼此之间也采用榫卯连接，结构相对于柱架具有更强的变形能力。其临界极限点的确定更加复杂，所以采用 IDA 中常用的方法来确定，即以 IDA 曲线上各点的斜率来确定不同的性能点。将原点与第一个点之间连线的斜率记为 K_e，若之后的 IM-DM 点与前一点连线的斜率小于 $0.2K_e$（安全保证性能点，一般表示结构产生了较大的损伤，发生很大的变形，而且刚度和强度退化严重，处于倒塌的边缘），则认为结构倒塌。

借助 IDA 方法，逐渐增大 PGA，步长仍取值为 $0.15g$，绘制 θ_{max}-PGA 曲线，确定结构极限状态点所对应的 PGA_{max}。随后将地震波的 PGA 分别调整至倒塌状态时的 PGA，对结构极限状态下的耗能进行分析，最终算得结构各层耗能能力如表 2.5.14 所示。

结构各层在不同地震作用下的耗能能力　　　　　　　　表 2.5.14

地震波序号	耗能能力(kN・mm)		
	一层	二层	斗栱层
1	5533	2569	1778
2	6757	3198	1928
3	8466	2923	2339
4	6399	2735	1655
5	7190	2287	1745
6	6657	2712	1618
7	6248	2725	1655
8	8774	2840	1857
9	8338	3790	2603
10	5481	2530	1723
11	8362	3953	2294
12	5125	2138	1487
13	6801	3192	1901
14	8005	3141	2450
15	8405	3254	2253
16	8374	3352	2459
17	6332	2410	1832
18	7137	2264	1254
19	6908	1830	1251
20	7504	2805	1910

3. 结构整体的损伤指数

将调幅后的 20 条地震波分别施加到模型上进行计算，对结构进行 200 次时程分析得到模型在不同激励幅值作用下的响应值，按照式(2.5.1)～式(2.5.3) 计算结构整体的损伤指数 D。图 2.5.31 给出了不同激励作用下结构的整体损伤指数。

通过图 2.5.31 可知，当 PGA 小于 $0.6g$ 或者 SA_1 小于 $1g$ 时，数据相对集中；随着地震幅值以及谱加速度的增加，结构损伤所表现出的离散性逐渐增大。

4. 基于整体损伤指数的地震易损性曲面的建立

对图 2.5.31 中的数据点取对数，并进行回归分析，得到以 PGA 和 SA_1 为自变量，以整体损伤 D 为因变量的方程：

$$\ln(D) = -9.751 - 0.243\ln(PGA) + 0.094[\ln(PGA)]^2 + 0.865\ln(SA_1) \qquad (2.5.7)$$

式中：PGA 和 SA_1 的单位为 Gal。

将式(2.5.7) 代入式(2.5.6) 中，可以得到不同破坏状态下对应的超越概率：

$$P_f(PGA,SA_1) = \phi\left(\frac{-9.751 - 0.243\ln(PGA) + 0.094[\ln(PGA)]^2 + 0.865\ln(SA_1) - \ln(c)}{0.66}\right)$$

$$(2.5.8)$$

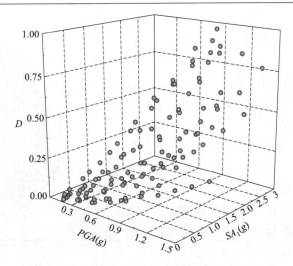

图 2.5.31　不同地震作用下结构的整体损伤指数

通过式(2.5.8) 可求出传统木结构超越 4 个破坏状态的概率，如图 2.5.32 所示。

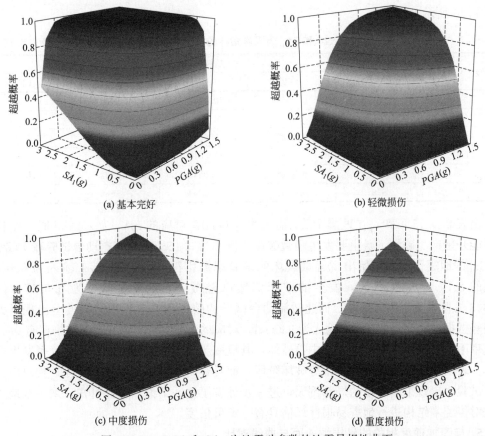

(a) 基本完好　　　　　　　　　　　　(b) 轻微损伤

(c) 中度损伤　　　　　　　　　　　　(d) 重度损伤

图 2.5.32　PGA 和 SA_1 为地震动参数的地震易损性曲面

由图 2.5.32 可知，结构超越不同损伤状态的概率不仅受到 PGA 影响，而且与 SA_1 也密切相关。任何一个地震动参数增大（PGA 或者 SA_1），结构超越各个破坏状态的概率也随之增大。

将 4 个破坏状态的概率分布曲面绘制于图 2.5.33，由图可以看出，结构充分运行极限状态 OP 与基本运行极限状态 IO 相距较远，表明结构虽然在地震作用下产生了轻微破坏，但是在轻微破坏阶段后，有防止结构进一步导致中等破坏的能力；结构基本运行极限状态 IO 与生命安全极限状态 LS 较为接近，表明当结构从基本完好发生轻微破坏后，极易进一步发生中等破坏；而生命安全极限状态 LS 与接近倒塌极限状态 CP 之间最为紧密，表明当激励过大时，结构出现严重破坏后，极易发生倒塌。

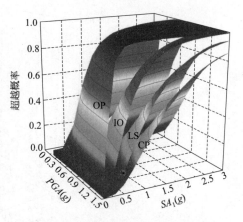

图 2.5.33　传统木结构地震易损性曲面

利用式（2.5.8）分别计算出结构遭受不同 PGA（峰值加速度分别为 52.5Gal、105Gal、210Gal、300Gal、600Gal 以及 930Gal，与振动台试验的峰值加速度相同）与 SA_1（由地震影响系数曲线计算得出）的地震作用时，结构超越不同损伤状态的概率，如表 2.5.15 所示。

以 PGA 和 SA₁ 为强度指标的模型破坏概率　　　　　　　　表 2.5.15

PGA(Gal)	SA_1(Gal)	超越各极限状态所对应的概率			
		OP	IO	LS	CP
52.5	44	0.0000	0.0000	0.0000	0.0000
105	88	0.0000	0.0000	0.0000	0.0000
210	198	0.0122	0.0000	0.0000	0.0000
300	252	0.1587	0.0013	0.0000	0.0000
600	567	0.6915	0.0643	0.0132	0.0040
930	879	0.9591	0.4364	0.1635	0.0793

由表 2.5.15 可知，在地震 PGA 输入为 300Gal，对应的 SA_1 为 252Gal 时，结构才有可能开始产生破坏，且主要发生轻微破坏，概率为 0.1587，这与振动台试验在 PGA 为 300Gal 的地震作用下开始出现轻微破坏的试验现象相符；在地震 PGA 输入为 600Gal，对应的 SA_1 为 567Gal 时，发生的破坏仍然以轻微破坏为主，概率为 0.6915，仅有 0.0643 的概率发生中等破坏，而此时振动台试验的破坏现象也显示结构模型出现了大面积的轻微损伤；在地震 PGA 输入为 930Gal，对应的 SA_1 为 879Gal 时，结构仅有 0.0409 的概率不发生破坏，破坏主要为中等破坏，其概率为 0.4364，有 0.1635 的概率发生严重破坏，表明此时结构主要处于中等破坏阶段，而且容易进一步产生严重破坏，相对应的振动台试验也出现了木质墙的局部倒塌，进一步证实了这一结论。由此可知，采用双地震动参数对传统木结构进行地震易损性评估具有一定可信度。

5. 与谱加速度相关的易损性曲面与曲线对比

对图 2.5.32 中不同地震动作用下的结构整体损伤（D）以及与之相对应的加速度峰值（PGA）取对数，并通过线性回归分析，得到以 PGA 为自变量，以 D 为因变量的结构地震需求关系式：

$$\ln(D)=-13.373+1.7861\ln(PGA) \tag{2.5.9}$$

式中：PGA 和 SA_1 的单位为 Gal。

则此时结构超越不同破坏状态的概率函数为：

$$P_f(PGA)=\varphi\left[\frac{-13.373+1.7861\ln(PGA)-\ln(c)}{0.597}\right] \tag{2.5.10}$$

为了能较清晰地分析 SA_1 对结构地震易损性评估结果的影响，取 SA_1 为 300Gal、600Gal、1200Gal、1500Gal，分别代入式(2.5.8)，计算出在不同强度地震作用下结构超越各个破坏状态的概率，与式(2.5.10) 计算结构超越各个破坏状态的概率进行对比。以"SFC"表示地震易损性曲线（Seismic Fragility Curve），"SFSC"表示当 SA_1 取不同值时，从地震易损性曲面上得到的相对应的曲线。

图 2.5.34 给出了以 PGA 和 SA_1 为自变量的 SFSC 曲线和仅以 PGA 为自变量的曲线。通过对比分析可知，在 PGA 取值一样的条件下，不同 SA_1 的 SFSC 曲线之间的差异较明显，结构超越不同损伤破坏状态的概率随着 SA_1 的增大而增大。对比 SA_1 取不同幅值的 SFSC 曲线与 SFC 曲线可知，当结构处于基本完好和轻微损伤状态时，SFC 曲线分别与 $SA_1=300$Gal、$SA_1=600$Gal 的曲线基本重合；当结构处于中度损伤和重度损伤状态时，SFC 曲线与 $SA_1=1200$Gal 的曲线十分接近。由此可知，随着结构损伤的加重，地震易损性曲线的评估结果逐渐趋向 SA_1 更大的地震易损性曲面评估结果。

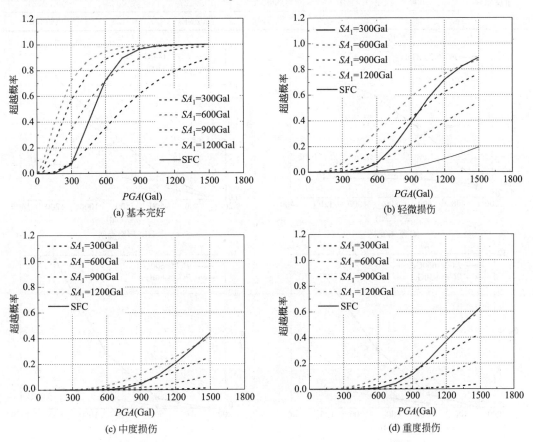

图 2.5.34　地震易损性曲面（PGA 与 SA_1）与地震易损性曲线（PGA）的对比

　　表 2.5.13 列出了在峰值加速度为 330Gal、600Gal 以及 930Gal 的地震（相当于结构原型设防烈度为 7、8、9 度的罕遇地震）作用下，SA_1 分别为 300Gal、600Gal、900Gal、1200Gal 时，由易损性曲面和曲线计算出来的结构超越各个破坏状态的概率。同时图 2.5.35 给出表 2.5.16 的易损性曲面与曲线比值随 SA_1 变化的情况。

不同峰值加速度地震作用下各个破坏状态的易损性曲面与曲线超越概率　表 2.5.16

破坏状态	PGA(Gal)	SA_1(Gal)				SFC
		300	600	900	1200	
基本完好	330	0.102	0.3936	0.6217	0.7673	0.117
	600	0.3557	0.7357	0.8869	0.9484	0.7224
	930	0.6406	0.9131	0.9738	0.9909	0.9713
轻微破坏	330	0	0.0091	0.0375	0.0869	0
	600	0.0069	0.0721	0.1894	0.3228	0.0668
	930	0.0418	0.2327	0.4443	0.6064	0.4247
中度破坏	330	0	0	0.0038	0.0119	0
	600	0	0.0091	0.0384	0.08689	0.0084
	930	0.0043	0.0516	0.1492	0.2643	0.1611
重度破坏	330	0	0	0	0.0031	0
	600	0	0.0023	0.0122	0.0329	0.0021
	930	0	0.0174	0.0643	0.1335	0.0582

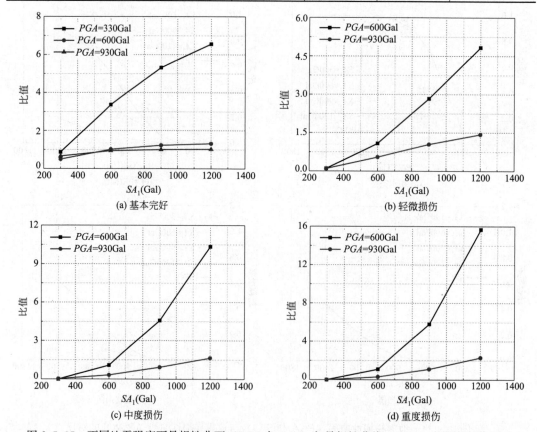

图 2.5.35　不同地震强度下易损性曲面（PGA 与 SA_1）与易损性曲线（PGA）的超越概率对比

由图 2.5.35 可知，无论结构处于何种损伤状态，在不同的地震强度作用下，随着 SA_1 的增大，地震易损性曲面和与曲线的比值逐渐增大。当 SA_1 小于 600Gal 时，由易损性曲面计算得到结构超越中度损伤和重度损伤状态的概率小于易损性曲线，两者比值最小可达 0.03。但随着 SA_1 的增大，两者比值逐渐接近。当 SA_1 大于 600Gal 后，由易损性曲面计算得到结构超越中度损伤和重度损伤状态的概率逐渐大于易损性曲线，两者比值最大可达 15.67。

通过上述分析可知，与仅考虑单一地震动强度参数相比，同时考虑 PGA 和 SA_1 给出的评估结果会发生较大的变化。PGA 和 SA_1 取值不同，地震易损性曲面与曲线计算得到结构超越不同破坏状态概率的比值离散性较大。因此在结构地震易损性分析中，有必要同时考虑 PGA 和 SA_1 对结构超越不同破坏状态概率的影响，以便更充分地考虑地震动特性的影响。

第3章 古建筑容许振动标准

3.1 概述

古建筑是一类特殊的建筑物。这里对古建筑的界定不仅仅是修建时间上的"古",还包含了在漫长历史发展过程中这些建筑本身被赋予的历史文化属性。一方面,这些经历了数百年甚至上千年的古建筑受其自身结构寿命的影响,其建筑构件对环境的改变非常敏感,较之现代建筑对振动的要求更高。另一方面,由于其历史文化特殊性和破坏不可逆性,古建筑对"建筑破坏"的要求要远远高于现代建筑。例如,现代建筑墙面开裂顶多是影响美观和使用,但倘若是装饰有精美壁画或浮雕的古建筑,任何裂缝的产生都会使其赋存的历史价值和美学价值付之一炬。同时,如果是某些重要的文物建筑,产生任何的建筑破坏所带来的社会负面舆论都是不可忽视的。

值得注意的是,不同历史时期人们对古建筑保护的力度和观念是不同的,因此古建筑振动标准的制定也应当与某个地区、某个时代经济、文化、国民素质的发展相适应。如果标准过松,很可能导致珍贵物质文化遗产的破坏和流逝。相反标准过严,则需要更多相应的保护措施,有可能造成巨大的经济浪费。表3.1.1归纳了国内外不同标准和不同学者针对古建筑振动标准的限值。

国内外振动控制标准限值   表3.1.1

类别	标准名称/学者	卓越频率限定 (Hz)	古旧建筑振动限值 (mm/s)	适用性备注
规范法规	德国标准 DIN 4150-3-1999	1～10	3	短期振动,基础处速度限值
		10～50	3～8	
		50～100	8～10	
		—	8	短期振动,顶层楼板水平速度限值
		—	2.5	长期振动,顶层楼板水平速度限值
	瑞士标准 SN 640312-1992	10～30	3	振源为机械、交通和施工设备
		30～60	3～5	
		10～60	8	振源为冲击荷载
		60～90	8～12	
	美国联邦交通署 FTA标准	—	3.08	—

续表

类别	标准名称/学者	卓越频率限定（Hz）	古旧建筑振动限值（mm/s）	适用性备注
规范法规	我国行业标准 JB 16-88	10～30	1.8～3	JBJ 16—2000 删除该限值
		30～60	1.8～5	
	我国国家标准 GB/T 50452—2008	—	0.15～0.75	承重结构最高处水平速度
	国家文物局文件	—	0.15～0.20	适用于西安钟楼及城墙等文物,控制点为建筑基础
学者研究	Ashley	—	7.5	爆破振动
	Remington	—	2	
	Esteves	—	2.5～10	爆破振动
	Esrig,Ciancia	—	13	爆破与冲击振动
	Chae	—	13～25	爆破振动
	Siskind 等	—	13～50	爆破振动
	Konon,Schuring	1～10	6.4	—
		10～40	6.4～12.7	
		40～100	12.7	
	杨先健和潘复兰	—	1.8	—

从表 3.1.1 中可以看出，各个国家的振动标准限值相差较大，缺乏合理依据，且国内标准与之相比在数值上相差一个数量级，相对更为严格。虽然国内标准的颁布为我国古建筑保护提供了有力的保障，但是其在使用时仍然存在一些问题，主要体现在：①目前城市交通环境很难达到规范容许值的振动水平，标准的实施缺乏可操作性；②弹性波并不能反映古建筑真实的承振能力，作为古建筑振动容许值分级的主导因素缺乏合理性。

基于此，项目组以西安地铁穿越城墙和钟楼古建为研究背景，一方面对相关古砖、古砖砌体、古木材等进行了材料疲劳特性研究，建立了古建筑材料疲劳损伤理论分析模型，在研究了振动参数对古建筑材料疲劳损伤影响规律的基础上得到了古建筑材料的容许振动标准；另一方面通过古建筑数值仿真模型计算，确定出古建筑结构最危险的关键点及其应力历程，并以此作为振动荷载进行材料疲劳损伤计算，从而提出了古建筑结构发生疲劳破坏所对应的临界地面振动速度；在上述研究基础上结合古建筑层间放大系数分布规律以及结构的安全现状，最终提出了古建筑容许振动控制标准。

3.2 古建筑营造材料疲劳特性研究

3.2.1 古砖静压试验研究

1. 试件及参数确定

试件选用古砖和仿古砖，尺寸为直径50mm、高100mm的圆柱体，如图 3.2.1 所示。

由于取样部位及端面加工打磨影响，试件的尺寸存在些许误差，试件的详细参数如表 3.2.1 所示。

图 3.2.1 古砖试件

古砖及仿古砖尺寸和材料参数　　　　　　　　　　　　表 3.2.1

类型	名称	编号	直径(mm)	高(mm)	质量(g)	体积(cm³)	密度(g/cm³)
古砖	OB-1	1	43.20	95.20	238	139.54	1.71
	OB-2	2	43.00	92.00	225	133.60	1.68
	OB-3	3	43.50	89.90	230	133.60	1.72
	OB-4	4	43.10	95.30	249	132.09	1.79
仿古砖	NB-1	1	42.80	92.00	220	132.36	1.66
	NB-2	2	42.80	89.30	235	128.48	1.83
	NB-4	4	42.90	86.60	240	125.18	1.92
	NB-9	9	43.00	91.70	230	133.17	1.73

2. 静压试验及试件破坏特征

将古砖和仿古砖试件放置于 MTS880 材料疲劳试验机（图 3.2.2）上，进行静压试验。采用应变控制方式加载，加载速率为 0.05mm/min。

在试验加载的初期阶段，试件首先在局部产生了细小的裂纹；随着荷载的持续增加，裂纹逐渐扩展且增多，有贯通趋势；当裂纹扩展贯通形成明显斜裂缝（裂缝倾角为 55°~65°）后，试件因为失去承载能力而发生破坏，如图 3.2.3~图 3.2.7 所示。

图 3.2.2 MTS880 疲劳试验机

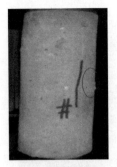
(a) 裂纹产生

(b) 裂纹发展

(c) 试件破坏

图 3.2.3　古砖 OB-1 静压试验破坏过程

(a) 裂纹产生

(b) 裂纹发展

(c) 试件破坏

图 3.2.4　古砖 OB-2 静压试验破坏过程

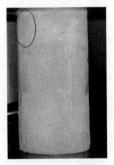
(a) 裂纹产生

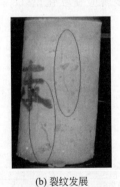
(b) 裂纹发展

(c) 试件破坏

图 3.2.5　古砖 OB-3 静压试验破坏过程

(a) 裂纹产生

(b) 裂纹发展

(c) 试件破坏

图 3.2.6　古砖 OB-4 静压试验破坏过程

(a)　　　　　　　　　　(b)　　　　　　　　　　(c)

图 3.2.7　试验结束后古砖的破坏状况

3. 静压试验结果及分析

（1）古砖强度变形特性分析

根据 OB-1、OB-2、OB-3、OB-4 四个古砖试件的静压试验数据，可以得到古砖在静压下的全应力-应变曲线，如图 3.2.8 所示。从图中可以看出，不同试件的曲线变化趋势相同，在加载初期，应变增长较快，这是由于在加载初期，古砖处于被压密的状态，所以在较小的应力下应变有较大的增长；随后应力-应变曲线变陡，呈线弹性变化趋势，在较小的应变下应力有较大的增长；达到峰值后，应力急剧降低至某一定值，约为峰值强度的 0.1～0.3 倍；全应力-应变曲线均呈现应变软化型。

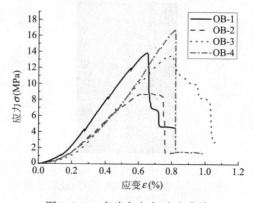

图 3.2.8　古砖全应力-应变曲线

将图 3.2.8 中的全应力-应变曲线峰值强度所对应的应变称为峰值应变，加载结束时所对应的应力称为残余强度，其对应的应变定义为残余应变，残余强度和峰值强度的比定义为残余强度比，线弹性阶段的斜率定义为弹性模量，则可以得到如表 3.2.2 所示的试验数据。从表 3.2.2 可知不同试件的残余荷载在 1.91～6.66kN 之间，残余强度在 1.33～4.54MPa 之间，最大荷载及峰值强度分别是 12.79～24.11kN 和 8.85～16.74MPa，峰值强度较残余强度离散性较大，峰值应变发生在 0.65%～0.8% 之间，破坏时的残余应变在 0.8%～1.1% 之间。将古砖试件的峰值强度与弹性模量的关系绘制于图 3.2.9，发现弹性模量较大的试件的峰值强度较高，弹性模量小的试件的峰值强度较小。

古砖试验结果　　　　　　　　　　　　　　　　　表 3.2.2

试件 编号	弹性模量 （GPa）	最大荷载 （kN）	峰值应变 （%）	峰值强度 （MPa）	残余荷载 （kN）	残余应变 （%）	残余强度 （MPa）	残余强度比
OB-1	2.17	20.34	0.65	13.70	6.66	0.82	4.54	0.332
OB-2	1.79	12.78	0.68	8.85	2.06	0.82	1.42	0.161
OB-3	2.29	19.90	0.80	13.55	4.03	1.07	2.75	0.203
OB-4	2.78	24.11	0.80	16.74	1.91	1.01	1.33	0.079

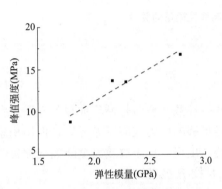

图 3.2.9　古砖峰值强度与弹性模量关系

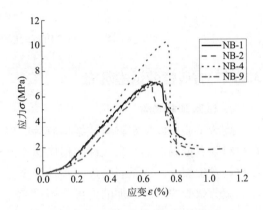

图 3.2.10　仿古砖全应力-应变曲线

（2）仿古砖强度变形特性分析

将仿古砖在静压条件下的全应力-应变曲线绘制于图 3.2.10，从图中可以看出，不同试件的应力-应变曲线的变化趋势几乎相同，加载初期应变变化较快，之后呈现弹性增长，达到峰值强度后，应力急剧下降，到某一值后基本保持不变，基本与古砖的全应力-应变曲线变化趋势一致，其全应力-应变曲线均也呈应变软化型。

对试验结果进一步分析整理可以得到仿古砖的弹性模量、最大荷载、峰值应变、峰值强度、残余荷载、残余应变、残余强度以及残余强度比，将不同仿古砖试件的试验结果汇总如表 3.2.3 所示，不同试件的残余荷载及残余强度比较接近，残余荷载的范围 2.10～3.76kN，残余强度的范围是 1.44～1.85MPa；而最大荷载及峰值强度中 NB-4 的差异较大，其余三个试件的差异较小；仿古砖试样的残余应变差异较大，变化范围是 0.85%～1.1%；峰值应变范围是 0.65%～0.75%，差异较小。将仿古砖试件的峰值强度与弹性模量的关系绘制于图 3.2.11，发现仿古砖试件的峰值强度也存在着随弹性模量增加而增大的趋势。

仿古砖试验结果　　　　　　　　　　　　　　　　表 3.2.3

试件 编号	弹性模量 （GPa）	最大荷载 （kN）	峰值应变 （%）	峰值强度 （MPa）	残余荷载 （kN）	残余应变 （%）	残余强度 （MPa）	残余强度比
NB-1	1.36	10.19	0.68	6.97	3.76	0.86	2.61	0.466
NB-2	1.34	10.41	0.65	7.20	2.67	1.09	1.85	0.256
NB-4	1.93	14.84	0.75	10.24	2.98	0.97	2.06	0.196
NB-9	1.48	10.39	0.71	7.16	2.10	0.95	1.44	0.201

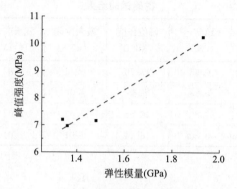

图 3.2.11　仿古砖峰值强度与弹性模量的关系

3.2.2　古砖疲劳试验研究

1. 试验加载条件

疲劳试验用以测定材料或结构疲劳应力或应变循环数。疲劳是循环加载条件下，发生在材料某点处局部的、永久性的损伤递增过程。经足够的应力或应变循环后，损伤积累可使材料发生裂纹，或是裂纹进一步扩展至完全断裂。出现可见裂纹或完全断裂统称疲劳破坏。疲劳试验按照所施加的力可分为拉-拉、压-压及拉-压疲劳试验。

古砖的压-压循环荷载下的疲劳试验研究在 MTS-880 疲劳试验机上进行。加载采用应力控制方式进行，加载波形为正弦波。将荷载峰值称为上限荷载，其值与古砖静压峰值强度的比值称为上限应力比；荷载的谷值称为下限荷载，它与古砖峰值强度的比称为下限应力比。将下限荷载与上限荷载的比称为应力比。

在试验中，根据古砖的静压试验结果，确定古砖承受的峰值荷载为 20kN，峰值应力为 13.65MPa。应力比取为 0.2，疲劳试验主要针对 10Hz 下，不同上限应力比（0.65、0.675、0.70、0.725、0.75、0.775、0.80、0.85）以及上限应力比为 0.85 时，不同加载频率（5Hz、7.5Hz、10Hz、15Hz）进行压-压循环。在试验过程中，荷载及轴向位移均呈现正余弦的变化规律，如图 3.2.12 及图 3.2.13 所示。

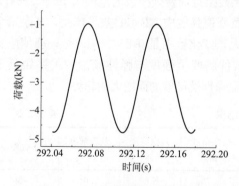

图 3.2.12　荷载随时间变化曲线

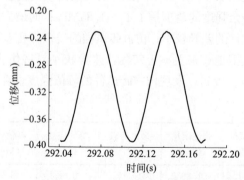

图 3.2.13　变形随时间变化曲线

试验中所用的试件形状及尺寸与静压试验保持一致，均为 50mm×100mm 的圆柱状砖。

2. 试验过程及破坏特征

对古砖进行了 35 组压-压疲劳试验，包括不同上限应力比（0.65、0.675、0.70、0.725、0.75、0.775、0.80、0.85）和不同加载频率（5Hz、7.5Hz、10Hz、15Hz）。

图 3.2.14～图 3.2.16 为古砖试件 BF-3、BF-11、BF-17 在压-压疲劳试验过程中的图片。在加载过程中可以看到：加载开始不久后，古砖试件表面出现裂纹，随着加载的进一步进行，裂纹不断扩展并出现更多的细小裂纹，不同裂纹交错发展，产生交叉的较大裂纹，并有砖片剥落，随着作用力的不断增大，试件最终产生贯通的裂缝，失去承载能力，发生破坏。

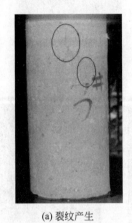 

(a) 裂纹产生　　　　　　　　(b) 裂纹发展　　　　　　　　(c) 试件破坏

图 3.2.14　BF-3 古砖试件破坏过程

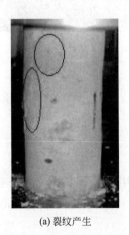  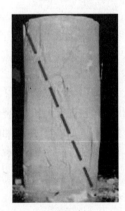

(a) 裂纹产生　　　　　　　　(b) 裂纹发展　　　　　　　　(c) 试件破坏

图 3.2.15　BF-11 古砖试件破坏过程

图 3.2.17 为试件的典型疲劳破坏形态。图 3.2.17(a) 中的试件端部均产生了斜向整体贯通裂缝，图 3.2.17(b) 中的试件在底部产生了夹角约为 45°的裂缝，图 3.1.23(c) 中的试件在中间出现了贯通的斜裂缝，裂缝夹角相对较小，图 3.2.17(d) 中的试件均产生了竖向的贯通裂缝。主要原因是试件在受到压力作用时会产生横向的膨胀变形，同时试件端部与夹头接触面也有摩擦力产生，摩擦力对横向变形起约束作用，试件高度越高，摩擦力对横向变形的影响越小，较容易产生纵向的裂缝，其中图 3.2.17(d) 中的试件高度最

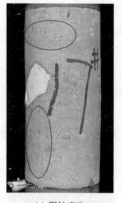 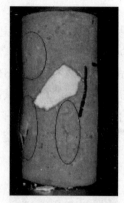 

(a) 裂纹产生　　　　　　　　　(b) 裂纹发展　　　　　　　　　(c) 试件破坏

图 3.2.16　BF-17 古砖试件破坏过程

 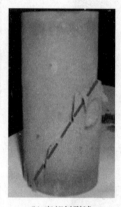  

(a) 整体斜裂缝　　　　(b) 底部斜裂缝　　　　(c) 中部斜裂缝　　　　(d) 竖向裂缝

图 3.2.17　古砖试件典型疲劳破坏形态

高，为 95.3mm，所以容易在静压试验过程中产生竖向裂纹破坏，而其余试样高度较小，在加载过程中产生斜向裂纹发生破坏。

3. 循环动应力与轴向应变关系

（1）相同加载频率下不同上限应力比的应力-应变关系

为了研究上限应力比对于古砖疲劳性能的影响，进行了 18 组应力比为 0.2，频率为 10Hz，上限应力比为 0.85、0.80、0.775、0.75、0.725、0.70、0.65 的压-压疲劳试验，表 3.2.4 为古砖试件的试验参数。

古砖试验参数　　　　　　　　　　　　　　　　　　表 3.2.4

试件编号	直径 d（mm）	高 h（mm）	峰值荷载（kN）	上限应力比	应力比	频率（Hz）	质量（g）
BF-3	43.50	89.90	20	0.65	0.2	10	250
BF-4	43.10	95.30	20	0.80	0.2	10	247
BF-5	43.30	89.70	20	0.75	0.2	10	225
BF-6	43.20	87.50	20	0.70	0.2	10	230
BF-7	43.60	98.30	20	0.775	0.2	10	260

试件编号	直径 d(mm)	高 h(mm)	峰值荷载(kN)	上限应力比	应力比	频率(Hz)	质量(g)
BF-8	42.80	90.00	20	0.75	0.2	10	235
BF-9	42.90	98.54	20	0.775	0.2	10	259
BF-10	42.90	90.18	20	0.775	0.2	10	246
BF-11	43.10	84.70	20	0.75	0.2	10	234
BF-12	43.00	88.40	20	0.80	0.2	10	235
BF-13	42.90	91.20	20	0.775	0.2	10	245
BF-14	43.20	92.40	20	0.775	0.2	10	258
BF-15	43.00	86.90	20	0.70	0.2	10	236
BF-16	43.10	96.20	20	0.725	0.2	10	257
BF-17	42.10	88.00	20	0.725	0.2	10	230
BF-18	42.00	90.70	20	0.725	0.2	10	240
BF-19	43.00	84.10	20	0.675	0.2	10	240
BF-22	43.00	84.70	25	0.85	0.2	10	237

图 3.2.18 为各上限应力比下古砖的循环动应力与轴向应变的关系曲线。从图中可以看出：在对试件加载过程中，循环动应力与轴向应变曲线呈现了由疏到密再到疏的变化趋势。加载初期，试件处于被压密的状态，应变发展较快，所以曲线较为稀疏，之后试件进入较为稳定的弹性变形阶段，应力-应变曲线较密。在较大上限应力比下，如图 3.2.18(a)～(c) 中，随着加载进一步进行，试件开始出现破坏，随着裂纹的进一步发生，试件产生了较大的变形，直至完全破坏，此过程中应力-应变曲线较为稀疏；而在较小的上限应力比下，如图 3.2.18(d)～(f) 中，试件的应力-应变关系呈现了密-疏-密的变化过程，这是因为在加载过程中试件内部产生了未完全贯通的裂缝，裂缝使得应变发展较快，但并未使试件完全丧失承载能力，因此循环动应力与轴向应变曲线呈现了由疏到密的变化。

（2）相同上限应力比不同加载频率的应力-应变关系

为了研究加载频率对古砖的疲劳性能的影响，进行了应力比为 0.2，上限应力比为 0.85，不同加载频率（5Hz、7.5Hz、10Hz、15Hz）的压-压疲劳试验研究，表 3.2.5 为试件的试验参数。

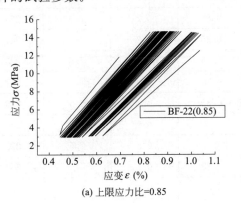

(a) 上限应力比=0.85

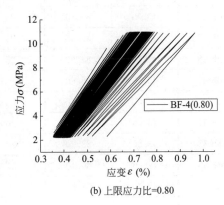

(b) 上限应力比=0.80

图 3.2.18　不同上限应力比的应力-应变关系（一）

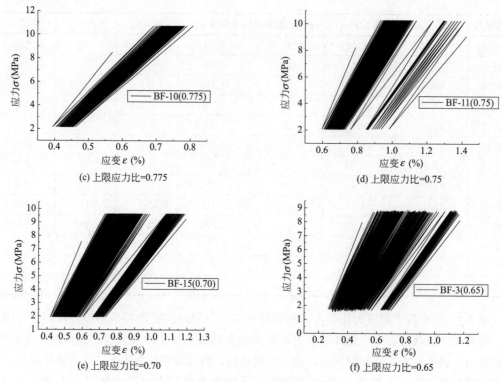

图 3.2.18 不同上限应力比的应力-应变关系（二）

疲劳试验试件参数　　　　　　　　　　　　　表 3.2.5

试件编号	直径 d(mm)	高 h(mm)	峰值(kN)	上限倍数	应力比	频率(Hz)	质量(g)
BF-20	43.00	84.80	30	0.85	0.2	15	235
BF-21	43.00	84.50	25	0.85	0.2	15	241
BF-22	43.00	84.70	25	0.85	0.2	10	237
BF-23	42.50	82.50	25	0.85	0.2	5	232
BF-24	42.50	86.90	25	0.85	0.2	5	245
BF-25	43.00	84.00	25	0.85	0.2	7.5	220
BF-26	43.00	84.80	25	0.85	0.2	7.5	236
BF-27	43.00	85.40	25	0.85	0.2	7.5	241
BF-28	43.10	83.90	25	0.85	0.2	7.5	225
BF-29	42.40	83.50		0.85	0.2		267
BF-30	42.50	82.50	20	0.85	0.2	7.5	225
BF-31	43.00	83.80	20	0.8	0.2	7.5	228
BF-32	43.00	83.20	20	0.8	0.2	7.5	225
BF-33	42.60	89.10	20	0.85	0.2		220
BF-34	42.70	88.30	20	0.85	0.2	7.5	207
BF-35	43.00	89.10			0.2	7.5	216

图 3.2.19 为不同加载频率的循环动应力与轴向应变关系曲线，可以看出，在加载过程中，曲线呈现了疏-密-疏的变化规律。在较大的荷载频率下，试件的应变发展较快，由密到疏的变化规律更为明显。加载频率较小时，如图 3.2.19(d)，曲线的变化规律较不明显。

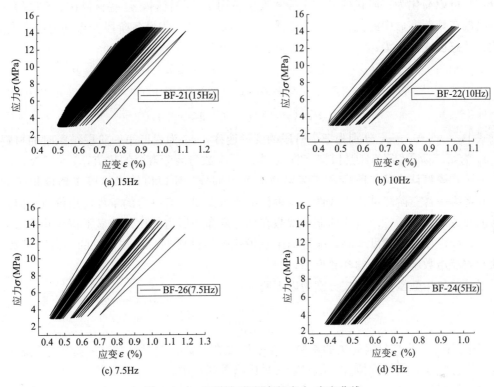

(a) 15Hz

(b) 10Hz

(c) 7.5Hz

(d) 5Hz

图 3.2.19　不同加载频率的应力-应变曲线

4. 轴向应变与循环次数的关系

图 3.2.20 为 BF-3 的轴向应变与循环次数的关系曲线，从图中看出，曲线明显分为三个阶段，第一个阶段在加载初期，轴向应变发展迅速，在较小的循环周次下，就达到了较大的轴向应变；第二阶段中应变与循环次数呈现较为稳定的线性变化；随着循环周次的增加，试件接近破坏，应变有较大增长。

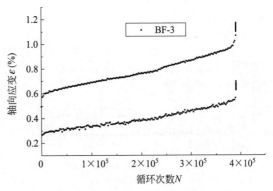

图 3.2.20　BF-3 轴向应变与循环次数的关系

材料的轴向变形发展规律可以认为是微观损伤逐步发展的体现。研究表明，材料在循环荷载作用下发生疲劳破坏其本质是材料内部微裂纹的产生、扩展直至贯通破坏的过程。在裂纹产生阶段，由于材料本身存在的薄弱环节，在循环荷载的不断作用下，这些薄弱环节会形成大量的微裂纹，所以，在加载初期，材料的应变发展较为迅速。随着循环次数的增加，微裂纹的产生速度会逐渐减小，但是已经形成的微裂纹在疲劳荷载的作用下，会不断扩大，此时材料的应变增长较缓慢但是比较均匀，这是第二阶段。在第三阶段，由于荷载循环次数在不断增大，裂纹逐渐扩大，直至形成贯通的较大的裂纹并迅速扩张，材料发生破坏。由此可见，微观裂纹的形成、发展是材料发生破坏的根本原因。

在材料应变与循环次数的关系图中，由于应变发展速率相差较大，所以将曲线分为三部分，并可以简化为三段式模型。三段式模型适用于某些材料，这些材料在三个阶段中的循环次数在疲劳寿命中的比例分别为 10%、80%、10%。假设各阶段变形均为线性变形，由此，其三段式模型为：

$$\varepsilon=\begin{cases} v_1 x & (0 \leqslant x \leqslant 0.1) \\ \varepsilon_A+v_2(x-0.1) & (0.1 \leqslant x \leqslant 0.9) \\ \varepsilon_B+v_3(x-0.9) & (0.9 \leqslant x \leqslant 1.0) \end{cases} \tag{3.2.1}$$

式中：v_1、v_2、v_3 分别为三个阶段的变形速率；ε_A 为变形第一阶段结束时的材料应变；ε_B 为第二阶段结束时的材料应变；x 为循环次数与疲劳寿命的比值，$x=n/N$。

三段式模型认为第二阶段占疲劳寿命的绝大部分，所以以第二阶段来确定相应的参数，并将第一、三阶段简化为线性。这种模型比较简单，有一定的工程应用价值。但是在木材的疲劳试验中，三个阶段的循环次数在疲劳寿命中所占的比例明显不符合其要求；此外三段式线性模型的精度不高，故提出了三段式非线性模型。比较常见的是由幂函数型、线性函数及指数函数混合的参数模型。

幂函数与指数函数的形式分别为以下两种：

$$\varepsilon=ax^b \tag{3.2.2}$$
$$\varepsilon=ae^{bx} \tag{3.2.3}$$

式中：a、b 为与材料有关的常数。在采用混合参数模型时，在第一阶段采用幂函数拟合，第二阶段采用线性拟合，第三阶段采用指数函数拟合。

将 BF-3 及 BF-2 的上限轴向应变与循环次数的关系进行混合非线性拟合，可以得到如图 3.2.21 和图 3.2.22 所示的结果。从结果可看出，三段式非线性拟合精度较高。

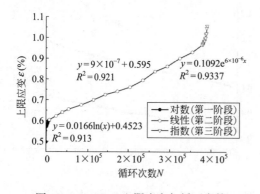

图 3.2.21 BF-3 上限应变与循环次数

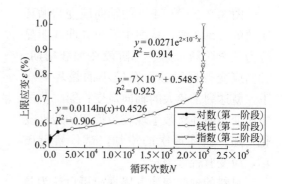

图 3.2.22 BF-2 上限应变与循环次数

5. 古砖的 S-N 曲线

材料的疲劳寿命受材料的力学性能及所施加的应力水平的影响较大。研究表明，所施加外力的应力水平越大，材料在循环荷载作用下的极限强度越低，试件的疲劳寿命就越短，反之，疲劳寿命越长。这种表示疲劳应力水平与破坏时的循环次数即疲劳寿命之间的函数关系式就是材料的应力-寿命曲线，又称为 S-N 曲线。S 为应力水平，可以用加载过程中的应力幅值 σ_a、应力范围 σ_b、循环比 R 来表示，或者用最大应力 σ_{max}、最小应力 σ_{min}、循环比 R 来表示，三个变量中的两两是相互独立的。研究中广泛运用的是标准化的应力水平也就是 σ_{max} 或 σ_a 与材料的静荷载作用下的极限强度 f_c 的比值来表示。N 为材料在循环荷载作用下的寿命，是指材料从加载初期到发生疲劳破坏时所需的循环次数。S-N 曲线由德国人 WohlerA 最先提出并使用，为纪念他，所以 S-N 曲线又被称为 Wohler 曲线。在不同的荷载下，随着加载次数的不断增加，曲线从某个最大荷载下开始出现明显的水平部分，这表明当所加的力降低到这个水平数值时，试件可以承受无限次应力循环而不发生断裂。水平部分所对应的应力即为材料的疲劳极限。

图 3.2.23 为金属材料完整的 S-N 曲线。从图中可以看到，曲线分为三段：低周疲劳区（LCF）、高周疲劳区（HCF）和亚疲劳区（SF）。在 HCF 区，S-N 曲线在对数坐标系上接近一条直线。对于古砖能否参照上述分类方法，还有待进一步研究。

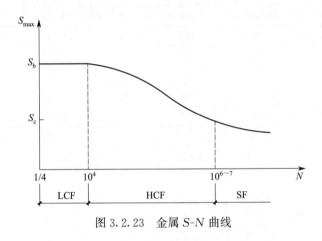

图 3.2.23 金属 S-N 曲线

为了方便进一步研究，国内外学者提出了许多经验模型，常用的主要有以下几种：

（1）指数函数模型

$$N \cdot e^{aS} = C \tag{3.2.4}$$

式中：a 和 C 为材料常数。对上式两边取对数，可以得到：

$$\lg N + aS = \lg C \tag{3.2.5}$$

令 $a = \lg C / a$，$b = 1/a$，上式可以简化为：

$$S = a - b \lg N \tag{3.2.6}$$

式中：a 和 b 为材料常数。

（2）幂函数模型

$$S^a N = C \tag{3.2.7}$$

式中 a 和 C 为材料常数。对上式两边取对数可以得到：

$$a \lg S + \lg N = \lg C \tag{3.2.8}$$

令 $a = \lg C / a$，$b = 1/a$，可以得到以下公式：

$$\lg S = a - b \lg N \tag{3.2.9}$$

式中：a 和 b 为材料常数，由上式可知，在对数坐标上，幂函数模型为直线。

（3）三参数幂函数模型

$$(S - S_{fl})^a N = C \qquad (3.2.10)$$

对上式两边取对数并整理得：

$$\lg(S - S_{fl}) = a - b\lg N \qquad (3.2.11)$$

式中：a 和 b 为材料常数；S_{fl} 代表材料疲劳极限的标准化值，通过疲劳极限与材料静态强度的比值得到，是与材料性质有关的材料常数。

将相同加载频率（10Hz），不同上限应力比（0.65、0.675、0.700、0.725、0.750、0.775、0.800）的古砖的压-压疲劳试验数据汇总如表 3.2.6 所示。

疲劳试验数据汇总　　　　　　　　　　　表 3.2.6

试件编号	频率(Hz)	循环次数(万次)	上限应力比	峰值(kN)	上限应力(MPa)	最大位移(mm)	密度(g/cm³)
BF-1	10	0.4989	0.800	20	10.967	0.953	1.59
BF-4	10	0.2787	0.800	20	10.967	0.978	1.65
BF-12	10	1.2818	0.800	20	11.018	0.832	1.83
BF-7	10	0.0531	0.775	20	10.382	0.978	1.77
BF-9	10	0.049	0.775	20	10.723	0.936	1.82
BF-10	10	4.7646	0.775	20	10.723	0.777	1.89
BF-13	10	0.0067	0.775	20	10.723	0.968	1.86
BF-14	10	3.6682	0.775	20	10.575	1.005	1.90
BF-5	10	32.9257	0.750	20	10.187	1.088	1.7
BF-8	10	67	0.750	20	10.426	0.658	1.81
BF-11	10	14.9266	0.750	20	10.281	1.207	1.89
BF-16	10	1.4308	0.725	20	9.939	0.734	1.83
BF-17	10	1.8348	0.725	20	10.416	0.672	1.88
BF-18	10	0.3321	0.725	20	10.466	0.781	1.91
BF-2	10	21.5529	0.700	20	9.641	1.074	1.80
BF-6	10	1.7568	0.700	20	9.551	1.041	1.79
BF-15	10	21.1265	0.700	20	9.641	1.037	1.87
BF-19	10	72	0.675	20	9.296	0.428	1.91
BF-3	10	39.0477	0.650	20	8.747	1.052	1.88

将试验数据整理可得到循环次数与上限应力比的关系，即 S-N 曲线，如图 3.2.24 所示。从图中可知：曲线在较高的上限应力比下的疲劳寿命短，在较低的上限应力比下的疲劳寿命长；当上限应力比小于一定值时，S-N 曲线近乎水平，此时试件的疲劳寿命趋于无限大，即表明当施加于试件上的力较小时，试件在循环荷载作用下不会发生破坏。从本次试验中拟合的 S-N 曲线中看出，当上限应力比小于 0.65 时，曲线接近水平，基本认为古砖试件不发生破坏。

将试验数据用指数函数模型及幂函数模型进行拟合，可以得到如图 3.2.25 和图 3.2.26 所示的拟合结果。从图中可以明显看出上限应力比对古砖试件疲劳寿命的影响，上限应力比越高，试件的疲劳寿命就越短。

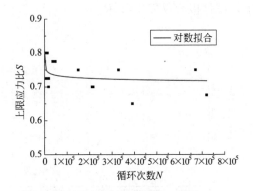

图 3.2.24　古砖的 S-N 曲线

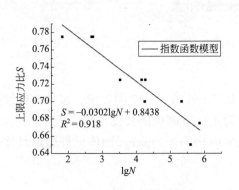

图 3.2.25　指数函数模型拟合

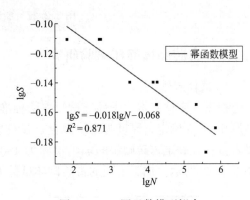

图 3.2.26　幂函数模型拟合

6. 加载频率对疲劳寿命的影响分析

为了研究加载频率对古砖疲劳性能的影响，进行了应力比为 0.2，上限应力比为 0.85，频率分别为 5Hz、7.5Hz、10Hz、15Hz 的压-压循环荷载作用下的疲劳试验。

将试验数据汇总如表 3.2.7 所示。从表中可以看出：对比 BF-20 及 BF-21，可知应力较大时，试件的疲劳寿命越短；对比 BF-21 和 BF-22 及 BF-21 和 BF-24 可知，加载频率为 15Hz 和 10Hz 时试件疲劳寿命间的差距为 1998 次，频率为 10Hz 及 5Hz 时试件疲劳寿命的差距为近 3000 次，可知较高加载频率间疲劳寿命的差距小于较低加载频率间疲劳寿命的差距。

不同加载频率的试验数据　　　　　　　　表 3.2.7

试件编号	频率(Hz)	循环次数(次)	上限倍数	应力(MPa)	位移(mm)	密度(g/cm³)
BF-20	15	77	0.85	25.5	0.837	1.91
BF-21	15	416	0.85	21.25	0.961	1.96
BF-22	10	2814	0.85	21.25	0.879	1.93
BF-26	7.5	4294	0.85	21.25	1.008	1.92
BF-24	5	6758	0.85	21.25	0.843	1.99

将表 3.2.7 数据绘制为加载频率与试件疲劳寿命的关系图，如图 3.2.27 所示，从图中可以看出，加载频率越高，试件的疲劳寿命越短，加载频率越低，试件的疲劳寿命越

长；在较高的加载频率下，试件极容易发生破坏。

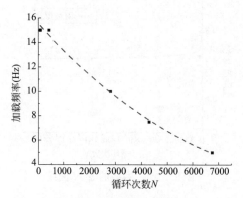

图 3.2.27　加载频率与循环次数

3.2.3　古砖砌体静压试验研究

1. 试件制作

根据《砌体基本力学性能试验方法标准》GB/T 50129—2011 的要求，试件高度按照高厚比 3～5 确定，厚度为砌块厚度，试件宽度为主规格砌块的长度。结合 MTS 试验机量程范围，确定古砖砌块的加工尺寸为 150mm×100mm×50mm，砌体试件确定尺寸如图 3.2.28 所示，加工成型的古砖砌体试件如图 3.2.29 所示。

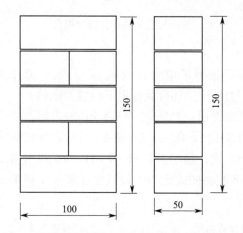

图 3.2.28　古砖砌体试件尺寸示意图（单位：mm）

图 3.2.29　古砖砌体试件

2. 古砖砌体试件及参数确定

古砖静压试验试件的尺寸及材料参数见表 3.2.8。

古砖砌体试件的尺寸及材料参数　　　　　　　　表 3.2.8

名称	编号	高(mm)	长(mm)	宽(mm)	质量(g)	体积(cm³)	密度(g/cm³)
MB-1	1	150	101	52	1452	787.8	1.843
MB-2	3	150	103	55.1	1475	851.295	1.733
MB-3	20	149	98	54	1480	788.508	1.877

续表

名称	编号	高(mm)	长(mm)	宽(mm)	质量(g)	体积(cm³)	密度(g/cm³)
MB-4	23	151	97	50	1310	732.35	1.789
MB-5	4	157	101	53	1425	840.421	1.700
MB-6	11	159	100	51	1470	810.9	1.813

3. 静压试验及试件破坏特征

将古砖砌体试件放置于 MTS880 材料疲劳试验机上，进行静压试验。采用应变控制方式加载，加载速率为 1mm/min。

观察古砖砌体试件静压试验过程，可以看出，随静压力不断增大，试件的破坏由细微裂缝扩展积累形成，大致沿中部扩展为较宽的可见裂缝，最终将试件压碎破坏。古砖砌体试件典型破坏试验结果如图 3.2.30 所示。

图 3.2.30　古砖砌体静压试验典型破坏结果（1 号）

4. 静压试验结果及分析

将 6 组古砖砌体试件的静压试验数据整理分析，可以得到古砖砌体静压全应力-应变曲线，如图 3.2.31 所示。

从图中可以看出，6 个古砖砌体试件的静压全应力-应变曲线均呈应变软化型。加载初期，各试件的斜率差异较大，其原因为试件处于各自压密阶段，之后各条曲线的斜率较为一致，曲线处于陡峭上升段，为试件裂缝形成、稳定扩展阶段，之后曲线进入下降段，为砌体试件中裂缝的非稳定扩展及贯通阶段。各条曲线下降段均呈不同程度的波浪形，主要原因是随着裂缝开展，破坏了原有的竖向传力路径，砌体试件中古砖边角部分剥落，产生了新的传力路径。

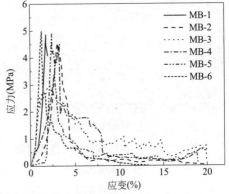

图 3.2.31　古砖砌体的全应力-应变曲线

将 6 个古砖砌体试件的试验结果统计整理见表 3.2.9，由于曲线下降段波浪形变化较大，故残余强度均取残余应变为 12% 所对应的较为稳定的应力；弹性模量取各曲线上升段初始压密段之后的直线段斜率计算得到，和表 3.2.2 圆柱形古砖试件的试验结果相比较，可以看出弹性模量、峰值强度明显小于古砖试件的相应值；其原因为古砖砌体试件中砂浆部位为古砖砌体的薄弱部位，砂浆饱和度、厚度均影响砌体的强度，且砌体试件纵向受压导致横向变形增大，使得砂浆处于纵向受压、两个水平方向受拉的应力状态，砂浆处于非常不利的受力状态，加速了砌体的破坏。

古砖砌体静压试验结果 表 3.2.9

试件编号	弹性模量（GPa）	最大荷载（kN）	峰值应变（%）	峰值强度（MPa）	残余荷载（kN）	残余强度（MPa）	残余强度比	波速（m/s）
MB-1	0.5472	25.59	1.82	4.87	—	—	—	—
MB-2	0.3293	26.14	3.10	4.61	0.74	0.13	0.032	1805
MB-3	0.4262	15.92	2.21	3.01	3.55	0.67	0.223	1845
MB-4	0.1855	22.19	3.31	4.58	1.37	0.28	0.114	1952
MB-5	0.7383	26.43	2.50	4.94	1.14	0.21	0.049	1869
MB-6	0.5345	25.72	1.40	5.04	0.05	0.01	0.002	1745

注：MB-1 试件下降段未测量完整，故结果缺少残余荷载、残余强度及残余强度比。

将表 3.2.9 中古砖砌体试件的弹性模量与峰值强度的关系整理见图 3.2.32。由图可见，弹性模量与峰值强度正相关，随弹性模量的增大，峰值强度随之增大。

将表 3.2.9 中古砖砌体试件的峰值强度与残余强度的关系整理见图 3.2.33。由图可见，由于静压试验中古砖沿竖向灰缝压成小柱进而剥落破坏，导致残余强度较峰值强度大幅度减小，承载能力几乎消耗殆尽。而且由于古砖砌体的脆性性质，强度越高其曲线下降段越陡，残余强度越低，脆性程度越高。

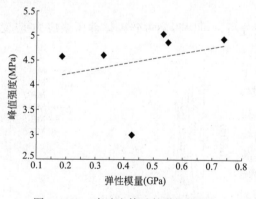

图 3.2.32 古砖砌体试件弹性模量与
峰值强度关系

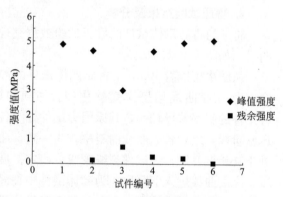

图 3.2.33 古砖砌体试件峰值强度与
残余强度关系

将峰值强度与波速的关系整理见表 3.2.10 和图 3.2.34。包含了疲劳试验未破坏试件用于静压试验的 MB-7～MB-10 共 4 个试验点。从图中可以看出，峰值强度与波速存在正相关性，波速大表明试件结构致密，其峰值强度亦高。个别试件符合程度稍差，原因可能是波速测量时所选位置通过砂浆灰缝部位，导致波速较低而试件实际强度较高。

古砖砌体试件峰值强度与波速关系　　　　　　　表 3.2.10

试件编号	MB-2	MB-3	MB-4	MB-5	MB-6	MB-7	MB-8	MB-9	MB-10
峰值强度(MPa)	4.61	3.01	4.58	4.94	5.04	9.79	8.33	8.37	9.31
波速(m/s)	1805	1845	1952	1869	1745	1972	1920	2014	2031

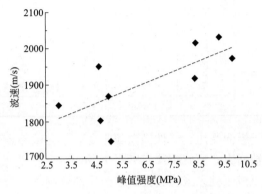

图 3.2.34　古砖砌体试件峰值强度与实测波速关系

3.2.4　古砖砌体疲劳试验研究

1. 试验加载条件

古砖砌体试件的压-压疲劳试验在 MTS-880 试验机上进行。加载采用应力控制方式进行，加载波形为正弦波，加载频率 10Hz。由表 3.2.9 确定古砖砌体的峰值荷载为 25kN，峰值应力约 5MPa。应力比（下限荷载与上限荷载的比值或下限应力与上限应力的比值）取为 0.2，上限荷载分别取 0.9、0.85、0.8、0.775、0.75、0.725、0.7 倍峰值荷载，共进行了七组 20 个古砖砌体试件的疲劳试验。古砖砌体疲劳试验试件尺寸同静压试件。

2. 试验过程及破坏特征

不同上限应力比的七组共 20 个古砖砌体试件的压-压疲劳试验数据汇总见表 3.2.11。

古砖砌体试验参数统计表　　　　　　表 3.2.11

试件编号	高(mm)	长(mm)	宽(mm)	质量(g)	密度(g/cm³)	上限应力比	循环次数	波速(m/s)
FM-1	152	100	50	1405	1.85	0.8	413483	1943
FM-2	147	100	50	1300	1.77	0.85	97860	1894
FM-3	150	102	51	1355	1.74	0.9	7138	1884
FM-4	150	95	49	1270	1.82	0.75	880572	1972
FM-5	150	96	49	1360	1.93	0.775	5679	2061
FM-6	154	100	49	1360	1.80	0.775	5760	2010
FM-7	151	97	50	1310	1.79	0.775	884041	1952
FM-8	152	105	53	1390	1.64	0.825	15548	1857
FM-9	145	97	51	1310	1.83	0.825	2194	1793
FM-10	149	102	50	1340	1.76	0.825	684344	1938
FM-11	142	102	49	1310	1.85	0.775	88000	1920

续表

试件编号	高(mm)	长(mm)	宽(mm)	质量(g)	密度(g/cm³)	上限应力比	循环次数	波速(m/s)
FM-12	148	102	49	1290	1.74	0.775	12363	1910
FM-13	153	105	50	1300	1.62	0.775	857264	2045
FM-14	151	97	49	1330	1.85	0.75	659	1806
FM-15	154	98	50	1380	1.83	0.75	298337	1884
FM-16	143	94	48	1280	1.98	0.75	805	1805
FM-17	151	103	49	1330	1.75	0.75	6180	1919
FM-18	146	98	49	1270	1.81	0.75	67194	1979
FM-19	149	97	48	1250	1.80	0.7	1700000	2014
FM-20	151	97	50	1380	1.88	0.725	1700000	2031

试验开始阶段，由于纵向受压，试件横向膨胀变形，在试件表面出现接近竖直方向的微细裂纹，随着循环次数增大，原有裂纹不断扩展并出现更多的微细裂纹。临近破坏时，试件沿竖向或接近竖向压成小柱，或在夹具附近砖块部分剥落，造成古砖砌体试件的竖向传力路径改变、减小，导致古砖砌体试件最终破坏。图 3.2.35～图 3.2.37 为古砖砌体试件疲劳破坏的典型破坏图。

图 3.2.35　FM-6 古砖砌体试件疲劳破坏过程（一）

图 3.2.36　FM-14 古砖砌体试件疲劳破坏过程（二）

图 3.2.37　FM-5 古砖砌体试件疲劳破坏过程（三）

3. 循环动应力与轴向应变的关系

不同上限应力比的古砖砌体试件共进行了七组 20 个试件的疲劳试验研究。古砖砌体试件离散型较大。以上限应力比 0.9 和 0.85，即 FM-3 和 FM-2 两个试件说明循环动应力与轴向应变之间的关系，见图 3.2.38 和图 3.2.39。

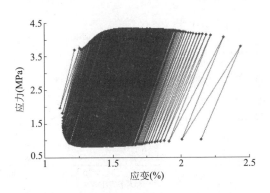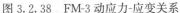

图 3.2.38　FM-3 动应力-应变关系

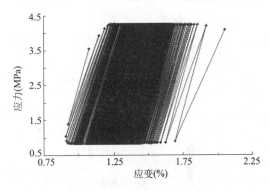

图 3.2.39　FM-2 动应力-应变关系

从图 3.2.38 和图 3.2.39 可以看出，古砖砌体试件疲劳破坏时经历了与古砖试件相似的加载破坏过程：初始压密阶段，表现为较稀疏的应力-应变曲线；中段稳定的裂缝发展阶段，表现为较密的应力-应变曲线；尾段为裂缝不稳定扩展阶段，表现为更为稀疏变形急剧增大的应力-应变曲线。

4. 古砖砌体的 *S-N* 曲线

根据七组 20 个古砖砌体试件的疲劳试验结果，按照 3.2.2 节确定 *S-N* 曲线的方法，对试验结果进行整理。

试验研究进行的七组不同上限应力比试验为：0.9、0.85、0.825、0.8、0.775、0.75、0.7，循环加载的下限和上限应力之比保持 0.2 不变。由图 3.2.40 可见，随上限应力比增大，古砖砌体的疲劳寿命显著减小。当上限应力比为 0.7 时，曲线接近水平。说明在此上限应力比循环加载下古砖砌体试件不会破坏。所以本研究中取极限荷载为 0.7 倍的峰值荷载（5kN），则结合试件的横截面尺寸（100mm×50mm）可计算得到疲劳极限为 3.5MPa。

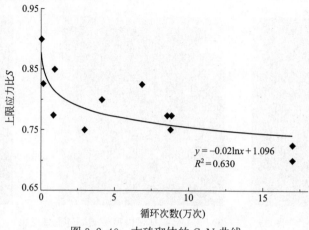

图 3.2.40　古砖砌体的 S-N 曲线

　　根据不同的数值模型,将试验数据用指数函数模型和幂函数模型进行拟合,结果见图 3.2.41 和图 3.2.42。由图 3.2.41 和图 3.2.42 可看出,上限应力比是显著影响古砖砌体试件的疲劳寿命。上限应力比越小,相应的疲劳寿命就越长。合理地确定材料和结构的疲劳极限是进行后续古建筑防工业振动容许标准制订的依据。

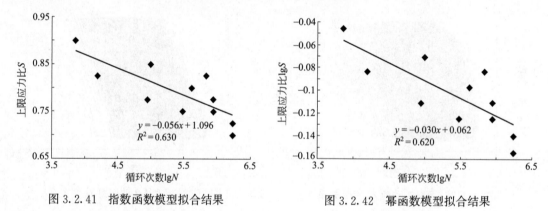

图 3.2.41　指数函数模型拟合结果　　　　　图 3.2.42　幂函数模型拟合结果

3.2.5　古木材静力试验研究

1. 古木材年代检测

　　碳以同位素混合物形式存在于大气和所有生命组织中(在组织存活时期混合物的比例为恒定)。自然界中存在着碳的 3 种主要同位素:12C、13C 和 14C,其中 12C、13C 都是稳定同位素,只有 14C 具有放射性,故称放射性碳。14C 的半衰期为 5730 年,因此它要用很长的时间才可完全消失,当(动物或植物)组织死亡后,由于 14C 会经历衰变,其比例就会降低,于是死亡样品的年龄可以通过测量样品的 14C 含量来确定。

　　针对古木材,测定其年代,采用 14C 年代测定技术,也称放射性碳定年法。这与衰变法,即通过测量沉积物上残留的放射性强度推算出它们的年代有所不同,而是通过直接测量样品中的 14C 原子数,即运用 AMS 法(该方法是核科学中离子束分析的一门新技术,也是加速器技术的一个正在迅速发展着的重大应用领域)测量样品中的放射性同位素原子与稳定同位素原子间的比值,测量计数率将大大提高。

木材检测委托科技部、中国科学院和教育部共建的"西安加速器质谱中心"，该中心是我国目前建立的第一个地球科学研究的加速器质谱实验室。中心拥有从荷兰高压工程公司（HVEE）引进的三百万伏特（3MV）串列加速器质谱仪，加速器质谱仪（简称 AMS，图 3.2.43）是把加速器技术（一种把带电粒子加速到高能量的装置）结合质谱仪技术（一种分析和测量不同质量的原子或分子的仪器）而构成的一种超高灵敏度质谱分析设备。它分析的灵敏度很高，可以从千万亿个被测量的原子中把一个所要探测的原子（如放射性 14C 原子）分辨出来。

(a) AMS机

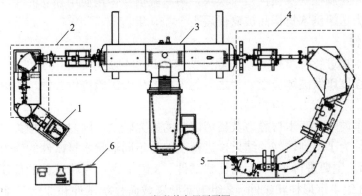

(b) AMS机整体布局平面图

图 3.2.43　西安加速器质谱中心
1—离子源系统；2—低能质谱分析系统；3—串列加速器系统；
4—高能质谱分析系统；5—探测器系统；6—控制系统

木材检测基本要求有两方面：①彻底地清除所有不需要的本底粒子；②被探测的粒子高效传输以及"平定传输"。由于被探测的放射性核素的同量异位素的负离子不存在，可以很容易去除同量异位素干扰，因此采用负离子源。

将样品在超声波振荡器中振荡约 30min，彻底清洗木质样品中吸附的泥土等物质，60℃烘干、粉碎，保证样品均匀，按以下步骤进行操作：

第一步：酸洗（除去富非酸和附着碳酸盐），加入 1M HCL 放置在 70℃电热板中，静置过夜，然后洗涤至中性；

第二步：碱洗（除去腐殖酸），加入半管去离子水；加入 1M NaOH，放置 30min，无需加热；如果棕黑出现，再加入 1M NaOH，放置在 70℃电热板过夜；

倾倒溶液时，测定溶液 pH 值，如果溶液非碱性，重复上述第二步，加入 1M NaOH；如果溶液碱性，倒掉上层液，用去离子水洗涤至中性；

第三步：酸洗（确保样品非碱性），样品若为碱性，容易吸收空气中 CO_2，将清理的样品石墨化（固化），实验机器可以固气两用，但因气体离子源流强小（样品数量减小）、记忆效应（测量过样品对测量样品的影响）大，因此采用固态。

整个过程可以简述为：在离子源系统用铯离子溅射石墨标靶，将 C 离子激发出被带负电，在低能质谱分析系统中，将各种质量的离子根据能量范围筛选一定能量范围的离子，并将离子注入串列加速器系统，在串列加速器系统中，负离子转荷为正离子，并实现串级式加速，在这里还将抑制分子离子（非激发离子）的影响，此时得到了 14C3＋（最佳平衡电荷态），对指定离子加速后进入高能质谱分析系统，在系统里，有两块二极磁铁和一个 65°静电偏转板进一步抑制非需离子，使被探测的放射性核素的离子进入探测器，因带电粒子与探测器中气体分子碰撞后，产生电子，损失能量，根据探测得到的电子微电流，确定入射的带电粒子数量，损失能量与原子序数的平方成正比（也就是 Bethe-Block 公式）$\dfrac{\mathrm{d}E}{\mathrm{d}x} \sim \dfrac{Z^2}{E}$，$E$ 为带电粒子初始能量，Z 为带电粒子原子序数，在控制系统中分为高级控制、低级控制，高级控制包括用户界面、自动化控制模块和数据处理模块，低级控制包含数据获取和控制模块及提供接口模块，两系统信号传输使用独立的光纤。

检测结果为送检测木材样品被砍伐后距今 160 年。

2. 试件制作

主要针对木材进行持续应力下的静拉及静压试验研究，通过得到的应力-应变曲线得到木材的峰值强度以及破坏应变，为之后的木材的疲劳试验提供参数，用以确定疲劳试验中的上限应力、下限应力、应力幅度等。

由于目前国内外关于木材静力及疲劳试验的研究较少，国内缺少相关的试验规范，所以在本试验中，为了得到较好的结果，进行了五种不同形状木材试件的静力试验研究，如图 3.2.44 所示。主要进行了 10 组圆柱状试件、3 组工字形片状试件的静压试验，以及 2 组棒状试件、3 组工字形柱状试件、2 组工字形变截面柱状试件和 3 组工字形片状试件进行了静拉试验。随后根据静力试验结果确定最终的木材疲劳试验试件。

3. 圆柱状木材的静压试验

（1）试件尺寸

本次试验在室温空气介质下进行。因受试验装置尺寸限制，试件高度最大 400mm，尚需预留夹具及操作空间。另外，为了便于对比分析，静力试验和疲劳试验选取相同的构件尺寸。圆柱状木材高为 90mm，直径为 45mm，如图 3.2.44(a) 和图 3.2.45 所示。

（2）静压试验结果及分析

将试验数据进行整理可以得到圆柱状木材的静压应力-应变曲线，如图 3.2.46 所示。可知，对圆柱状木材施加一定压力时，其应力-应变曲线的变化趋势基本相同，在加载初期发生明显的弹性变形，随后达到最大的应力值，之后承载能力逐渐下降，木材被压坏。木材受压破坏时的应变集中在 1%左右，其峰值应力间差距较大，集中在 15～20MPa。

将圆柱状木材的抗压静力试验研究结果进行整理汇总，可得到如表 3.2.12 所示的静

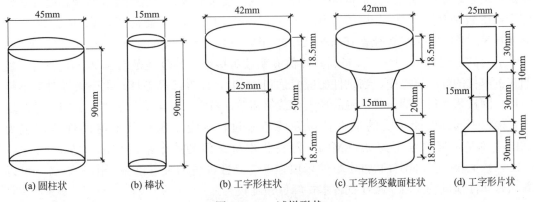

图 3.2.44　试样形状

图 3.2.45　圆柱状木材试件

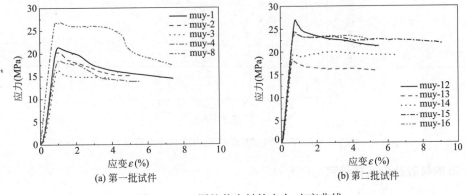

图 3.2.46　圆柱状木材的应力-应变曲线

压试验结果。可以看出：古木材试件的最大荷载、残余荷载、峰值强度、残余强度及残余应变均比较离散；最大荷载的范围是 25.16～41.44kN，残余荷载的范围是 20.7～34.01kN，峰值强度的范围是 16.33～27.00MPa，残余强度的范围是 13.83～22.57MPa，残余应变的范围是 3.89%～9.17%；峰值应变较为接近，其范围是 0.65%～1.07%，表明在古木材的静压试验中，当试件的应变达到 1% 时，试件已经破坏。由于取样时的不确定性，圆柱状木材在静压时承受的最大荷载值离散性较大，所承受的最大应力间的差距较大，根据不同试件能承受的最大荷载及峰值强度，确定了圆柱状木材的峰值荷载为 36kN，对应的峰值强度为 22.6MPa，圆柱状木材试件的残余强度比的范围是 0.59～0.99，数值较高。将圆柱状古木材的峰值强度与弹性模量的关系绘制于图 3.2.47，可以看出，弹性模量较大时，圆柱状古木材峰值强度较大。

圆柱状木材静压试验结果　　　　表 3.2.12

试件编号	弹性模量（GPa）	最大荷载（kN）	峰值应变（%）	峰值强度（MPa）	残余荷载（kN）	残余应变（%）	残余强度（MPa）	残余强度比
mul-1	2.44	32.67	1.03	21.19	22.07	7.41	14.45	0.68
mul-2	2.33	31.00	0.85	20.30	23.15	5.12	15.16	0.75
mul-3	1.94	25.16	0.93	16.33	22.71	3.89	14.73	0.90
mul-4	2.08	28.00	1.07	18.42	21.02	5.36	13.83	0.75
mul-8	3.32	26.08	0.91	26.00	20.70	7.39	15.39	0.59
mul-12	3.46	41.44	0.82	27.00	32.62	5.50	21.25	0.79
mul-13	3.09	28.40	0.65	18.18	24.72	5.51	15.86	0.87
mul-14	3.05	29.19	1.07	19.42	28.95	6.49	19.21	0.99
mul-15	3.54	36.40	0.78	24.52	32.49	9.17	21.86	0.89
mul-16	3.51	36.50	0.77	24.28	34.01	5.27	22.57	0.93

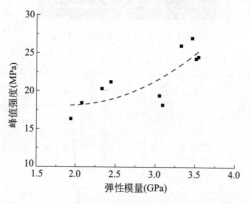

图 3.2.47　古木材试件的峰值强度与弹性模量

4. 古木材的静拉试验研究

（1）试件尺寸

本试验在 MTS858 材料疲劳试验机上进行，由于圆柱状木材受压试件直径较大，不满足设备的夹具要求，所以适当调整了试件尺寸，如图 3.2.48 所示。第一种棒状木材上下端头均嵌入并用胶粘合于底座，工字形柱状中间部分与上下底座之间为直角，无过渡部分，细部直径为 25mm，上下底座部分与设备通过胶粘在一起；工字形变截面柱状试件中间较细部分与上下底座间有过渡部分，上下底座通过胶与铁质托粘结在一起，以便于安装在试验仪器上。

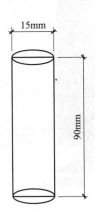

(a) 棒状试件尺寸

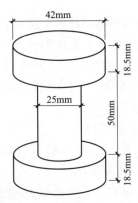

(b) 工字形柱状试件尺寸

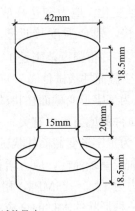

(c) 工字形变截面柱状试件尺寸

图 3.2.48　木材静拉试验试件尺寸

（2）木材的静拉试验结果及分析

1）棒状试件

图 3.2.49 为棒状试件的受拉破坏图，图示试件在接近端部处被拉坏，从断口处可以看到清晰的断裂的木质纤维，断口处粗糙，参差不齐。

  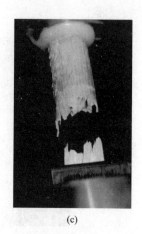

（a）　　　　　　　　　　（b）　　　　　　　　　　（c）

图 3.2.49　棒状试件的破坏图

图 3.2.50 为棒状试件的全应力-应变曲线，曲线呈应变软化型。加载初期弹性变形明显，到达峰值强度后，曲线急剧下降并趋于某一定值，即试件的残余强度。两个试件的残余强度较为接近，均接近 6MPa。

2）工字形柱状试件

图 3.2.51 为工字形柱状试件的破坏图，试件中间处发生拉裂破坏。

图 3.2.52 为工字形柱状试件的全应力-应变曲线，为应变软化型，开始加载阶段应力-应变曲线呈现弹性变化，应力到达峰值后急剧降低，且下降较快，残余强度接近于零，仅为

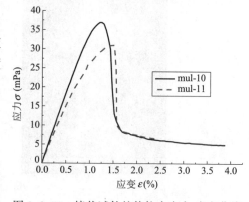

图 3.2.50　棒状试件的静拉全应力-应变曲线

0.07～0.94MPa，峰值强度范围是 13.77～17.48MPa。

3）工字形变截面柱状试件

图 3.2.53 为工字形变截面柱状试件的试验图，可以看出，在试件形状突变处容易发生破坏，这与试件的应力集中有关。

图 3.2.54 为工字形变截面柱状试件受拉时的全应力-应变关系曲线，曲线为应变软化型。加载初期曲线呈线弹性，应力增长较快，达到峰值应力时对应的峰值应变集中在 1% 左右，峰值应力为 12.5～25MPa，相差较大，残余强度为 2.5～5MPa。

对比上述三种形状的木材的全应力-应变曲线可知：①在加载初期发生明显的弹性变形，塑性变形不明显，达到最大应力值时发生破坏，为应变软化型，破坏后存在残余强度，木材发生破坏时的峰值应变均小于 1%；②试件的形状对试验结果影响较大，在本次

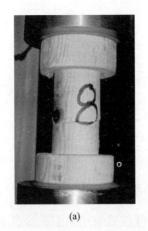

(a)　　　　　　　　　　　　　　　　(b)

图 3.2.51　工字形柱状试件破坏情况

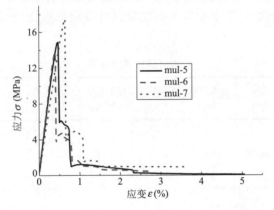

图 3.2.52　工字形柱状试件的静拉全应力-应变曲线

(a)　　　　　　　　　　　　　　　　(b)

图 3.2.53　工字形变截面柱状试件破坏情况

木材静拉试验中对比工字形柱状试件及工字形变截面柱状试件，可知形状有缓角的工字形变截面的试件受力情况较好，棒状试件的试验强度较大。

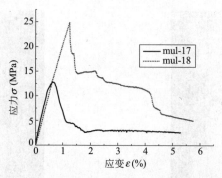

图 3.2.54　工字形变截面柱状试件的静拉全应力-应变曲线

　　将棒状、工字形柱状、工字形变截面柱状试件的静拉试验结果汇总如表 3.2.13 所示。从表中可以看出，棒状试件的峰值强度及残余强度均高于其他两种形状的试件，其残余应变比较接近；工字形柱状试件的强度较低，残余强度比的值非常小，表明试件发生完全破坏，残余应变值差异较大；工字形变截面柱状试件残余强度比均为 0.20，残余应变值较接近。

木材静拉试验数据　　　　　　　　　　　　　　　表 3.2.13

尺寸	试件编号	最大荷载 (kN)	峰值应变 (%)	峰值强度 (MPa)	残余荷载 (kN)	残余应变 (%)	残余强度 (MPa)	残余强度比
15mm / 90mm	mul-10	6.51	0.98	42.90	0.91	3.87	6.00	0.14
	mul-11	5.47	1.35	33.13	1.23	2.24	6.84	0.21
42mm / 25mm / 50mm / 18.5mm / 18.5mm	mul-5	7.55	0.44	14.89	0.03	5.05	0.07	0
	mul-6	6.49	0.40	13.77	0.19	2.82	0.41	0.03
	mul-7	8.69	0.63	17.48	0.47	3.56	0.94	0.05
42mm / 15mm / 20mm / 18.5mm / 18.5mm	mul-17	2.25	0.66	12.79	0.46	5.29	2.61	0.20
	mul-18	4.38	1.25	24.8	0.87	5.74	4.95	0.20

5. 工字形片状木材的静力试验

(1) 试件尺寸

试验在 MTS858 材料疲劳试验机上进行，结合之前的试验情况可知有倒角的试件受力较好；此外，木材纤维疲劳损伤的微观尺度的代表性尺寸为 0.1～1.0mm，结合《木材顺纹抗拉试验标准》以及 MTS 试验机试件尺寸限制，本次试验采用了工字形片状试件，其厚度为 5mm，两端为尺寸较大的长方形，便于与夹具更好地接触，中间细部宽为 15mm，长 20mm，细部与端部有 45°倾斜角，试件尺寸如图 3.2.55 所示。

(a) 试验图

25mm

30mm

10mm

15mm

30mm

10mm

30mm

(b) 尺寸详图

图 3.2.55　工字形片状试件尺寸

(2) 工字形片状木材静力拉压试验结果

试件在静力拉压条件下，在较细部分出现较为明显的裂纹，部分试件未发生明显的破坏。试件破坏情况如图 3.2.56 所示。

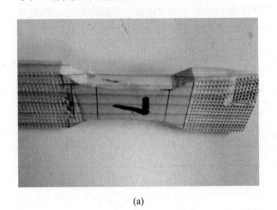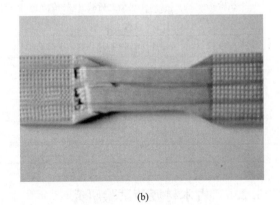

(a)　　　　　　　　　　　　　　　　　(b)

图 3.2.56　工字形片状木材试件破坏情况

将工字形片状木材静力拉压下的应力-应变曲线绘制如图 3.2.57 及图 3.2.58 所示，从图中可以看出不同试件在静拉或静压时的应力-应变曲线变化基本相同，属于应变软化型。

工字形片状木材在静拉时，加载初期弹性变形明显，之后应力变化较小，随着进一步

加载，试件发生了明显的破坏，破坏时的峰值应力明显增大，静拉的最大应变可以达到
10％以上。

工字形片状木材进行静压试验时，发生弹塑性变形，加载初期应力增长较快，后应力
增长变缓，到达峰值后，应力逐渐降低，达到峰值时的应变集中在1％左右，静压峰值约
为70MPa，到达峰值强度后，试件未完全失去承载能力，存在残余强度和残余应变。

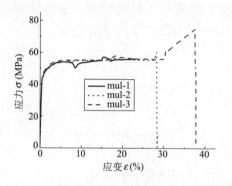 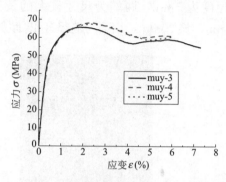

图3.2.57 工字形片状木材的静拉应力-应变曲线　　图3.2.58 工字形片状木材静压应力-应变曲线

将工字形片状木材进行静力拉压下的试验数据整理汇总如表3.2.14所示，从表中可
以看出，对工字形片状木材试件进行静拉试验时，其能承受的最大荷载及峰值强度的值较
为接近，残余强度、残余强度比以及残余应变的值相差较大；在进行静压试验时，不同试
件的最大荷载、残余荷载、残余强度、峰值强度及残余应变均比较接近，残余强度比均大
于0.80。根据试验结果可知，对工字形片状木材进行静力试验时，不同试件的静压试验
结果较为接近，静拉试验结果较为离散。根据静拉试验结果确定，工字形片状木材的峰值
荷载值为5kN，峰值强度值为6.67MPa。

工字形片状木材静力拉压结果　　　　　　　　表3.2.14

试验类型	试样编号	最大荷载（kN）	峰值应变（%）	峰值强度（MPa）	残余荷载（kN）	残余应变（%）	残余强度（MPa）	残余强度比
静拉	mul-1	4.04	15.57	55.89	4.19	23.19	53.89	0.96
	mul-2	4.13	28.14	55.00	0.59	29.02	7.85	0.14
	mul-3	3.83	37.50	51.09	0.12	37.86	1.60	0.03
静压	muy-3	4.93	2.00	65.71	4.10	7.28	54.78	0.83
	muy-4	4.59	2.24	61.19	4.56	6.08	60.8	0.99
	muy-5	4.95	2.32	65.98	4.54	6.01	60.5	0.92

3.2.6　古木材疲劳试验研究

1. 试验概述

本试验将进行古建筑材料（木材）在压-压循环下的疲劳试验，研究木材试件在应力
比为0.2、6级上限应力比（0.9、0.85、0.8、0.75、0.7、0.65）及10Hz频率的疲劳性
能。为了研究加载频率对材料疲劳损伤的影响，选取木材试件进行不同加载频率（5Hz、
7.5Hz、10Hz、12.5Hz、15Hz）影响的试验研究。表3.2.15为本次试验的试验方案。

疲劳试验方案　　　　　　　　　　　　　　　　　　　表 3.2.15

木材试件		应力比	上限应力比	荷载频率（Hz）
圆柱状木材	（直径 45mm，高 90mm）	0.2	0.70、0.75、0.775、0.80、0.85、0.90、0.95	10
工字形片状木材	（25mm、15mm、30mm、10mm、30mm、10mm、30mm、10mm）		0.60、0.65、0.70、0.75、0.80、0.85、0.90、0.95	10
			0.95	5、7.5、10、12.5、15

2. 圆柱状木材的疲劳试验结果

根据静压试验结果，确定圆柱状木材的静压峰值强度为 36kN，峰值应力为 22.6MPa。在此基础上，进行加载频率为 10Hz、不同上限应力比（0.70、0.75、0.775、0.80、0.85、0.90、0.95）的压-压疲劳试验研究，如图 3.2.59 所示。将试验结果汇总于表 3.2.16。

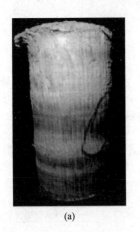
(a)

(b)

(c)

图 3.2.59　圆柱状试件疲劳试验图

圆柱状木材的疲劳试验结果　　　　　　　　　　　　　表 3.2.16

试件编号	频率（Hz）	循环次数（次）	循环次数（万次）	上限应力比	峰值（kN）	应力值（kN）	最大变形（mm）	密度（g/cm³）
muf-1	10	700000	70	0.8	36	28.8	0.699	0.46
muf-2	10	1715	0.1715	0.9	36	32.4	9.377	0.44
muf-3	10	233	0.0233	0.8	36	28.8	3.578	0.38
muf-4	10	700000	70	0.8	36	28.8	0.793	0.45
muf-5	10	2399	0.2399	0.85	36	30.6	3.48	0.49

续表

试件编号	频率（Hz）	循环次数(次)	循环次数(万次)	上限应力比	峰值(kN)	应力值(kN)	最大变形(mm)	密度(g/cm³)
muf-6	10	40	0.004	0.85	36	30.6	3.441	0.38
muf-7	10	17	0.0017	0.85	36	30.6	4.46	0.40
muf-8	10	1166	0.1166	0.8	36	28.8	3.522	0.39
muf-9	10	700000	70	0.7	36	25.2	0.826	0.36
muf-10	10	8921	0.8921	0.75	36	27	3.605	0.38
muf-11	10	837406	83.7406	0.775	36	27.9	0.641	0.40
muf-12	10	720000	72	0.8	36	28.8	0.682	0.35
muf-13	10	720000	72	0.9	36	32.4	0.704	0.43
muf-14	10	720000	72	0.9	36	32.4	0.86	0.46
muf-15	10	700000	70	0.95	36	34.2	0.999	0.45

圆柱状木材取样时，未按照同一木柱进行取样，此外由于不同试件之前的受力以及变形情况有较大差异，圆柱状木材的压-压疲劳试验结果较为离散。通过整理可以得到如图 3.2.60 所示的 $S\text{-}N$ 曲线。可以看出当上限应力比为 0.65 时，$S\text{-}N$ 曲线趋于水平，表明当最大动荷载与峰值荷载的比值小于 0.65 时，试件不会发生破坏。

将 $S\text{-}N$ 曲线进行指数函数模型及幂函数模型拟合，可以得到相关表达式，结果如图 3.2.61 及图 3.2.62 所示，从图中可以看出，$S\text{-}N$ 曲线在这两种模型中是直线，当上限应力比较小时，试件达到某一应变所需的循环次数较大。

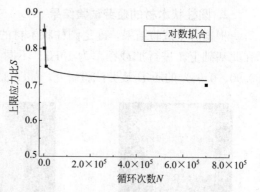

图 3.2.60　圆柱状木材的 $S\text{-}N$ 曲线

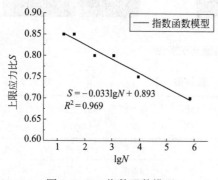

$S = -0.033\lg N + 0.893$
$R^2 = 0.969$

图 3.2.61　指数函数模型

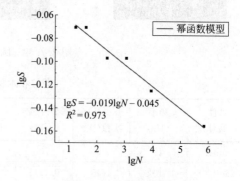

$\lg S = -0.019\lg N - 0.045$
$R^2 = 0.973$

图 3.2.62　幂函数模型

3. 工字形片状木材的压-压疲劳试验

根据静压试验结果，确定工字形片状木材的静压峰值强度为 5kN，峰值应力为

6.67MPa。在此基础上，针对工字形片状木材试件，进行了应力比为 0.2、加载频率为 10Hz 的不同上限应力比（0.60、0.65、0.70、0.75、0.80、0.85、0.90、0.95）以及上限应力比为 0.95、不同加载频率（5Hz、7.5Hz、10Hz、12.5Hz、15Hz）的压-压疲劳试验研究，如图 3.2.63 所示。

(a)　　　　　　　　　　　　　　　　　　　(b)

图 3.2.63　木材压-压疲劳试验过程

（1）破坏情况

试验加载完成后，试件中间部分出现明显的鼓胀（图 3.2.64），应力比较大的试件鼓胀现象更加明显，应力比较小的试件变形较小且较为缓慢。

(a)　　　　　　　　　　　　(b)　　　　　　　　　　　　(c)

图 3.2.64　试件破坏情况

（2）应力-应变关系

1）不同上限应力比的应力-应变关系

以 nmuf-14 试件为例，如图 3.2.65 所示。进行上限应力比为 0.95（上限应力为 63.33MPa，下限应力为 12.67MPa）、应力比为 0.2、荷载频率为 15Hz 的压-压循环疲劳试验，试验过程中，试件变形发展较快，最终在应变达到 1.52%、循环次数为 395294 时发生明显破坏（图 3.2.66），破坏发生于下端缓角处，破坏口参差不齐，有分层现象，破坏处附近未发现破坏纹路。

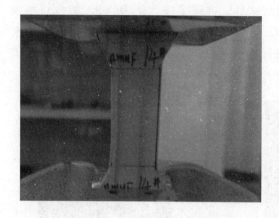

图 3.2.65　nmuf-14 试件破坏前

图 3.2.66　nmuf-14 试件破坏后

图 3.2.67 为 nmuf-14 从加载初期到基本趋于稳定状态的应力-应变滞回曲线。可以看出，在加载初期，轴向应变增长较快，应力逐渐增大，之后随着荷载不断循环，应力基本趋于稳定，应变仍进一步增大；从整体来看，滞回曲线倾向横坐标轴，呈现出了由疏到密的变化。

图 3.2.68 为不同时刻选取的相同循环次数的滞回曲线，从图中可以看出，在加载初期，应力及应变发展均很快，随着循环次数的增加，不同滞回圈间的间距减小，表明应变发展速度变缓；对

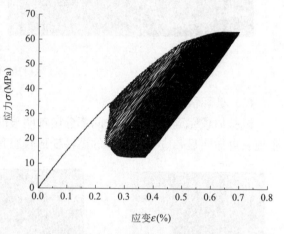

图 3.2.67　应力-应变滞回曲线

于相同的循环次数，加载初期的滞回圈面积较大，表明此时能量消耗较大，之后，滞回圈面积逐渐减小，此时试件变形趋于稳定状态。

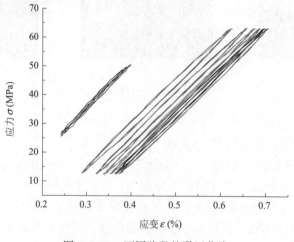

图 3.2.68　不同阶段的滞回曲线

为研究整个循环过程的应力-应变情况，将 nmuf-14 的试验数据进行整理得到如图 3.2.69 所示的峰值应力-应变曲线。从图中可以看出，木材试件在上限应力比为 0.95 时的应变范围集中在 0.45%～1.5% 之间，应力集中在 10～65MPa 之间，其中最大应力与工字形片状木材的静压试验中的应力上限较为接近；在循环荷载作用下，应力-应变曲线呈现了由疏到密再到疏的变化，这是由于加载初期，木材试件经历了先压密的过程，应变变化较快，故曲线较疏，后期试件被压密，应变变化较为缓慢，故曲线很密，最后阶段，试件接近破坏，应变变化明显。

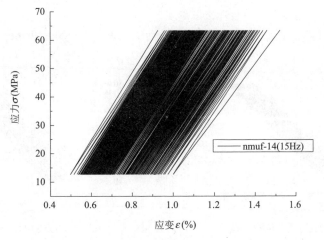

图 3.2.69　nmuf-14 应力-应变关系

图 3.2.70 为荷载频率为 10Hz 时的不同上限应力比的应力-应变关系。从中可以看出：由于以上工字形片状木材试件在压-压循环荷载下均未发生明显破坏，其应力-应变关系曲线均呈现了先疏后密的变化，这是由于加载初期木材处于逐渐被压密阶段，应变变化较快，压密后木材在循环荷载作用下应变变化相对较慢；随着上限应力比不断减小，其上下限应力范围逐渐变小。

将试验结果汇总见表 3.2.17，从表中可以发现，其中下限应力变化较小，随着上限应力比的减小，试件的下限应力变化集中在 10～8MPa，上限应力变化范围集中在 65～40MPa，这主要是由所施加的荷载的大小决定的；应力水平不断减小时，试件的上下限应变变化范围的值逐渐减小，只有上限应力比较大时，试件的最大上限应变才达到 1%（图 3.2.71）；上限应力比较小时，试件的应力-应变曲线变化过程中的由疏到密的变化不明显，这是由于施加荷载较小而使试件应变变化较为缓慢。

不同上限应力比试验结果汇总　　　　　　　　　　　　　　　　　　　表 3.2.17

试件编号	上限应力比	上限荷载(kN)	下限荷载(kN)	应力范围	应变范围 ε(%)
nmuf-16	0.95	4.75	0.95	10～65	0.4～1.1
nmuf-4	0.90	4.5	0.90	10～60	0.4～1.0
nmuf-5	0.85	4.25	0.85	10～55	0.4～0.9
nmuf-6	0.80	4.00	0.80	10～53	0.3～0.8
nmuf-7	0.75	3.75	0.75	10～50	0.25～0.7
nmuf-8	0.70	3.50	0.70	9～46	0.15～0.55
nmuf-9	0.65	3.25	0.65	8～43	0.15～0.5
nmuf-10	0.60	3.00	0.60	8～40	0.1～0.4

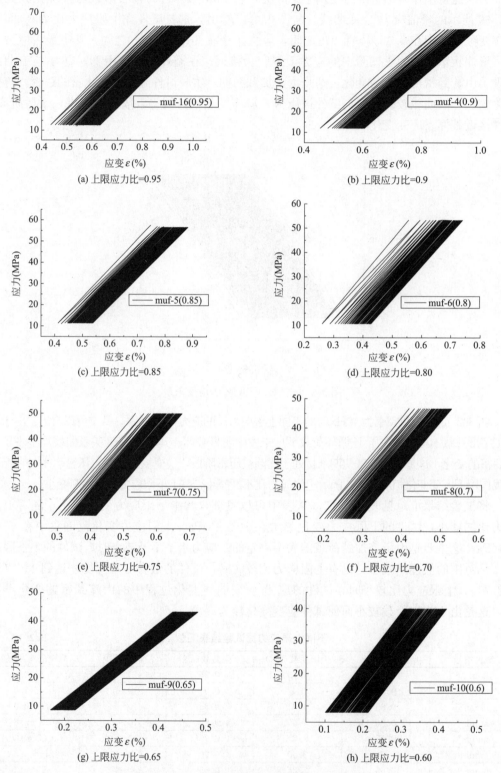

图 3.2.70　不同上限应力比的应力-应变关系

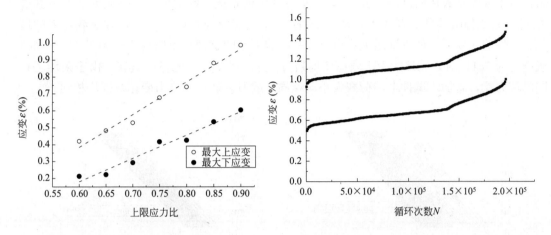

图 3.2.71　应变与上限应力比的关系　　　　图 3.2.72　某试件的应变与循环次数

2）轴向应变与循环次数的关系

图 3.2.72 为某试件的轴向应变与循环次数的关系。曲线有以下特征：随着循环次数的增大，均有相应的疲劳变形增量；图中曲线的斜率反映了试件疲劳应变的变化速率，斜率在疲劳加载的初期阶段以及试件接近破坏阶段时较大，表明这段时间内疲劳应变发展较快，在疲劳加载的中间阶段，曲线斜率较小，变形随着加载循环次数呈现了线性变化。变形曲线可明显地分为三个阶段。材料疲劳变形及损伤发展规律相似，疲劳发展分为：损伤的发生、损伤的稳定扩展以及损伤的失稳破坏。本试验结果验证了这一结论。

在采用混合参数模型时，在第一阶段采用幂函数拟合，第二阶段采用线性拟合，第三阶段采用指数函数拟合。将本次试验中某试件的上限应变、下限应变分别做混合非线性拟合可以得到如图 3.2.73 及图 3.2.74 所示的结果。采用混合非线性拟合的优点是拟合结果很精确，缺点是形式比较复杂，适用于科学研究，工程运用难度较大。

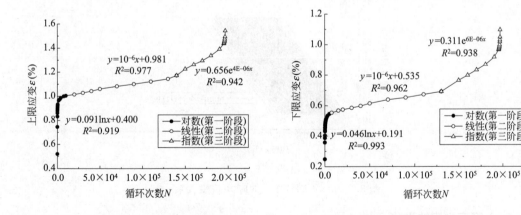

图 3.2.73　上限应变与循环次数拟合结果　　　图 3.2.74　下限应变与循环次数拟合结果

3）不同频率下的应力-应变关系

针对相同上限应力比（0.95），进行了不同荷载频率对于工字形片状木材压-压应力循环作用下的应力-应变关系影响的研究。将试验结果整理绘制于图 3.2.75。从图中可以看出：对于未发生破坏的试件，其应力-应变关系呈现先疏后密的变化，低频率情况下其应力-应变曲线稀疏部分范围较大，从5Hz的应力-应变曲线可以看出：随着荷载频率的增大，试件的应变范围值逐渐增大；只有较高荷载频率的试件的上限应变达到了1‰，当荷载频率为15Hz时，试件的上下限应变均超过1‰，并发生了明显的破坏；由于采用了相同的应力比，施加于试件上的荷载大小均相同，故所有试件的应力变化范围均相同。

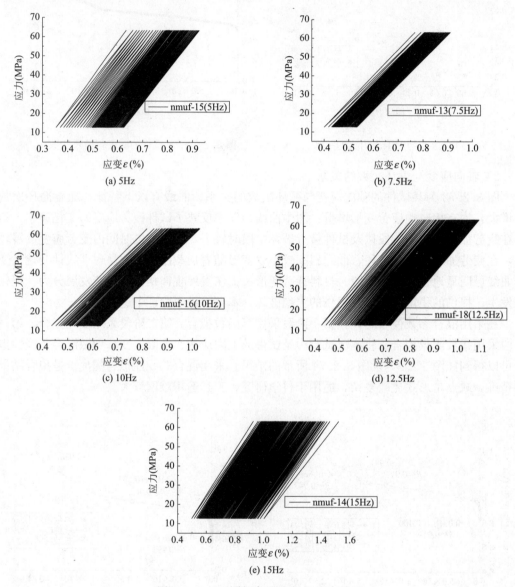

图 3.2.75　不同频率下的应力-应变关系

4. 上限应力比的影响

将频率为10Hz、不同上限应力比的试件的试验数据汇总，可得出不同上限应力比在达到某应变时所需的循环次数，见表3.2.18，表中的应变取自不同上限应力比的试件的最大循环次数所对应的应变。

不同上限应力比下的循环次数（次）　　　　表 3.2.18

试件编号	上限应力比	应变							
		0.42%	0.45%	0.48%	0.53%	0.60%	0.68%	0.74%	0.88%
nmuf-4	0.9	1	1	1	7	20	38	87	2240
nmuf-5	0.85	7	9	3	20	40	84	350	35512
nmuf-6	0.8	11	18	32	132	1384	10107	97388	
nmuf-7	0.75	23	41	78	316	5189	36307		
nmuf-8	0.7	113	2874	9603	28328				
nmuf-9	0.65	429	83383	133648					
nmuf-10	0.6	25935							

　　将不同应变下的上限应力比与循环次数绘制于图 3.2.76，采用对数趋势线。从图中可以看出，对于相同应变值，上限应力比越小，所需的循环次数越大，这种变化在较低的应变中更加明显；对于同一上限应力比，曲线变化开始时明显下降，后逐渐平缓，趋于水平直线，这表明在更低的上限应力比下，试件达到次应变的循环次数趋于无穷大，也就是试件不会发生破坏；应变较小时，不同上限应力比的循环次数之间的差较小，较小上限应力比的循环次数远远大于较大的上限应力比；应变越大，曲线越快地趋于平缓，这表明，对于较大的应变，即使是较大的上限应力比所需的循环次数也很大，试件不易达到规定应变，即试件不破坏，如图 3.2.76 中当应变为 0.85%、上限应力比为 0.8 时，趋势线基本趋于水平，这表明对于低于 0.8 的上限应力比，试件所需的循环次数趋于无穷大，此时试件不破坏。

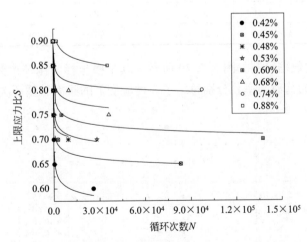

图 3.2.76　不同应变下的上限应力比与循环次数的关系

　　将木材试件在循环荷载作用下应变达到 0.53% 时的上限应力比与循环次数的关系分别用指数函数模型及幂函数模型进行拟合，得到图 3.2.77 及图 3.2.78 所示的结果。

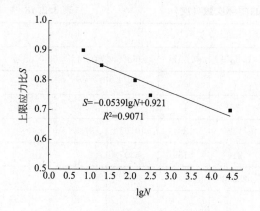

图 3.2.77　0.53％应变时 S-N 指数函数模型　　　　图 3.2.78　0.53％应变时 S-N 幂函数模型

5. 荷载频率的影响

将上限应力比为 0.95、不同荷载频率（5Hz、7.5Hz、10Hz、12.5Hz、15Hz）的试验数据整理汇总于表 3.2.19。表中记录了不同试件在达到不同的轴向应变时分别对应的循环次数，从表中可以看出，加载频率较小时，试件达到相同应变所需的循环次数较少。

不同频率下循环次数（次）　　　　　　　　　　表 3.2.19

试件编号	上限应力比	频率(Hz)	应变(%)					
			0.60%	0.70%	0.80%	0.89%	0.91%	1%
nmuf-15	0.95	5	8	15	50	361	733	4830
nmuf-13	0.95	7.5	11	42	139	3589		
nmuf-16	0.95	10	17	43	251	6097	11137	37028
nmuf-18	0.95	12.5	24	60	885	9275	11948	61769
nmuf-14	0.95	15	29	94	1086	13097	14872	67098

将表 3.2.19 的数据绘制如图 3.2.79 所示，其中横坐标为循环次数，采用 10 为底的对数坐标，纵坐标为荷载频率，分别总结了 5 种应变下的频率与循环次数的关系。从图中

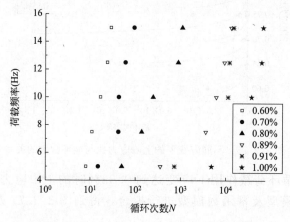

图 3.2.79　不同应变下频率与循环次数的关系

可以看出，频率对片状木材试件有较大的影响，对于相同的应变，荷载频率越大，所需的循环次数越多；对于较小的应变，不同荷载频率所对应的循环次数之间的差值较小，随着应变的增大，不同频率间循环次数的差值逐渐增大。

将数据结果进一步整理如图 3.2.80 所示，横坐标为循环次数，采用对数坐标，纵坐标为应变，研究了不同荷载频率下的应变与循环次数的关系。从图中可以看出：对于相同的频率，随着循环次数的增大，片状木材试件的应变的趋势是逐渐增大；应变较小时，不同荷载频率所需的循环次数较为接近，相差较小，而较大应变时，荷载频率对应的循环次数的点较为离散。

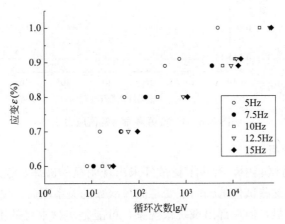

图 3.2.80　不同频率下应变与循环次数的关系

6. 应力幅值的影响

应力幅值对于材料的疲劳寿命会有明显的影响，表 3.2.20 为应变达到 0.60% 时，不同幅值应力比所对应的疲劳寿命。从表中可以看到，随着幅值应力的减小，片状木材试件的疲劳寿命逐渐增大。振幅较小时，裂纹闭合和张开较小，损伤量比较小，这种情况下，材料的能量消耗就少，所以达到一定应变所需的循环次数较大，而在振幅较大的情况下，由于耗能较大，试件会较快达到破坏。

幅值应力比与疲劳寿命　　　　　　　　　　　　　　　表 3.2.20

试件编号	nmuf-16	nmuf-4	nmuf-5	nmuf-6	nmuf-7	nmuf-8
上限应力比	0.95	0.9	0.85	0.8	0.75	0.7
下限应力比	0.19	0.18	0.17	0.16	0.15	0.14
平均应力比	0.57	0.54	0.51	0.48	0.45	0.42
幅值应力比	0.76	0.72	0.68	0.64	0.6	0.56
疲劳寿命 N	17	20	40	1384	5189	137348

将表 3.2.20 数据绘制成幅值应力比与疲劳寿命的关系图，如图 3.2.81 所示，横坐标为木材的疲劳寿命；纵坐标为幅值应力比。从图中可以看出，对于片状木材，幅值应力比为 0.56 时，木材试件应变达到 0.60% 所需的循环次数最大，幅值应力比最大时，对应的循环次数最小，仅为 17 次，即随着其幅值应力比的增大，试件达到相同应变所需的循环次数会减小；幅值应力比为 0.76 及 0.72 时，木材试件应变达到 0.60% 时的循环次数差

仅为 3 次，应力比为 0.72 与 0.68 的循环次数差为 20 次，应力比为 0.6 与 0.56 的循环次数差为 13 万次，可见，随着幅值应力比的等量增大，木材试件间的循环次数差距不断减小。

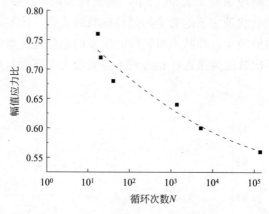

图 3.2.81　疲劳寿命与幅值应力比

7. 未破坏试件分析

在此次压-压疲劳试验中，有些木材试件未出现明显的破坏，最终因为应变不再变化而停止试验。整理出这些试件的轴向应变与循环次数的关系图后，发现少量试件的应变随循环次数的变化不明显，但局部出现跳跃现象，可能是木材本身的不均匀有结节造成的。但大部分未破坏的试件其轴向应变与循环次数关系曲线具有图 3.2.82 所示的典型特征。

图 3.2.82 为典型的未破坏试件的关系曲线，可见随着循环次数的增大，应变先增大后减小，最后趋于稳定。变形曲线也可以分为明显的三个阶段：变形初期曲线斜率较大，应变增长较快，当循环次数达到 30000 次左右时应变达到最大值；之后随着循环次数的继续增加，试件的轴向应变开始缓慢减小，直到循环次数达到 100000 次左右时达到稳定；最后一个阶段随着循环次数不断增加，应变不再变化，出现这种现象的原因值得今后探讨。

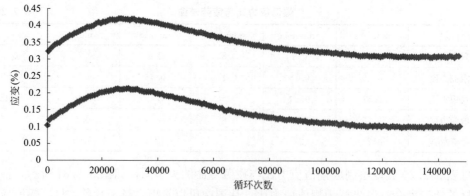

图 3.2.82　未破坏试件的应变与循环次数关系

为了进一步探讨可能存在的规律，将相同上限应力比、不同频率的试件的应变与循环次数关系图画在同一个坐标系中，如图 3.2.83 所示；将不同上限应力比、相同频率的试件的应变与循环次数关系图画在同一个坐标系中，如图 3.2.84 所示。

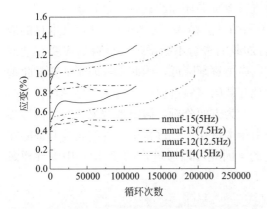
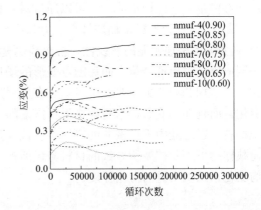

图 3.2.83　不同频率试件应变与循环次数关系　　图 3.2.84　不同上限应力比试件应变与循环次数关系

8. 初始损伤对木材疲劳性能的作用分析

（1）损伤变量的引入

木结构作为古建筑的主要结构形式，在长期的使用过程中，随着时间推移和各种复杂荷载作用，材料逐渐风化腐蚀以及内部结构的劣化，从而导致其力学性能的降低。对木材进行力学性质测定和分析研究时，考虑到试验时尺寸的限制和要求，只能从木材内取出尺寸相对较小的试样来进行，由此所取得的试样尺寸较小，不能全面反映出木材的实际缺陷，所测得的力学强度必然偏高，若直接采用试验结果指导实际工程的设计、施工和维护，必然使工程存在潜在的安全风险。为克服这种试验缺陷，必须使试验所用试样能尽可能地反映木材劣化所导致的力学性能的降低，以便所测得的试验结果可以考虑初始缺陷的存在对木材力学性质的影响。而为实现这一要求，可以采用的方法有多种，为方便起见，这里结合损伤力学理论进行分析处理。

根据损伤力学理论可知，材料劣化的主要机制是由于微缺陷导致的有效承载面积减小，因此损伤变量表示为：

$$D = 1 - \frac{A}{A_0} \tag{3.2.12}$$

式中：D 为损伤变量；A 为损伤后的有效承载面积；A_0 为无损时材料的承载面积。

为便于损伤理论的应用，所定义的损伤变量必须便于测定，损伤变量的确定方法有多种，可以通过波速、密度、模量等进行，式（3.2.12）所示的损伤变量是依据有效承载面积进行定义的，但有效承载面积的减少不易于确定。考虑这一点，为易于测定损伤变量的大小，采用材料模量定义损伤变量，损伤变量表示为：

$$D = 1 - \frac{E}{E_0} \tag{3.2.13}$$

式中：E 为损伤材料有效弹性模量；E_0 为无损材料弹性模量。通过对木材进行单轴拉伸或压缩试验可以确定材料的模量，然后采用式（3.2.13）可确定木材的损伤模量，即可研究分析初始损伤的存在对材料力学性能的影响。

（2）损伤变量的测定

　　根据式(3.2.13)可确定损伤变量，根据该式可知，要确定损伤变量的大小，首先确定弹性模量。弹性模量的大小可以通过对木材进行单轴循环加卸载试验来确定。

　　图3.2.85为木材单轴加卸载应力和应变关系的试验结果，从图中可以看出木材的应力-应变关系呈现明显的非线性，首先应力随着加载的进行不断增加，材料的应变在达到一定值时应力出现峰值，而后随着变形的增加，应力逐渐降低，因此木材属于应变软化型材料。从加卸载的关系曲线中可知，在木材加载卸载的试验过程中，材料弹性模量在不断变化，而且在卸载时，木材存在不可恢复的变形。为方便分析，假定木材为非线性弹性损伤材料，在应变中不可恢复的变形可以认为是由于木材在加载过程中，内部裂纹和缺陷在荷载作用下不断扩展所导致的材料劣化所产生的。因此可以通过式(3.2.13)中弹性模量的变化来反映木材的劣化程度。

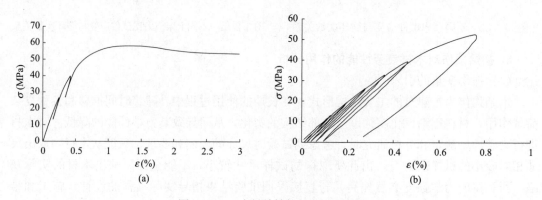

图3.2.85　木材单轴加卸载压缩试验

　　图3.2.86为根据木材的单轴加卸载试验所确定的弹性模量变化图，从图中可以看出，随着木材变形的发展，其弹性模量在不断减小，由此可知，木材在荷载作用下所呈现的非线性是由于材料在加载过程中不断出现损伤演化所产生的，木材变形越大，弹性模量减小得越大，其内部的缺陷也就越大，由此导致了木材的有效承载面积不断减小，木材内部有效应力不断增加，最终使得木材内部应力超过强度极限而发生破坏。

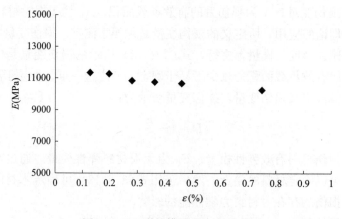

图3.2.86　弹性模量和应变关系图

图 3.2.87 为根据式(3.2.13)及图 3.2.86 中的结果所整理的损伤变量与应变关系图，从图中可以看出损伤变量随应变的增大而不断增大，这意味着在加载过程中，木材原有缺陷不断扩展和新的裂纹不断出现，直至破坏。从图 3.2.87 中可以看出，损伤变量和应变呈对数关系：

$$D = a \ln \varepsilon + b \qquad (3.2.14)$$

式中：a、b 为试验常数。通过式(3.2.14)不仅可以确定在加载过程中木材的损伤程度，而且还可以进一步建立木材的非线性弹性损伤本构关系。

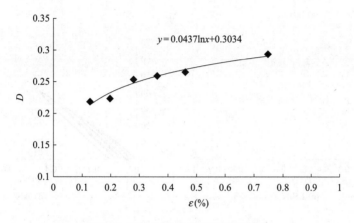

图 3.2.87　损伤变量与应变关系图

（3）初始损伤对疲劳特性的影响

根据前面分析可知，通过加卸载可以实现材料的初始损伤。为考察初始损伤对木材疲劳性能的影响，试验分为两个主要步骤进行，首先根据初始损伤的要求，对木材在静力作用下进行一定的压缩试验，使木材达到一定的损伤程度后卸载；然后对该木材进行疲劳荷载试验。因此，该试验过程包括静力试验和疲劳试验两部分，为便于确定分析的试样初始损伤，在静力试验阶段，和前面所述相同，对木材采用的是加卸载试验，通过应力式控制实现，应力控制等级的大小通过木材的全应力-应变曲线确定；在疲劳试验阶段，是在上述静力试验的基础上对同一个试样进行疲劳试验，所用荷载采用正弦波加载，荷载最大值为 4.5kN，最小值为 0.9kN，荷载频率为 10Hz。整个试验所用试验机仍为 MTS858 多功能试验机。根据试验目的，对完整木材进行 5 种不同的初始损伤进行疲劳分析。值得一提的是本项目在考虑损伤对木材疲劳性能的影响分析中，只分析一级荷载作用下的影响，没有给出损伤作用下的疲劳全寿命分析。

考虑到木材的各向异性，在对木材制造初始损伤时，为方便确定损伤变量的大小，对每一个木材都进行加卸载静力试验，结果如图 3.2.88 所示。从图中可看出，木材由于试样的不同，其初始的弹性模量并不相同，因此木材试样之间存在着差异，从而也可以解释在对完整试样进行疲劳试验时结果离散性的原因。表 3.2.21 为在不同等级荷载下卸载后的弹性模量。从表中同样可以看出，卸载后的弹性模量并非随加载等级的大小规律变化，这也进一步反映了试验所用试件之间存在着差异。

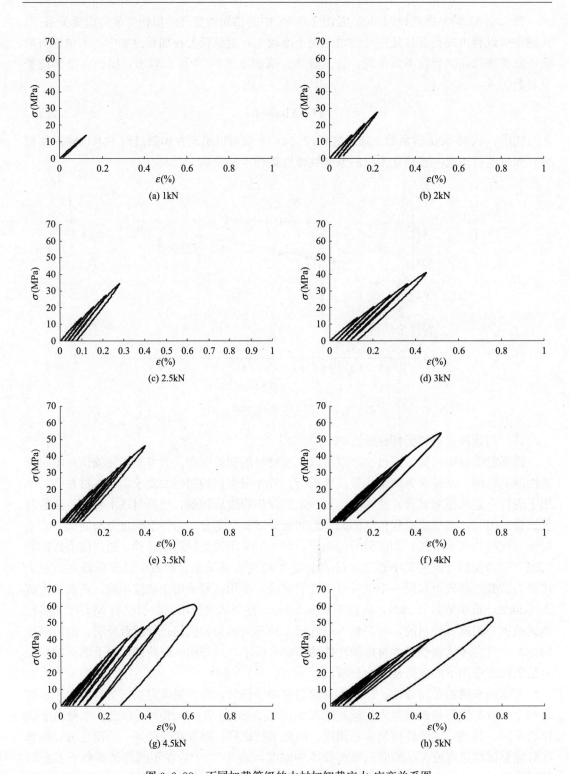

图 3.2.88　不同加载等级的木材加卸载应力-应变关系图

荷载(kN)	1	2	2.5	3	3.5	4	4.5	5
弹性模量(MPa)	12056	15958	16883	12672	15115	13419	16918	10242

不同试样在各荷载等级下弹性模量　　　　　　　　表 3.2.21

由于试样之间存在差异,若在本试验中直接采用前面所定义的损伤变量则不能直接反映损伤程度对疲劳特性的影响。从表 3.2.21 中可知,材料在静荷载试验后弹性模量不同,这代表着材料的强度不同,从另一方面也反映了材料初始的状态,因此,采用静荷载试验后的试样进行疲劳试验可以分析木材的初始状态对其疲劳性能的影响。

由于在试验过程中,虽然对材料人为制造了初始损伤,但木材依然有很大的疲劳寿命,因此取木材应变为 0.8% 所对应的疲劳寿命进行比较分析。图 3.2.89 为弹性模量与木材疲劳寿命关系图。从图中可以看出,木材的疲劳寿命总体变化趋势随其弹性模量的增加而增加,但试验仍然存在较大的离散性,究其原因主要是由于木材内部纤维、结构及缺陷等不同所导致的。

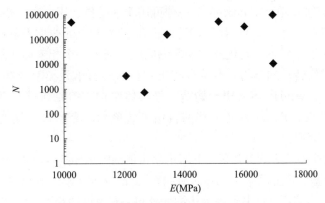

图 3.2.89　弹性模量和木材疲劳寿命关系图

3.3　数值模型计算分析

3.3.1　工业振动条件下西安古建筑动力响应特性研究

常见的工业振动主要包括列车运行中的冲击振动、机器振动、建筑施工机械振动、打桩引起的振动及道路交通振动等。随着我国工业、交通运输和建筑施工等的不断发展,工业振动逐渐成为城市环境公害的重要部分。由于西安古城墙等古建筑本身的建筑材料与现代建筑材料有极大区别,而且经由世世代代的风雨冲蚀及大大小小地层运动的冲击,古城墙建筑材料的力学性质可能已大不如从前,其受工业振动的影响可能更大,在长期交通振动荷载作用下更是容易发生疲劳损伤破坏。本节主要研究西安古建筑在工业振动条件下结构的动力响应,确定出古建筑结构的最危险关键点及其应力历程,将其作为振动源施加到后续的疲劳损伤本构模型数值计算程序中,通过疲劳损伤的计算,从而判断在某一地面振动速度下最危险关键点是否会发生疲劳破坏以及古建筑结构发生疲劳破坏所对应的临界地面振动速度。

本次分析以 ANSYS 有限元软件为计算平台，ANSYS 软件中的瞬态分析模块能够实现随机振动荷载的施加与计算，ANSYS 软件强大的后处理功能也能够实现节点动力响应和应力历程的提取。建立台基和钟楼的三维数值仿真模型，选取一些典型的随机工业振动速度作为激励源，研究台基砌体结构及钟楼木结构的动力响应以及相关节点的应力时程。从提取的结果中，确定在某一工业振动激励作用下台基砖石、砖石-糯米浆砂浆-砖石夹层、钟楼木结构各自的最危险节点，继而对这些最危险节点进行疲劳损伤分析，从而确定出使该最危险节点发生疲劳损伤破坏的工业振动临界参数（如地面振动速度等）。

1. 数值仿真模型与分析工况

（1）模型的建立

本文计算模型结合西安钟楼实际情况，采用 ANSYS 有限元软件建立三维数值仿真模型进行计算。模型采用包括台基、钟楼木结构在内的三维实体模型。模型中包括台基夯实土、台基外包砖石、台基通道周围砖石以及钟楼木结构。钟楼木结构采用 ANSYS 有限元软件中的 Beam4 三维梁单元，Beam4 是一种可用于承受拉、压、弯、扭的单轴受力单元。这种单元在每个节点上有六个自由度：X、Y、Z 三个方向的线位移和绕 X、Y、Z 三个轴的角位移。可用于计算应力硬化及大变形的问题。通过一个相容切线刚度矩阵的选项来考虑大变形（有限旋转）的分析。台基夯实土和台基砖石单元类型全部采用 solid45 三维实体单元进行模拟，solid45 单元用于构造三维实体结构。单元通过 8 个节点来定义，每个节点有 3 个沿着 X、Y、Z 方向平移的自由度。单元具有塑性、蠕变、膨胀、应力强化、大变形和大应变能力。

为取得较优的模型网格划分效果，并考虑尽可能消除边界条件带来的影响，确定本次三维数值仿真模型台基夯实土尺寸为 34m（X 向）×34m（Z 向）×8.6m（Y 向），台基表面外包一层 1m×1m×1m 古砖石，台基通道周边同样外包一层厚度约为 1m 的古砖石。钟楼木结构取为两层，木结构柱的横截面直径 $D=0.8$m，梁的横截面尺寸为 0.3m（宽）×0.7m（高），台基-钟楼的外观尺寸如图 3.3.1 所示，模型有限元网格划分如图 3.3.2 所示。模型总计 12444 个单元，13517 个节点。模型在 $Y=0$ 面上约束其所有方向位移，其余面上采用自由边界。钟楼柱底端节点通过 ANSYS 中的约束方程，实现其与台基的连接。

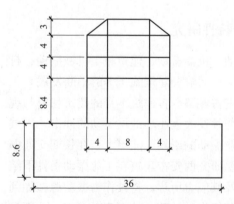

图 3.3.1 台基-钟楼尺寸（单位：m）

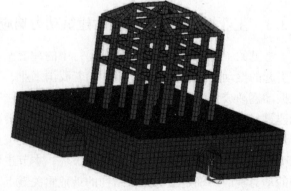

图 3.3.2 台基-钟楼有限元网格划分

相关研究表明，天然土体的受力性状根据其动应变 ε 的大小可以分为三类：当 $\varepsilon >$ 10^{-2} 时，土体处于完全塑性状态；当 $10^{-4} < \varepsilon < 10^{-2}$ 时，土体处于弹塑性状态；当 $\varepsilon < 10^{-4}$ 时，土体处于弹性状态。轨道交通振动引起台基土体动应变一般为 $10^{-4} \sim 10^{-5}$ 或者更小，土体的受力性状处于弹性阶段。在进行本次分析时做如下假设：

1）所有材料假设为匀质的弹性体；

2）在计算模型的初始地应力时只考虑材料的自重应力，忽略材料的构造应力；

3）模型中所选用的地层参数，参照工程地勘报告中所给出的各材料参数。各种材料的基本力学参数如表 3.3.1 所示。

模型力学参数 表 3.3.1

材料类别	厚度(m)	动弹性模量(MPa)	泊松比	密度(kg/m³)
台基夯实土	8.6	600	0.35	2000
台基砖石	10.5	3100	0.29	1900
古钟楼	—	8150	0.10	2450
钟楼屋顶	—	8150	0.10	2450

（2）阻尼参数的确定

波在介质中传播时，波动能量会随着传播耗散，振动振幅会逐渐变小，这源于两种阻尼效应，即几何阻尼和材料阻尼。土体阻尼机理非常复杂，其大小跟很多因素有关，包括土体介质的黏性、内摩擦耗能以及地基土的能量消散等。在 ANSYS 的瞬态动力学分析中，可以指定三种阻尼：Alpha 阻尼、Beta 阻尼和与材料相关的阻尼。

在结构动力分析中，结构阻尼通常采用瑞利阻尼形式，即总阻尼等于质量阻尼和刚度线性阻尼之和：

$$[C] = \alpha[M] + \beta[K] \tag{3.3.1}$$

式中：α 和 β 为瑞利（Rayleigh）阻尼常数，α 为 Alpha 阻尼，也称质量阻尼系数；β 为 Beta 阻尼，也称刚度阻尼系数。将 Alpha 阻尼和 Beta 阻尼分别乘以质量矩阵 $[M]$ 和刚度矩阵 $[K]$，即得到结构的阻尼矩阵。

通常 α 和 β 的值是用振型阻尼比 ζ_i 计算出来的。阻尼比是指阻尼系数与临界阻尼系数之比，用于表达结构体标准化的阻尼大小。如果 ω_i 是第 i 阶模态的固有频率，根据振型正交条件，α 和 β 与振型阻尼比 ζ_i 之间应满足以下关系式：

$$\zeta_i = \alpha/2\omega_i + \beta\omega_i/2 \quad (i = 1, 2, \cdots, n) \tag{3.3.2}$$

为了确定某一给定阻尼比 ζ 的 α 和 β 值，可假定在某个频率范围（$\omega_i \sim \omega_k$）内将阻尼比 ζ 近似为恒定值，则有：

$$\begin{cases} \zeta = \alpha/2\omega_i + \beta\omega_i/2 \\ \zeta = \alpha/2\omega_k + \beta\omega_k/2 \end{cases} \tag{3.3.3}$$

求解上面的方程组，可得 α 和 β 的表达式为：

$$\begin{cases} \alpha = \dfrac{2\omega_i \omega_k}{\omega_i + \omega_k}\zeta \\ \beta = \dfrac{2}{\omega_i + \omega_k}\zeta \end{cases} \tag{3.3.4}$$

采用 ANSYS 软件提供的模态分析法中的分块兰索斯法提取体系模态，对有限元模型进行模态分析，提取前 10 阶模态，如表 3.3.2 所示，前二阶振型如图 3.3.3 所示。

模态分析结果   表 3.3.2

阶数	1	2	3	4	5
模态频率	0.76	0.77	0.91	1.32	3.67
阶数	6	7	8	9	10
模态频率	5.67	5.84	5.84	5.99	7.31

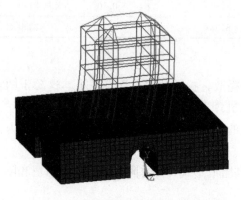 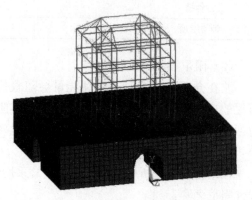

(a) 第一阶振型   (b) 第二阶振型

图 3.3.3　模型前二阶振型

根据机械工业勘察设计研究院的土体结构共振柱试验结果，综合取土体的阻尼比 ζ 为 0.05。在计算阻尼系数时，一般选取结构的第一、第二阶频率来进行计算。模型的前二阶振型的频率依次为 0.76Hz、0.77Hz，相应的角频率为 $\omega_1 = 2\pi f_1 = 4.77\text{rad/s}$，$\omega_2 = 2\pi f_2 = 4.78\text{rad/s}$。将 ω_1、ω_2 以及 ζ 代入式(3.2.4) 得出瑞利阻尼系数为：$\alpha = 0.239$，$\beta = 0.011$。

（3）工业振动激励源的模拟方法

ANSYS 瞬态动力分析模块共提供了三种方法：完全法、缩减法和模态叠加法。其中完全法采用完整的系统矩阵计算瞬态响应，在三种方法中功能最强，可包括各类非线性特性（如塑性、大变形、大应变等）。其特点是：容易使用，不必关心选择主自由度或振型；可考虑各种类型的非线性特性；采用完整的系统矩阵，无质量矩阵近似；一次分析就能得到所有的位移和应力；可施加所有类型的荷载：节点力、外加的（非零）位移和单元荷载（压力和温度），还可通过 TABLE 数组参数指定边界条件；可在几何模型上施加荷载。故本次分析选用完全法。

在 ANSYS 进行瞬态动力分析时荷载随时间变化即荷载是时间的函数，必须将荷载-时间划分为合适的荷载步。对于每个荷载步，都要指定荷载值和时间值，同时指定其他的荷载步选项，如采用阶跃荷载加载还是斜坡加载方式，是否采用自动时间步长等。

　　使用 ANSYS 进行加载时，首先在 ANSYS 中定义荷载数组，通过*TREAD 命令将确定的随时间变化的工业振动荷载读入 ANSYS 中，并储存到之前定义的数组中，通过循环命令来完成随时间变化荷载的施加与计算。由于 ANSYS 瞬态分析中的完全法能够施加的荷载类型不包括速度，所以工业振动激励源采用位移荷载（位移时程曲线是通过对振动速度时程曲线进行傅里叶变换得到）。对模型底部（$Y=0$）界面上的所有节点施加 X 向位移荷载，选取时间积分步长为 0.005s。

　　（4）工况分析

　　之前已有的研究结果表明，大部分的工业振动都是随机的。本次选取三种不同类型的工业振动荷载进行分析。其中第一种荷载为实测列车水平 X 向振动速度荷载时程曲线，通过傅里叶变换得到水平 X 向振动位移荷载时程曲线，定义为振动荷载 1；第二种荷载为一列实测的随机加速度振动波，通过傅里叶变换得到水平 X 向振动位移荷载和速度荷载时程曲线，定义为振动荷载 2；第三种荷载为另一列实测的随机振动加速度波，通过傅里叶变换得到随机位移荷载和速度荷载时程曲线，定义为振动荷载 3。根据西安机械勘察设计研究院实测的西安地铁二号线运行时的水平速度响应，将之前得到的三种随机位移荷载和随机速度荷载乘以一个折减系数，使三列荷载具有相同的基准速度幅值，得到新的三种位移荷载和速度荷载，为了安全起见，在分析时，取新的随机速度荷载的基准幅值稍大于实测振动速度的幅值。三种荷载前 6s 时程曲线如图 3.3.4 所示，三列荷载水平 X 向振动速度基准幅值相同，均为 0.129mm/s，由于频率不同，经过傅里叶变换后的位移幅值有所不同。

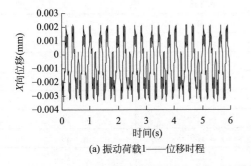

(a) 振动荷载1——位移时程

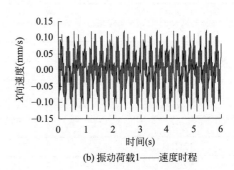

(b) 振动荷载1——速度时程

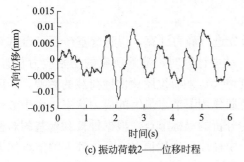

(c) 振动荷载2——位移时程

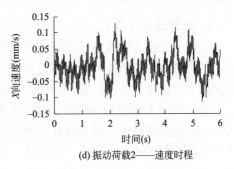

(d) 振动荷载2——速度时程

图 3.3.4　对应于基准振动速度幅值（0.129mm/s）的三种振动荷载时程曲线（一）

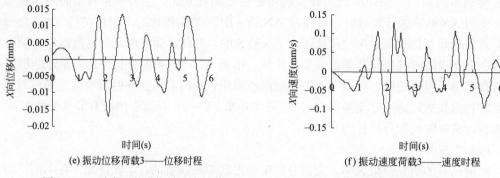

(e) 振动位移荷载3——位移时程   (f) 振动速度荷载3——速度时程

图 3.3.4 对应于基准振动速度幅值（0.129mm/s）的三种振动荷载时程曲线（二）

从计算结果可以看出，在这三种工业振动荷载条件下，前 4s 已经基本可以反映出台基和钟楼受工业振动激励的动力响应规律，由于计算量较大（尤其是在进行疲劳分析时），因此在计算时只选择前 4s 作为一个振动周期。

根据振动荷载类型、振动荷载速度幅值、振动荷载速度与 X 轴夹角的不同，共选取 13 种基本工况进行分析。具体工况类型如表 3.3.3 所示。

基本工况   表 3.3.3

工况编号	荷载编号	速度幅值（mm/s）	速度与 X 轴夹角（°）
ZC1	1	0.129	0
ZC2	2	0.129	0
ZC3	3	0.129	0
ZC4	3	0.258	0
ZC5	3	0.387	0
ZC6	3	0.516	0
ZC7	3	0.645	0
ZC8	3	0.774	0
ZC9	3	1.032	0
ZC10	3	0.129	15
ZC11	3	0.129	30
ZC12	3	0.129	45
ZC13	3	0.129	60

2. 计算结果分析

在用 ANSYS 软件进行三维仿真计算时，首先进行静力计算，得到台基砖石、台基夯实土、钟楼木结构节点的初始应力状态。在进行动力计算时，清除所有的初始应力状态，撤掉重力加速度，并将钟楼顶层的木结构的密度增大，来模拟屋顶惯性荷载的影响。最后将节点初始应力和动应力叠加，得到工业振动荷载作用下节点最终的应力状态。由于节点较多，本次分析选取一些具有代表性的节点作为分析的目标节点。根据钟楼和台基的对称性，钟楼上分别选取中柱底、边柱底、角柱底、中柱顶、边柱顶以及角柱顶上的节点作为分析的目标节点。台基上分别选取台基角底、台基角顶、台基中部底、台基中部顶、通道底、通道顶处的节点作为分析的目标节点。

（1）工业振动下钟楼结构动力响应基本特性分析

现以之前确定的振动荷载 3 的基准工况（ZC3）的计算结果为例，来说明工业振动下钟楼结构动力响应基本特性。通过 ANSYS 瞬态分析中的 *TREAD 命令施加到台基底面（$Y=$

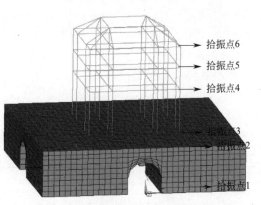

0）所有节点上，激励施加方向为水平（X 向）方向，此时振动速度幅值为 0.129mm/s，振动速度方向与 X 轴夹角为 0°。考虑到整个模型的对称性和振动响应的最不利情况，选取一些关键节点作为本次分析的拾振点，具体拾振点的位置如图 3.3.5 所示。由于本次加载的主要方向为水平 X 向，所以主要对拾振点 X 方向上的动力响应进行分析。以下所说的水平方向均为水平 X 向。

图 3.3.5　拾振点示意图

通过 ANSYS 的瞬态分析，可以得到任意振动时刻整个计算模型的位移云图、速度云图和应力（或内力）云图。作为示例，图 3.3.6 给出了 ZC3 工况下 2.5s 时刻工业振动荷载作用下台基竖向附加应力（不包括自重作用产生的应力）云图、钟楼木结构附加轴力（不包括自重产生的轴力）分布图、钟楼木结构振动速度分布云图和钟楼木结构振动位移分布云图。

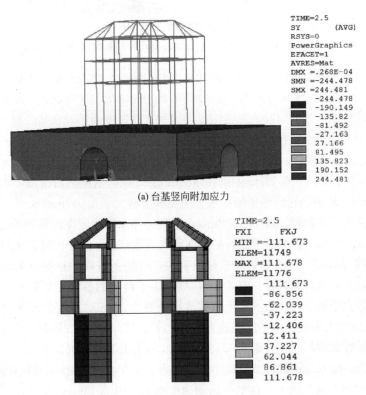

(a) 台基竖向附加应力

(b) 钟楼木结构附加轴力

图 3.3.6　ZC3 工况下 2.5s 时刻台基和钟楼木结构附加响应云图（一）

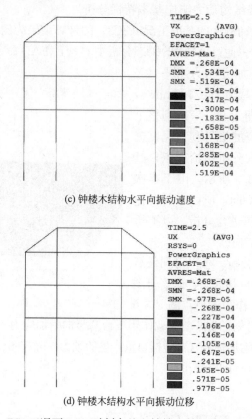

(c) 钟楼木结构水平向振动速度

(d) 钟楼木结构水平向振动位移

图 3.3.6　ZC3 工况下 2.5s 时刻台基和钟楼木结构附加响应云图（二）

图 3.3.7 给出了各拾振点的水平向振动速度时程曲线。由图可知，各拾振点的速度时程均为一随机变化的曲线，台基上拾振点的曲线形状与振动荷载的形状大致相似，钟楼拾振点速度时程曲线较振动荷载的形状有非常明显的区别，其速度周期较台基的要大，振动频率较小，主要是由于木结构刚度相对较小（柔性结构），振动在传播过程中会有一定的滞后所造成的。从台基底到钟楼顶，拾振点水平振动速度幅值依次为 0.134mm/s、0.136mm/s、0.113mm/s、0.125mm/s、0.147mm/s、0.161mm/s，从台基底到台基顶，水平速度幅值增大了 0.002mm/s，从钟楼底到钟楼顶，水平速度幅值增大了 0.047mm/s。

表 3.3.4 给出了在此种工况下各拾振点水平位移和水平速度在台基和钟楼各层间的放大系数。由表 3.3.4 可知，台基表面砖石的层间放大系数较小，水平位移放大系数为 1.02，水平速度放大系数为 1.01，这与选取的拾振点有关，台基上选取的拾振点为台基表面的外包砖石，其刚度较大，且台基高度只有 8.6m，故造成了台基的放大系数较小。钟楼木结构一层的水平位移放大系数最大，最大水平位移放大系数为 1.880，一层的水平速度放大系数为 1.105，水平位移放大系数比水平速度放大系数大了 0.775。钟楼二层和三层水平位移和水平速度层间放大系数大致相同，分别为 1.180、1.09 和 1.181、1.095。

表 3.3.5 为钟楼木结构目标节点应力表。由表 3.3.5 可知，振动荷载引起的 Z 向弯矩较大，X 向弯矩和节点轴力较小。在水平振动速度幅值只有 0.129mm/s 时，节点的自重应力要大于节点的动应力，动荷载造成的柱底附加动应力比要大于柱顶的附加动应力比。其中边柱底的附加动应力比最大，为 36.64%，边柱顶的附加动应力比最小，仅为 0.10%。六个节

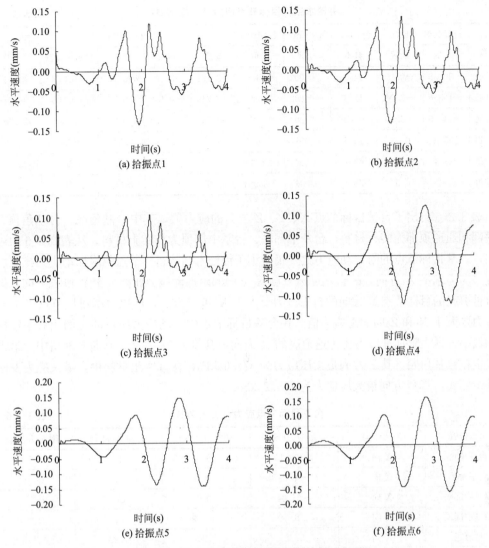

图 3.3.7　拾振点速度时程曲线（工况 ZC3）

点中，中柱底受到的压应力最大，为 0.678MPa，边柱顶受到的拉应力最大，为 1.125MPa。由表 3.3.5 还可看出，振动荷载在钟楼底部造成的应力要比钟楼顶部大很多，这跟钟楼自身的结构形式有关。

拾振点水平位移和速度幅值（工况 ZC3）　　表 3.3.4

拾振点	水平位移幅值（mm）	层间放大系数	水平速度幅值（mm/s）	层间放大系数
1	0.017	—	0.134	—
2	0.018	1.020	0.136	1.013
3	0.013	—	0.113	—
4	0.025	1.880	0.125	1.105
5	0.029	1.180	0.147	1.181
6	0.032	1.090	0.161	1.095

钟楼木结构目标节点应力（工况 ZC3） 表 3.3.5

节点位置	节点轴力(kN)		X 向弯矩(kN·m)		Z 向弯矩(kN·m)		节点总正应力(MPa)			附加动应力比
	自重	动载	自重	动载	自重	动载	自重	动载	自重+动载	
中柱底	−302.8	−0.09	14.5	−0.002	−14.5	−3.761	−0.603	−0.075	−0.678	11.12%
边柱底	−198.6	−0.08	12.6	−0.002	0.683	−3.743	−0.130	−0.075	−0.205	36.64%
角柱底	−144.6	−0.12	−0.193	−0.002	0.191	−3.651	−0.288	−0.073	−0.361	20.30%
中柱顶	265.5	0.03	16.7	0.001	−16.7	0.053	0.528	0.001	0.530	0.22%
边柱顶	138.4	0.02	43.7	0.004	−1.33	0.052	1.124	0.001	1.125	0.10%
角柱顶	97.7	0.03	35.1	0.004	−35.04	0.037	0.194	0.001	0.195	0.45%

表 3.3.6 给出了台基目标节点 X、Y、Z 方向的应力值，其中台基角底、台基角顶、通道底部和通道顶部为砖石材料，台基中部底、台基中部顶为夯实土材料。从表 3.3.6 中可以看出，台基目标节点的附加动应力比要稍微小于钟楼木结构目标节点的附加动应力比。由于加载方向为水平 X 方向，故台基目标节点 X 方向的附加动应力比要大于 Y 和 Z 方向，但是由自重引起的目标节点 Y 方向的自重应力要大于 X 和 Z 方向，所以台基目标节点 Y 方向的总应力要大于 X 和 Z 向的总应力值。在台基目标节点中，动应力所占的比例相对于钟楼木结构较小，最大附加动应力比为通道底的 X 方向，其值为 27.73%。在砖石材料中，最大应力发生在台基角底，其 Y 方向最大压应力为 374.65kPa，在夯实土材料中，最大应力发生在台基中部底，其 Y 方向最大压应力为 135.25kPa。

台基目标节点应力（工况 ZC3） 表 3.3.6

节点位置	应力方向	自重应力(kPa)	动应力(kPa)	总应力(kPa)	附加动应力比
台基角底	X 向	−108.10	−6.34	−114.44	5.54%
台基角顶	X 向	−1.43	−0.48	−1.90	25.15%
台基中部底	X 向	−67.04	−0.07	−67.11	0.10%
台基中部顶	X 向	−9.84	−0.09	−9.93	0.89%
通道底	X 向	5.22	2.00	7.22	27.73%
通道顶	X 向	−45.60	−0.71	−46.31	1.53%
台基角底	Y 向	−357.10	−17.55	−374.65	4.68%
台基角顶	Y 向	−5.37	−0.31	−5.68	5.38%
台基中部底	Y 向	−135.20	−0.05	−135.25	0.03%
台基中部顶	Y 向	−42.57	−0.04	−42.61	0.09%
通道底	Y 向	−5.00	−0.68	−5.67	11.94%
通道顶	Y 向	−4.37	−0.16	−4.53	3.59%
台基角底	Z 向	−108.10	−6.20	−114.30	5.43%
台基角顶	Z 向	−1.43	−0.17	−1.59	10.65%
台基中部底	Z 向	−65.79	−0.03	−65.82	0.05%
台基中部顶	Z 向	−10.18	−0.08	−10.26	0.78%
通道底	Z 向	10.10	1.56	11.66	13.37%
通道顶	Z 向	−12.09	−0.29	−12.38	2.33%

（2）振动荷载类型对钟楼动力响应的影响分析

表 3.3.7 和表 3.3.8 为三种荷载作用下，钟楼木结构和台基目标节点总的正应力及附加动应力比。由表 3.3.7 可以看出，虽然振动激励源的速度幅值相同，但是频率不同，对钟楼木结构目标节点动力响应的影响也不同。振动荷载 1 所造成的目标节点附加动应力最小，钟楼木结构目标节点的总正应力最小。振动荷载 3 所造成的目标节点附加动应力最大，钟楼木结构目标节点的总正应力最大。由表 3.3.8 可以看出，振动荷载对台基目标节点的动力响应影响和钟楼木结构的基本一致，振动荷载对台基动力响应影响最小，振动荷载 3 对台基动力响应影响最大。由此可以看出，频率较低的振动荷载 3 对钟楼造成的危害最大，因此在进行后续参数分析时，选取振动荷载 3 作为激励源，研究台基及钟楼木结构的动力响应及应力时程。

不同振动荷载作用下钟楼木结构目标节点应力（速度峰值＝0.129mm/s）　　表 3.3.7

目标节点	振动荷载 1		振动荷载 2		振动荷载 3	
	总正应力（MPa）	附加动应力比	总正应力（MPa）	附加动应力比	总正应力（MPa）	附加动应力比
中柱底	−0.614	1.76%	−0.637	5.41%	−0.678	11.12%
边柱底	−0.141	7.91%	−0.164	20.99%	−0.205	36.64%
角柱底	−0.299	3.69%	−0.322	10.49%	−0.361	20.30%
中柱顶	0.529	0.10%	0.529	0.13%	0.530	0.22%
边柱顶	1.124	0.05%	1.124	0.06%	1.125	0.10%
角柱顶	0.195	0.27%	0.195	0.29%	0.195	0.45%

注：正值表示受拉；负值表示受压。附加动应力比为动正应力/总正应力。

不同振动荷载作用下台基砖石结构节点应力（速度峰值＝0.129mm/s）　　表 3.3.8

目标节点	应力方向	振动荷载 1		振动荷载 2		振动荷载 3	
		总正应力（kPa）	附加动应力比	总正应力（kPa）	附加动应力比	总正应力（kPa）	附加动应力比
台基角底	X 向	−111.60	3.13%	−112.76	4.13%	−114.44	5.54%
台基角顶	X 向	−1.54	7.61%	−1.58	9.89%	−1.90	25.15%
台基中底	X 向	−67.08	0.06%	−67.09	0.08%	−67.11	0.10%
台基中顶	X 向	−9.86	0.24%	−9.87	0.32%	−9.93	0.89%
通道底	X 向	5.72	8.78%	5.89	11.38%	7.22	27.73%
通道顶	X 向	−46.02	0.92%	−46.17	1.23%	−46.31	1.53%
台基角底	Y 向	−367.94	2.95%	−371.56	3.89%	−374.65	4.68%
台基角顶	Y 向	−5.46	1.58%	−5.49	2.09%	−5.68	5.38%
台基中底	Y 向	−135.22	0.02%	−135.23	0.02%	−135.25	0.03%
台基中顶	Y 向	−42.58	0.02%	−42.58	0.02%	−42.61	0.09%
通道底	Y 向	−5.38	7.14%	−5.51	9.30%	−5.67	11.94%
通道顶	Y 向	−4.40	0.85%	−4.42	1.13%	−4.53	3.59%
台基角底	Z 向	−111.52	3.06%	−112.66	4.04%	−114.30	5.43%
台基角顶	Z 向	−1.47	2.93%	−1.48	3.87%	−1.59	10.65%
台基中底	Z 向	−65.81	0.03%	−65.81	0.03%	−65.82	0.05%
台基中顶	Z 向	−10.21	0.32%	−10.22	0.42%	−10.26	0.78%
通道底	Z 向	10.50	3.77%	10.63	4.96%	11.66	13.37%
通道顶	Z 向	−12.27	1.46%	−12.33	1.94%	−12.38	2.33%

（3）振动速度峰值对钟楼动力响应的影响分析

选取振动荷载 3 作为基本荷载，并另选取几种不同振动速度峰值的激励源，分析振动速度峰值对钟楼动力响应的影响。本次分析选取的速度峰值依次为 0.129mm/s、0.258mm/s、0.387mm/s、0.516mm/s 和 0.645mm/s，计算不同振动速度峰值的激励源作用下，钟楼木结构和台基目标节点的应力历程。计算结果如表 3.3.9、表 3.3.10 所示。

不同振动速度幅值下钟楼木结构目标节点应力（振动荷载 3）　　　表 3.3.9

节点位置	速度幅值 0.129mm/s		速度幅值 0.258mm/s		速度幅值 0.387mm/s		速度幅值 0.516mm/s		速度幅值 0.645mm/s	
	总应力（MPa）	附加动应力比	总应力（MPa）	附加动应力比	总应力（MPa）	附加动应力比	总应力（MPa）	附加动应力比	总应力（MPa）	附加动应力比
中柱底	−0.678	11.12%	−0.754	20.02%	−0.829	27.29%	−0.904	33.36%	−0.980	38.49%
边柱底	−0.205	36.64%	−0.280	53.62%	−0.355	63.43%	−0.430	69.81%	−0.505	74.30%
角柱底	−0.361	20.30%	−0.434	33.74%	−0.508	43.30%	−0.581	50.45%	−0.654	56.00%
中柱顶	0.530	0.22%	0.531	0.43%	0.532	0.65%	0.533	0.86%	0.534	1.07%
边柱顶	1.125	0.10%	1.126	0.20%	1.127	0.30%	1.128	0.41%	1.129	0.51%
角柱顶	0.195	0.45%	0.196	0.89%	0.197	1.32%	0.198	1.76%	0.199	2.19%

图 3.3.8、图 3.3.9 为木结构目标节点总正应力和附加动应力比随振动荷载速度幅值的变化曲线。从图中可以看出，随着振动荷载速度幅值的提高，所有目标节点的附加动应力逐渐增大，节点总的轴向正应力值也随之增大。钟楼柱底节点受振动速度幅值的影响大于钟楼柱顶节点。当振动速度幅值增大 5 倍时，钟楼木结构柱的最大附加动应力比增大了 37.66%，当振动速度幅值达到 0.258mm/s 时，钟楼边柱底节点的轴向最大动应力已经大于自重作用引起的轴向正应力。振动速度幅值为 0.645mm/s 时，钟楼木结构节点受到的最大压应力和最大拉应力分别为 0.980MPa 和 1.129MPa，分别发生在中柱底部和边柱顶部。

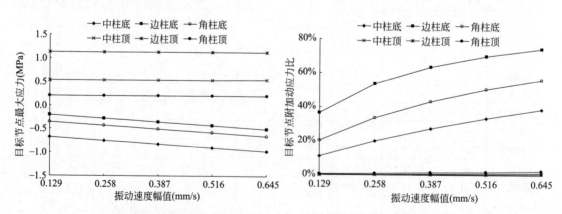

图 3.3.8　木结构目标节点轴向正应力随
振动速度幅值变化曲线（振动荷载 3）

图 3.3.9　木结构目标节点轴向附加动应力
比值随振动速度幅值变化曲线（振动荷载 3）

由表 3.3.10 可知，随着振动速度幅值的提高，台基各节点的附加动应力比逐渐增大，节点各方向总正应力也随之增大，当振动速度幅值增大 5 倍时，附加动应力比最大增幅为

38.00％，发生在通道底部砖石节点。在台基目标节点中，所有的节点都只受压应力，当振动速度幅值为 0.645mm/s 时，砖石结构节点的最大压应力为 0.449MPa，夯实土结构节点的最大压应力为 0.135MPa。图 3.3.10、图 3.3.11 为台基目标节点 Y 方向应力和 Y 方向附加动应力比随振动荷载速度幅值变化曲线。由于在台基目标节点中，Y 方向应力明显大于其他两个方向的应力，所以主要选取 Y 方向。从图中可以看出，台基角底的 Y 向应力明显要大于其他点的 Y 向应力，这主要是由于台基角底节点受到 Y 方向自重应力较大。随着振动速度的提高，台基目标节点所受拉应力逐渐增大。由图 3.3.10 可知，随着振动荷载速度幅值的增大，台基目标节点的附加动应力比增大非常明显，但是比值相对于钟楼木结构目标节点较小，木结构目标节点最大附加动应力比为 74.30％，台基目标节点 Y 向最大附加动应力比为 40.41％。

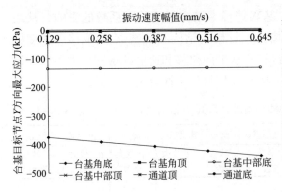

图 3.3.10　台基目标节点 Y 方向应力随振动速度幅值变化曲线（振动荷载 3）

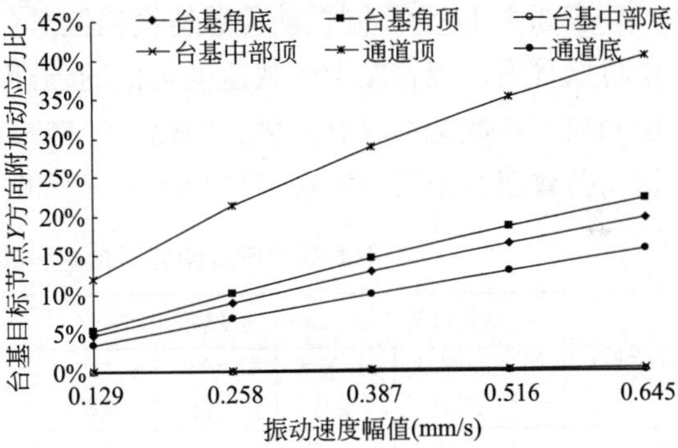

图 3.3.11　台基目标节点 Y 方向附加动应力比随振动速度幅值变化曲线（振动荷载 3）

不同振动速度幅值下台基目标节点应力（振动荷载 3）　　　表 3.3.10

节点位置及应力方向	速度幅值 0.129mm/s		速度幅值 0.258mm/s		速度幅值 0.387mm/s		速度幅值 0.516mm/s		速度幅值 0.645mm/s	
	总正应力（kPa）	附加动应力比	总正应力（kPa）	附加动应力比	总正应力（kPa）	附加动应力比	总正应力（kPa）	附加动应力比	总正应力（kPa）	附加动应力比
台基角底 X	−114.44	5.54％	−120.78	10.50％	−127.12	14.96％	−133.46	19.00％	−139.80	22.68％
台基角顶 X	−1.90	25.15％	−2.38	40.20％	−2.86	50.21％	−3.34	57.35％	−3.82	62.69％
台基中底 X	−67.11	0.10％	−67.18	0.20％	−67.24	0.30％	−67.31	0.40％	−67.38	0.50％
台基中顶 X	−9.93	0.89％	−10.02	1.76％	−10.11	2.62％	−10.19	3.47％	−10.28	4.30％
通道底部 X	7.22	27.73％	9.23	43.42％	11.23	53.51％	13.23	60.55％	15.23	65.73％
通道顶部 X	−46.31	1.53％	−47.02	3.02％	−47.73	4.45％	−48.44	5.85％	−49.14	7.21％
台基角底 Y	−374.65	4.68％	−392.20	8.95％	−409.75	12.85％	−427.30	16.43％	−444.85	19.73％
台基角顶 Y	−5.68	5.38％	−5.99	10.21％	−6.29	14.57％	−6.60	18.53％	−6.90	22.14％
台基中底 Y	−135.25	0.03％	−135.29	0.07％	−135.34	0.10％	−135.38	0.13％	−135.43	0.17％
台基中顶 Y	−42.61	0.09％	−42.65	0.18％	−42.68	0.26％	−42.72	0.35％	−42.76	0.44％
通道底部 Y	−5.67	11.94％	−6.35	21.33％	−7.03	28.92％	−7.71	35.17％	−8.39	40.41％
通道顶部 Y	−4.53	3.59％	−4.69	6.93％	−4.85	10.04％	−5.02	12.96％	−5.18	15.68％

续表

节点位置及应力方向	速度幅值 0.129mm/s		速度幅值 0.258mm/s		速度幅值 0.387mm/s		速度幅值 0.516mm/s		速度幅值 0.645mm/s	
	总正应力（kPa）	附加动应力比	总正应力（kPa）	附加动应力比	总正应力（kPa）	附加动应力比	总正应力（kPa）	附加动应力比	总正应力（kPa）	附加动应力比
台基角底 Z	−114.30	5.43%	−120.51	10.30%	−126.71	14.69%	−132.91	18.67%	−139.12	22.30%
台基角顶 Z	−1.59	10.65%	−1.76	19.24%	−1.93	26.33%	−2.10	32.27%	−2.27	37.33%
台基中底 Z	−65.82	0.05%	−65.85	0.09%	−65.88	0.14%	−65.91	0.18%	−65.94	0.23%
台基中顶 Z	−10.26	0.78%	−10.34	1.55%	−10.42	2.30%	−10.50	3.05%	−10.58	3.78%
通道底部 Z	11.66	13.37%	13.22	23.59%	14.78	31.66%	16.34	38.18%	17.90	43.56%
通道顶部 Z	−12.38	2.33%	−12.67	4.56%	−12.96	6.68%	−13.24	8.71%	−13.53	10.66%

表 3.3.11 为不同振动荷载速度幅值对台基和钟楼木结构层间放大系数的影响。从表中可以看出，随着振动荷载速度幅值的逐渐增大，钟楼木结构和台基 X 向位移和速度的层间放大系数基本没有变化。因此，钟楼和台基的水平向位移和速度的层间放大系数不受振动荷载速度幅值的影响，只与结构本身的结构特性和材料属性有关。

不同振动速度幅值下台基和钟楼层间放大系数（振动荷载3）　　　表 3.3.11

拾振点位置	速度幅值 0.129mm/s		速度幅值 0.258mm/s		速度幅值 0.387mm/s		速度幅值 0.516mm/s		速度幅值 0.645mm/s	
	ux 放大系数	vx 放大系数	ux 放大系数	vx 放大系数	ux 放大系数	vx 放大系数	ux 放大系数	vx 放大系数	ux 放大系数	vx 放大系数
拾振点 1	—	—	—	—	—	—	—	—	—	—
拾振点 2	1.020	1.013	1.021	1.013	1.021	1.013	1.021	1.013	1.021	1.013
拾振点 3	—	—	—	—	—	—	—	—	—	—
拾振点 4	1.880	1.105	1.880	1.104	1.880	1.104	1.880	1.104	1.880	1.104
拾振点 5	1.180	1.181	1.180	1.181	1.180	1.181	1.180	1.181	1.180	1.181
拾振点 6	1.090	1.095	1.090	1.095	1.090	1.096	1.090	1.096	1.090	1.095

（4）振动方向对钟楼动力响应的影响分析

选取不同振动荷载速度方向的激励源，研究振动方向对钟楼动力响应的影响。分析时振动荷载速度幅值相同，为 0.129mm/s，振动速度方向与 X 方向夹角依次为 0°、15°、30°、45°、60°，计算不同振动速度方向的激励源作用下，钟楼和台基目标节点的应力历程。计算结果如表 3.3.12、表 3.3.13 所示。图 3.3.12、图 3.3.13 为木结构目标节点轴向应力和附加动应力比随振动速度方向变化曲线。从图中可以看出，当振动荷载速度幅值相同时，钟楼木结构目标节点轴向总应力随着振动方向与 X 轴夹角的变化，出现先增大后减小的趋势。所有目标节点的轴向总应力受振动荷载速度方向影响较小，随着振动方向的变化，目标节点轴向总应力值变化较小。随着振动速度方向与 X 轴夹角逐渐增大，钟楼底部的附加动应力比随之增大，当夹角为 45° 时，附加动应力比达到最大，随后慢慢变小，最大附加动应力比发生在边柱底部，为 43.71%。总的最大压应力为 0.709MPa，发生在中柱底；总的最大拉应力为 1.125MPa，发生在边柱顶。

不同振动速度方向下钟楼木结构各节点应力（振动荷载 3）　　　　表 3.3.12

节点位置	速度方向 0°		速度方向 15°		速度方向 30°		速度方向 45°		速度方向 60°	
	总应力（MPa）	附加动应力比	总应力（MPa）	附加动应力比	总应力（MPa）	附加动应力比	总应力（MPa）	附加动应力比	总应力（MPa）	附加动应力比
中柱底	−0.678	11.12%	−0.695	13.27%	−0.706	14.57%	−0.709	15.01%	−0.705	14.56%
边柱底	−0.205	36.64%	−0.221	41.27%	−0.231	43.85%	−0.234	44.63%	−0.231	43.71%
角柱底	−0.361	20.30%	−0.377	23.73%	−0.388	25.77%	−0.391	26.42%	−0.388	25.74%
中柱顶	0.530	0.22%	0.530	0.25%	0.530	0.28%	0.530	0.29%	0.530	0.28%
边柱顶	1.125	0.10%	1.125	0.11%	1.125	0.11%	1.125	0.12%	1.125	0.11%
角柱顶	0.195	0.45%	0.195	0.55%	0.196	0.61%	0.196	0.63%	0.196	0.61%

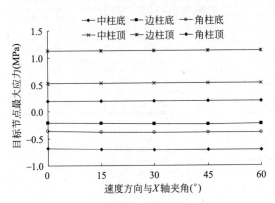

图 3.3.12　木结构目标节点轴向动应力
随振动速度方向变化曲线（振动荷载 3）

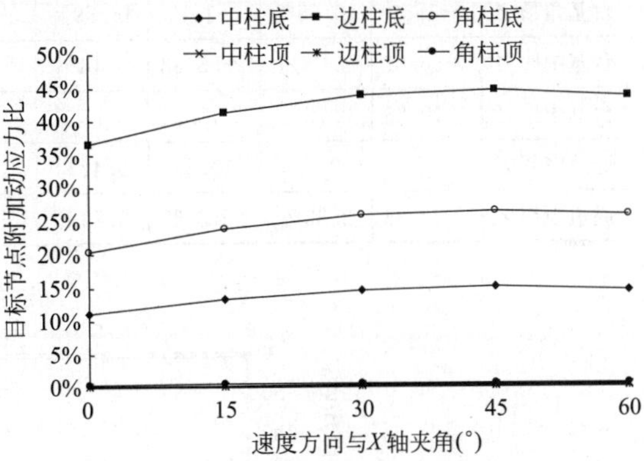

图 3.3.13　木结构目标节点附加动应力
比随振动速度方向变化曲线（振动荷载 3）

由表 3.3.13 和图 3.3.14 可知，振动速度方向对台基砖石目标节点和夯实土目标节点的影响非常小，在速度幅值保持不变的情况下，随着振动速度方向的变化，台基目标节点各方向上节点总应力与速度方向为 0° 时的节点总应力大致相同，变化非常小。由图 3.3.15 可知，台基目标节点的附加动应力比随着振动荷载速度方向的变化较小。通道底部的附加动应力比相对较明显一点，这主要是由于通道底部由静载引起的应力较小，所以当动载有稍微的变化时，就能引起较为明显的附加动应力比的变化。

不同振动速度方向下台基各节点应力（振动荷载 3）　　　　表 3.3.13

节点位置及应力方向	速度方向 0°		速度方向 15°		速度方向 30°		速度方向 45°		速度方向 60°	
	总应力（kPa）	动应力百分比	总应力（kPa）	动应力百分比	总应力（kPa）	动应力百分比	总应力（kPa）	动应力百分比	总应力（kPa）	动应力百分比
台基角底 X	−114.44	5.54%	−115.82	6.67%	−116.69	7.36%	−117.00	7.61%	−116.64	7.32%
台基角顶 X	−1.90	25.15%	−1.93	26.22%	−1.92	25.96%	−1.89	24.41%	−1.81	21.34%
台基中底 X	−67.11	0.10%	−67.15	0.16%	−67.19	0.22%	−67.21	0.26%	−67.23	0.28%
台基中顶 X	−9.93	0.89%	−9.93	0.88%	−9.94	0.98%	−9.94	1.01%	−9.94	0.97%
通道底部 X	7.22	27.73%	6.45	19.06%	5.59	6.58%	5.53	5.59%	6.00	12.95%
通道顶部 X	−46.31	1.53%	−46.51	1.96%	−46.65	2.26%	−46.72	2.40%	−46.73	2.41%

续表

节点位置及应力方向	速度方向 0°		速度方向 15°		速度方向 30°		速度方向 45°		速度方向 60°	
	总应力 (kPa)	动应力 百分比	总应力 (kPa)	动应力 百分比	总应力 (kPa)	动应力 百分比	总应力 (kPa)	动应力 百分比	总应力 (kPa)	动应力 百分比
台基角底 Y	−374.65	4.68%	−378.58	5.67%	−381.07	6.29%	−382.02	6.52%	−381.07	6.29%
台基角顶 Y	−5.68	5.38%	−5.75	6.51%	−5.79	7.21%	−5.81	7.47%	−5.79	7.21%
台基中底 Y	−135.25	0.03%	−135.29	0.07%	−135.36	0.12%	−135.41	0.16%	−135.46	0.19%
台基中顶 Y	−42.61	0.09%	−42.62	0.12%	−42.63	0.15%	−42.64	0.17%	−42.64	0.17%
通道底部 Y	−5.67	11.94%	−5.67	11.83%	−5.61	10.99%	−5.52	9.40%	−5.39	7.26%
通道顶部 Y	−4.53	3.59%	−4.54	3.89%	−4.55	3.94%	−4.54	3.75%	−4.51	3.28%
台基角底 Z	−114.30	5.43%	−115.73	6.59%	−116.64	7.32%	−117.00	7.61%	−116.69	7.36%
台基角顶 Z	−1.59	10.65%	−1.71	16.79%	−1.81	21.34%	−1.89	24.41%	−1.92	25.96%
台基中底 Z	−65.82	0.05%	−65.88	0.13%	−65.93	0.22%	−65.98	0.29%	−66.01	0.33%
台基中顶 Z	−10.26	0.78%	−10.25	0.65%	−10.25	0.67%	−10.25	0.65%	−10.26	0.73%
通道底部 Z	9.22	−9.54%	10.68	5.42%	10.33	2.26%	10.87	7.10%	11.37	11.19%
通道顶部 Z	−12.38	2.33%	−12.81	5.59%	−13.19	8.31%	−13.48	10.32%	−13.70	11.75%

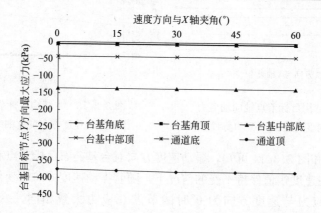

图 3.3.14 台基目标节点 Y 方向应力随振动速度方向变化曲线（振动荷载 3）

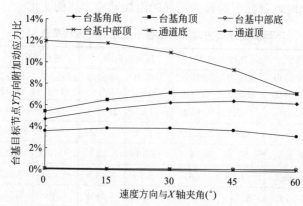

图 3.3.15 台基目标节点 Y 方向附加动应力比随振动速度方向变化曲线（振动荷载 3）

3.3.2　台基砌体结构防疲劳破坏振动控制研究

台基砌体结构是钟楼古建筑的底座，用以承托上部钟楼，使其防潮、防腐，对保证钟楼的安全具有重要意义。钟楼作为西安标志性的古建筑，对其台基底座进行防疲劳破坏振动控制研究具有重要意义。

前一节通过计算分析了整体钟楼台基结构在静力荷载作用下的初始应力状态以及在工业振源作用下的动力响应情况。根据上述计算分析结果，确定了古城墙及钟楼等古建筑防疲劳破坏的最危险关键点。本节在前一节计算分析结果的基础上将最危险关键点部位的局部网格细化，具体局部细化为"砖石-糯米浆接缝-砖石"结构。在 ANSYS 中引入编制的砖石和糯米浆材料疲劳损伤模型的接口程序进行计算，分析最危险关键点处古建筑材料（砖石、糯米浆接缝）的疲劳破坏情况，评价并建立地面振动速度与钟楼台基结构的疲劳损伤情况之间的关系。

1. 台基砖石、糯米浆材料疲劳破坏本构模型

（1）台基砖石疲劳累积损伤模型

台基砖石结构在循环荷载的反复加、卸载条件下，实际损伤演化过程是非常复杂的，要建立相应的损伤演化方程，适当的简化和假设是必不可少的，所以做如下假设：

1）砖石是均质、各向同性的弹性材料，且损伤也是各向同性的；

2）在任一给定的应力水平下，累积损伤的速度与载荷历程没有关系，为一常量；

3）加载顺序不影响疲劳寿命；

4）无论是在峰值应力前还是峰值应力后，应力和应变的关系均为曲线关系。

循环荷载作用下砖石的损伤演化特点可借助循环加载下的应力-应变关系包络图来描述，如图 3.3.16 所示，当结构内部某点的应力状态位于包络线上时，该点处的损伤值将随应变或应力的变化而不断发展；当应力状态位于包络线内时，损伤值保持卸载点处的损伤值不变，也就是损伤不发展，无论加载、卸载情况均同。例如某点的应力状态从图中 O 点开始沿着 OA 曲线变化到 A 点，则该段内有损伤产生且不断演化。在 A 点卸载至 B 点段内，认为损伤值保持 A 点处的损伤值不变，并且在该段内无论怎么加载或卸载，都认为结构是处于弹性阶段，损伤值不变化。而当再次加载重新到达 A 点之后又在包络线上前进至 C 点，则认为 AC 段曲线损伤是发展的，如果在 C 点再次卸载则损伤的变化规律与 AB 段相同，依次下去。

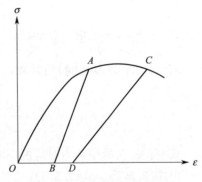

图 3.3.16　循环荷载下砖石
应力-应变包络图

疲劳累积损伤理论认为，在循环载荷作用下，疲劳损伤是可以线性地累加的，各个应力之间相互独立而互不相关，当累加的损伤达到某一数值时，试件或构件就发生疲劳破坏。定义 D 为损伤变量，有

$$D = \frac{A - A_e}{A} \tag{3.3.5}$$

式中：A 为体积元的原面积；A_e 为材料受拉后的有效面积。

当 $D=0$ 时对应于无损状态；$D=1$ 时对应于体积元的完全断裂。利用平衡条件和等效应变假设可以得到：

$$D=1-\frac{E^*}{E} \tag{3.3.6}$$

$$\sigma=E(1-D)\varepsilon \tag{3.3.7}$$

式中：E^* 为受损材料的弹性模量，它等于应力-应变曲线上卸载曲线的斜率。

将过镇海等所做的压缩应力-应变全曲线分为两段，如图 3.3.17 所示。

用拟合方法得到损伤演变方程，其表达式为：

$$D=\begin{cases} A_1\left(\varepsilon/\varepsilon_\text{f}\right)^{B_1} & 0\leqslant\varepsilon\leqslant\varepsilon_\text{f} \\ 1-\dfrac{A_2}{C_2\left(\varepsilon/\varepsilon_\text{f}-1\right)^{B_2}+\varepsilon/\varepsilon_\text{f}} & \varepsilon>\varepsilon_\text{f} \end{cases} \tag{3.3.8}$$

模型的损伤变化规律如图 3.3.18 所示。

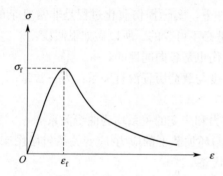

图 3.3.17 应力-应变曲线

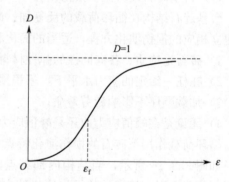

图 3.3.18 损伤-应变关系

式中：A_1 和 B_1 为材料常数，可通过边界条件确定。边界条件为：

$$\sigma\big|_{\varepsilon=\varepsilon_\text{f}}=\sigma_\text{f} \tag{3.3.9}$$

$$\frac{\mathrm{d}\sigma}{\mathrm{d}\varepsilon}\bigg|_{\varepsilon=\varepsilon_\text{f}}=0 \tag{3.3.10}$$

式中：ε_f 为峰值应力对应的应变。

由式(3.3.7)、式(3.3.9)、式(3.3.10) 求解可得：

$$A_1=\frac{E\varepsilon_\text{f}-\sigma_\text{f}}{E\varepsilon_\text{f}}=1-\frac{E_\text{f}^*}{E} \tag{3.3.11}$$

$$B_1=\frac{\sigma_\text{f}}{E\varepsilon_\text{f}-\sigma_\text{f}}=\frac{E_\text{f}^*}{E-E_\text{f}^*} \tag{3.3.12}$$

可以看出：A_1 表示应力到达峰值时的损伤值；B_1 表示此时弹性模量的变化情况；B_2 及 C_2 为曲线参数，由试验数据确定。由式(3.3.9) 可得：

$$A_2=\sigma_\text{f}/E\varepsilon_\text{f}=E_\text{f}^*/E \tag{3.3.13}$$

（2）糯米浆材料疲劳破坏本构模型

随着疲劳过程的进行，材料内部的损伤不断增加，试件的极限承载能力不断下降，循环荷载的最大值与试件的静载承载能力之比不断增加。将循环荷载的最大值与试件的初始极限承载能力定义为名义应力比 R_0，将循环荷载的最大值与试件疲劳过程中实际承载能力之比定义为实际应力比 R，则可以看出，疲劳刚开始时 $R=R_0$，随着疲劳次数的增加，试件实际承载能力逐渐下降，实际应力比 R 逐渐增加，当实际应力比增加到 $R=1$ 时，材料的极限承载能力已经等于循环荷载的最大值了，这时试件就破坏了。所以可以用实际应力比的变化来表征材料所达到的疲劳损伤程度，即将损伤变量定义为实际应力比与名义应力比的相对差值和一个系数的乘积：

$$D=\frac{R-R_0}{R(1-R_0)} \tag{3.3.14}$$

这样定义的损伤变量，当疲劳开始时，$R=R_0$，$D=0$，试件没有损伤；当疲劳破坏时，$R=1$，$D=1$。损伤变量 D 的发展演变过程主要取决于实际应力比 $R(n)$ 的变化规律。

对于一种特定的材料（β 为常数），在特征值 ρ 相同的循环荷载的作用下，疲劳寿命 N 是名义应力比 R_0 的单值函数，疲劳寿命和名义应力比一一对应。据此，本文引入如下假定：在疲劳过程中，对于同一种材料，不论其强度和所受荷载的大小，也不论应力-应变史如何，只要材料具有相同的疲劳寿命（或剩余疲劳寿命）时，就表明材料承受相同的实际应力比。

在名义应力比 R_0 作用下，疲劳寿命为 N，经过 n 次疲劳后，剩余寿命为 $N-n$。根据以上假设，此时试件的实际应力比 R 和疲劳方程中寿命为（$N-n$）时对应的名义应力比相同，即：

$$R(n)=1-(1-\rho)\beta\lg(N-n) \tag{3.3.15}$$

这就是实际应力比随疲劳次数的变化规律，其中：当 $n=0$ 时，$R(n)=R_0$，当 $n=N-1$ 时，$R(n)=1$，将式(3.3.15)代入式(3.3.14)的损伤变量中去，得：

$$D=\frac{R-R_0}{R(1-R_0)}=\frac{1-\dfrac{R_0}{1-(1-\rho)\beta\lg(N-n)}}{1-R_0}$$

$$=\frac{1-\dfrac{1}{1-\dfrac{(1-\rho)\beta}{R_0}\lg(1-n/N)}}{1-R_0} \tag{3.3.16}$$

2. 台基砌体结构疲劳破坏数值仿真模型与分析工况

（1）计算域

本模型选取纵向长度为 10cm、截面直径为 5cm 的圆柱状构件作为砖石材料的研究对象，选取纵向长度为 4.5cm＋1.0cm＋4.5cm（砖石-糯米浆-砖石）、截面直径为 5cm 的圆柱状构件作为砖石-糯米浆材料的研究对象，计算模型分别如图 3.3.19 和图 3.3.20 所示，砖石材料构件模型共有 414 个节点、482 个单元，砖石-糯米浆材料构件模型共有 574 个节点、692 个单元。

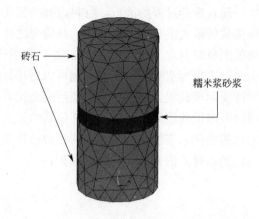

图 3.3.19　砖石模型网格划分图　　　图 3.3.20　砖石-糯米浆-砖石夹层模型网格划分图

（2）单元选取

在 ANSYS 中提供了丰富的实体单元库来供用户选择，这样可以对各种材料进行模拟。本模型采用 SOLID45（图 3.3.21）单元模拟台基砖石构件，该单元用于三维实体结构模型，由 8 个节点结合而成，每个节点有 x、y、z 三个方向的自由度，具有塑性、蠕变、膨胀、应力强化、大变形和大应变等特征。砖石、糯米浆单元的材料参数见表 3.3.14。

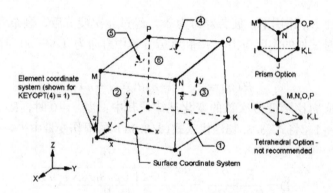

图 3.3.21　SOLID45 单元

单元材料参数　　　　　　　　　　　　　　　　　　　表 3.3.14

单元类型	弹性模量 E(GPa)	泊松比 μ	密度 ρ(kg/m³)
SOLID45（砖石）	1.787	0.3	1684
SOLID45（糯米浆砂浆）	0.2	0.3	1060

（3）边界条件

根据该项目的特点，在圆柱构件的底部设置 x、y、z 三个方向的约束，在构件顶部设置 x、z 两个方向的约束，而在模型四周均不设置约束。

（4）疲劳模型计算过程及输入条件

建模完成之后，在 ANSYS 的 simulation 模块中完成疲劳模型分析。疲劳分析过程需要输入正弦荷载条件下试样的 S-N 曲线、材料性质（包括嵌入的材料疲劳本构模型）、载荷类型（循环载荷）、应力比等。

　　1）砖石材料抗压疲劳破坏分析输入条件

　　输入的循环荷载类型采用上一小节钟楼台基整体计算模型在相应的地面振动速度周期下的动力响应时程，循环荷载的周期时间步为 $T=4.0\mathrm{s}$，计算设定的总循环次数为 2000000 次（超过该值仍未发生破坏就认为不会发生疲劳破坏），应力比 R 由相应地面振动速度下整体台基模型计算得到，工况循环荷载如图 3.3.22 所示。

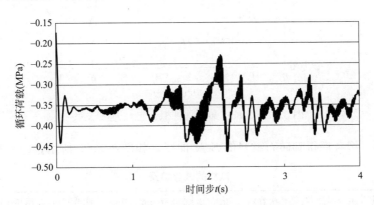

图 3.3.22　输入模型的周期循环荷载（地面振动速度为 0.774mm/s）

　　单向静压条件下砖石材料的应力-应变关系通过试验得到。由于上一节所获取的试验结果比较离散，因此在进行分析计算中，选取了 OB-2 试样的相对不利的静力应力-应变关系作为输入条件，如图 3.3.23 所示。采用前述砖石疲劳本构来拟合砖石材料的单向静压试验数据，拟合曲线如图 3.3.24 所示，拟合后的应力-应变表达式为：

$$\sigma=\begin{cases}1787\varepsilon\left[1-0.27\left(\dfrac{\varepsilon}{0.005}\right)^{2.7}\right] & (0\leqslant\varepsilon\leqslant\varepsilon_{\mathrm{f}})\\[3mm]1304.6\varepsilon\left[100.7\left(\dfrac{\varepsilon}{0.005}-1\right)^{2.2}+\dfrac{\varepsilon}{0.005}\right]^{-1} & (\varepsilon>\varepsilon_{\mathrm{f}})\end{cases}\tag{3.3.17}$$

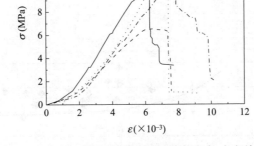

图 3.3.23　砖石构件单向静压试验的应力-应变关系

　　砖石材料 S-N 曲线可从上一节材料试验所获取的试验结果中得出：通过试验数据得到一系列离散的数据点，见表 3.3.15，通过曲线拟合得到相对较保守的试样 S-N 曲线来

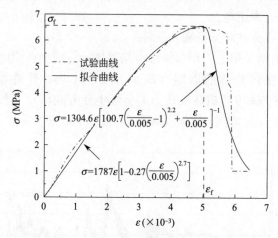

图 3.3.24 ob-2 砖石构件拟合应力-应变关系

进行疲劳分析，拟合后得到砖石材料的 S-N 曲线，如图 3.3.25 所示。

试样的试验数据   表 3.3.15

疲劳强度(MPa)	疲劳寿命 N(循环次数)	$\lg N$	疲劳强度(MPa)	疲劳寿命 N(循环次数)	$\lg N$
6.826	390475	5.592	7.846	1000484	6.000
7.268	211264	5.325	7.896	530	2.724
7.270	17564	4.245	7.951	36682	4.564
7.336	215523	5.333	7.952	66	1.820
7.460	18347	4.264	8.159	2785	3.445
7.484	3321	3.521	8.239	4988	3.698
7.486	14307	4.156	8.280	3053	3.485
7.527	47646	4.678	8.303	12818	4.108
7.762	149266	5.174	8.788	2812	3.449
7.772	13511	4.131	9.371	490	2.690
7.779	329253	5.518	10.823	269	2.431

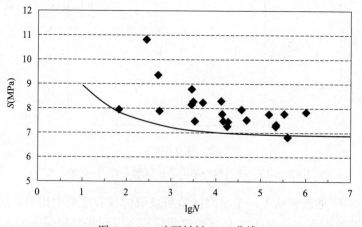

图 3.3.25 砖石材料 S-N 曲线

以 S 为 y 轴、$\lg N$ 为 x 轴的砖石材料 S-N 曲线拟合表达式为：

$$y = 0.0022x^4 - 0.0596x^3 + 0.5883x^2 - 2.515x + 10.872 \qquad (3.3.18)$$

2）砖石-糯米浆-砖石夹层材料抗压疲劳破坏分析输入条件

输入的循环荷载类型依然采用上一小节为 $T=4.0\text{s}$，计算设定的总循环次数为 2000000 次（超过该值仍未发生破坏就认为不会发生疲劳破坏），应力比 R 由相应地面振动速度下整体台基模型计算得到，循环荷载如图 3.3.26 所示。

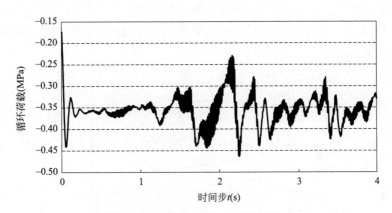

图 3.3.26　输入模型的周期循环荷载（地面振动速度为 0.774mm/s）

由于未能开展糯米浆砂浆材料的单向静压试验，无法通过试验直接获取西安古建筑糯米浆砂浆材料单向压缩条件下的应力-应变关系曲线。图 3.2.27 给出了王少杰等针对糯米浆砂浆材料所开展的单向静压试验结果，因此本研究在后续分析中，初步选定图 3.2.27 所给出的试验曲线来作为砖石-糯米浆砂浆-砖石夹层材料抗压疲劳破坏分析的输入条件，但是图 3.2.27 中的曲线是针对新制备的糯米浆砂浆，而实际古建筑中，糯米浆砂浆材料已经经由世世代代的风雨冲蚀及大大小小地层运动的冲击，其力学性质可能较新鲜制备的糯米浆砂浆材料的力学指标有所降低。因此，在分析中还另外考虑了三个不同的静强度折减系数 α：0.90、0.80 和 0.75，三个不同的静强度折减系数所对应的应力-应变关系曲线也列于图 3.3.27 中。

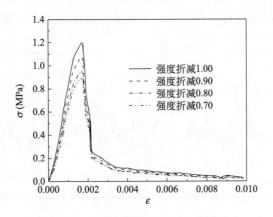

图 3.3.27　糯米浆砂浆材料单向静压试验

同样，由于糯米浆砂浆材料的 S-N 曲线也无法由试验获得，且既有文献中也没有报道任何关于这种材料疲劳破坏的试验数据，因此只能通过参考其他砂浆材料的试验资料，砂浆材料的 S-N 曲线如图 3.3.28 所示。以 S 为 y 轴、lgN 为 x 轴的砂浆材料 S-N 曲线的试验拟合表达式为：

强度折减 1.00 $\qquad$ $y = -0.1021x + 1.2$ $\qquad$ (3.3.19)

强度折减 0.90 $\qquad$ $y = -0.0919x + 1.0812$ $\qquad$ (3.3.20)

强度折减 0.80 $\qquad$ $y = -0.0817x + 0.961$ $\qquad$ (3.3.21)

强度折减 0.75 $\qquad$ $y = -0.0766x + 0.901$ $\qquad$ (3.3.22)

相应地，对应于三个不同的静强度折减系数的 S-N 曲线也通过按比例缩放的方式得到，如图 3.3.28 所示。

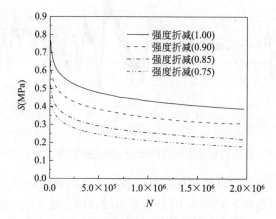

图 3.3.28　假定的糯米浆砂浆材料 S-N 曲线

3. 计算结果分析

（1）不同地面振动速度下砖石构件疲劳破坏

通过上一节的研究可知台基关键位置点，本研究中的砖石构件分别位于台基底部和台基顶部的关键位置。

1）地面振动速度为 0.774mm/s

台基底部砖石构件的竖向应力时程曲线和竖向位移时程曲线分别如图 3.3.29 和图 3.3.30 所示。在整个循环荷载历程中台基底部砖石构件的最大压应力为 0.442MPa，最大

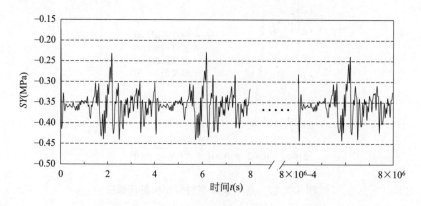

图 3.3.29　台基底部砖石构件竖向应力时程曲线

竖向位移为 3.75×10^{-2} mm（受压），构件没有发生疲劳破坏（即计算到第 2000000 个循环仍然没有发生破坏）。

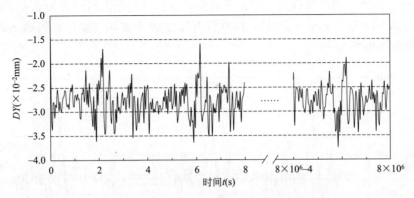

图 3.3.30　台基底部砖石构件竖向位移时程曲线

在地面振动速度为 0.774mm/s 条件下，台基顶部砖石构件的竖向应力时程曲线和竖向位移时程曲线分别如图 3.3.31 和图 3.3.32 所示。在整个循环荷载历程中台基顶部砖石构件的最大压应力为 5.53×10^{-3} MPa，最大竖向位移为 4.58×10^{-4} mm（受压），构件没有发生疲劳破坏（即计算到第 2000000 个循环仍然没有发生破坏）。

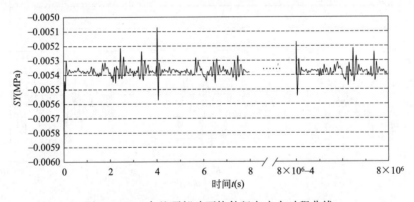

图 3.3.31　台基顶部砖石构件竖向应力时程曲线

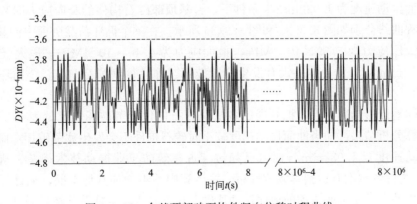

图 3.3.32　台基顶部砖石构件竖向位移时程曲线

2）地面振动速度为 1.032mm/s

台基底部砖石构件的竖向应力时程曲线和竖向位移时程曲线分别如图 3.3.33 和图 3.3.34 所示。在整个循环荷载历程中台基底部砖石构件的最大压应力为 0.471MPa，最大竖向位移为 3.83×10^{-2} mm（受压），构件没有发生疲劳破坏（即计算到第 2000000 个循环仍然没有发生破坏）。

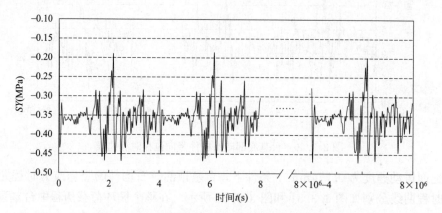

图 3.3.33 台基底部砖石构件竖向应力时程曲线

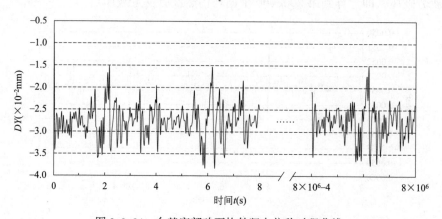

图 3.3.34 台基底部砖石构件竖向位移时程曲线

在地面振动速度为 1.032mm/s 条件下，台基顶部砖石构件的竖向应力时程曲线和竖向位移时程曲线分别如图 3.3.35 和图 3.3.36 所示。在整个循环荷载历程中台基顶部砖石构件的最大压应力为 5.59×10^{-3} MPa，最大应力为 6.40×10^{-3} MPa，最大竖向位移为 4.63×10^{-4} mm（受压），构件没有发生疲劳破坏（即计算到第 2000000 个循环仍然没有发生破坏）。

在不同地面振动速度下，拟开展的各工况砖石构件疲劳破坏情况见表 3.3.16。从表中模型计算分析结果可知当地面振动速度较小时砖石构件不会发生疲劳破坏，而当逐步增大地面振动速度至 1.032mm/s 时（已超过《古建筑防工业振动技术规范》规定值的 5 倍），砖石构件依然没有达到其疲劳寿命，故计算中不再增加其他工况，从计算结果分析认为砖石构件在常见工业振动的地面振动速度条件下并未发生疲劳破坏。另外，从各个时程曲线可知台基底部关键位置点比台基顶部关键位置点的砖石构件受力更大，因此台基底

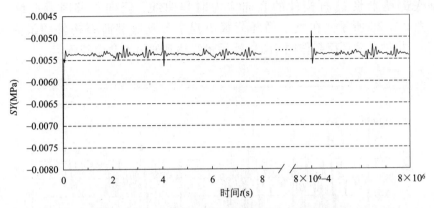

图 3.3.35　台基顶部砖石构件竖向应力时程曲线

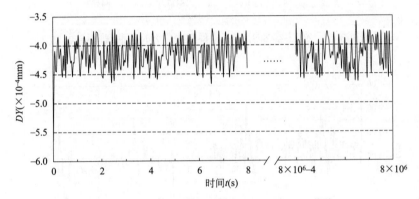

图 3.3.36　台基顶部砖石构件竖向位移时程曲线

部关键位置点的砖石构件更容易发生疲劳破坏。

砖石疲劳模型计算情况　　　　　　　　　表 3.3.16

地面振动速度(mm/s)	最大应力(MPa)	疲劳破坏情况
0.129	—	
0.258	—	
0.387	—	
0.516	—	
0.645	—	
0.774	−0.442	未疲劳
1.032	−0.471	未疲劳

注：表中应力为负值表示构件受压，应力为正值表示构件受拉；符号"—"表示不必开展的工况。

（2）不同地面振动速度下糯米浆-砖石构件疲劳破坏

通过上一小节的研究可知台基底部的关键位置点更容易发生疲劳破坏，因此本小节研究的糯米浆-砖石构件位于台基底部的关键位置。下面以静强度折减系数 $\alpha = 0.75$ 对应的工况的计算结果为例来分析不同地面振动速度下砖石-糯米浆-砖石构件的疲劳破坏情况。

1）地面振动速度为 1.032mm/s

台基底部糯米浆-砖石构件的竖向应力时程曲线、竖向位移时程曲线分别如图 3.3.37、图 3.3.38 所示。在整个循环荷载历程中台基底部砖石构件的最大压应力为 0.471MPa，构件在循环荷载作用 21033 次后最终达到疲劳寿命而破坏。

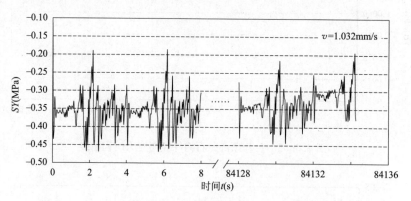

图 3.3.37　砖石-糯米浆-砖石构件竖向应力时程曲线（α=0.75）

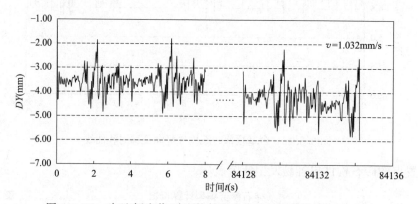

图 3.3.38　砖石-糯米浆-砖石构件竖向位移时程曲线（α=0.75）

2）地面振动速度为 0.774mm/s

台基底部糯米浆-砖石构件的竖向应力时程曲线、竖向位移时程曲线分别如图 3.3.39、图 3.3.40 所示。在整个循环荷载历程中台基底部砖石构件的最大压应力为

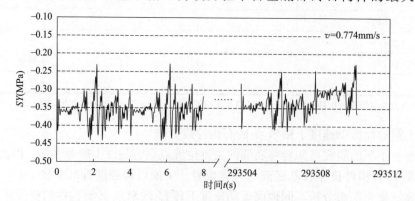

图 3.3.39　砖石-糯米浆-砖石竖向应力时程曲线（α=0.75）

第 3 章　古建筑容许振动标准

0.442MPa，构件在循环荷载作用 73377 次后最终达到疲劳寿命而破坏。

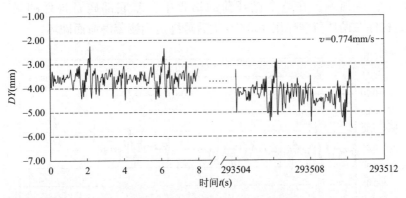

图 3.3.40　砖石-糯米浆-砖石竖向位移时程曲线（$\alpha = 0.75$）

3）地面振动速度为 0.645mm/s

台基底部糯米浆-砖石构件的竖向应力时程曲线、竖向位移时程曲线分别如图 3.3.41、图 3.3.42 所示。在整个循环荷载历程中台基底部砖石构件的最大压应力为 0.428MPa，构件在循环荷载作用 94494 次后最终达到疲劳寿命而破坏。

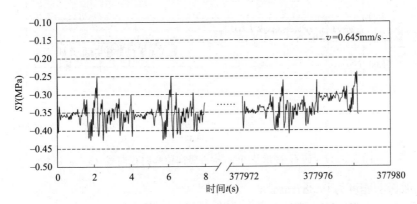

图 3.3.41　砖石-糯米浆-砖石构件竖向应力时程曲线（$\alpha = 0.75$）

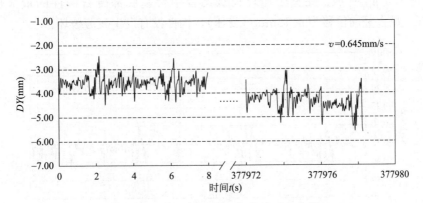

图 3.3.42　砖石-糯米浆-砖石构件竖向位移时程曲线（$\alpha = 0.75$）

4）地面振动速度为 0.516mm/s

149

台基底部糯米浆-砖石构件的竖向应力时程曲线、竖向位移时程曲线分别如图3.3.43、图3.3.44所示。在整个循环荷载历程中台基底部砖石构件的最大压应力为0.414MPa，构件在循环荷载作用163770次后最终达到疲劳寿命而破坏。

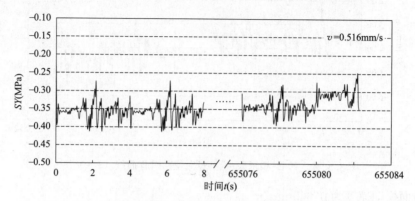

图3.3.43　砖石-糯米浆-砖石构件竖向应力时程曲线（α＝0.75）

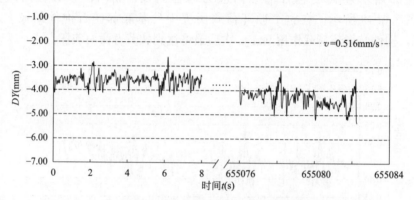

图3.3.44　砖石-糯米浆-砖石构件竖向位移时程曲线（α＝0.75）

5）地面振动速度为0.387mm/s

台基底部糯米浆-砖石构件的竖向应力时程曲线、竖向位移时程曲线分别如图3.3.45、图3.3.46所示。在整个循环荷载历程中台基底部砖石构件的最大压应力为0.398MPa，最大竖向位移为4.15mm（受压），构件没有发生疲劳破坏。

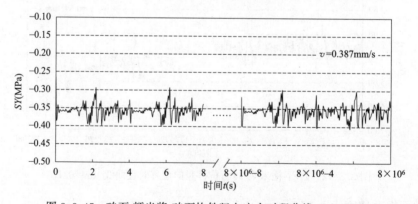

图3.3.45　砖石-糯米浆-砖石构件竖向应力时程曲线（α＝0.75）

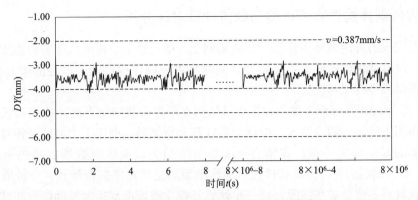

图 3.3.46　砖石-糯米浆-砖石构件竖向位移时程曲线（α＝0.75）

在不同地面振动速度下，各工况的糯米浆-砖石构件的疲劳破坏情况见表 3.3.17。从表中模型计算分析结果可知当地面振动速度较小时糯米浆-砖石构件不会发生疲劳破坏，而当逐步增大地面振动速度到一定程度，如达到 0.516mm/s 时，糯米浆-砖石构件将会达到其疲劳寿命而发生疲劳破坏。

同样，对于静强度折减系数 α＝0.80、α＝0.90 和 α＝1.00 时，不同地面振动速度下砖石-糯米浆砂浆-砖石构件的疲劳破坏情况见表 3.3.18～表 3.3.20。

疲劳破坏情况 （α＝0.75）　　　　　　　　　　　表 3.3.17

地面振动速度(mm/s)	0.129	0.258	0.387	0.516	0.645	0.774	1.032
疲劳寿命(周期荷载循环次数)	—	—	2000000	163770	94494	73377	21033
破坏情况	—	—	√	×	×	×	×

注：表中符号"√"表示构件没有发生疲劳破坏，符号"×"表示构件已疲劳破坏；符号"—"表示不必开展的工况。

疲劳破坏情况 （α＝0.80）　　　　　　　　　　　表 3.3.18

地面振动速度(mm/s)	0.129	0.258	0.387	0.516	0.645	0.774	1.032
疲劳寿命(周期荷载循环次数)	—	—	2000000	2000000	2000000	508620	76340
破坏情况	—	—	√	√	√	×	×

疲劳破坏情况 （α＝0.90）　　　　　　　　　　　表 3.3.19

地面振动速度(mm/s)	0.129	0.258	0.387	0.516	0.645	0.774	1.032
疲劳寿命(周期荷载循环次数)	—	—	—	—	2000000	2000000	287438
破坏情况	—	—	—	—	√	√	×

疲劳破坏情况 （α＝1.00）　　　　　　　　　　　表 3.3.20

地面振动速度(mm/s)	0.129	0.258	0.387	0.516	0.645	0.774	1.032
疲劳寿命(周期荷载循环次数)	—	—	—	—	—	—	2000000
破坏情况	—	—	—	—	—	—	√

3.3.3 古砖砌体构件疲劳试验与数值计算对比分析

本节在完成的古砖砌体构件疲劳试验基础上，通过数值分析嵌入疲劳损伤模型进一步研究分析古砖砌体构件的疲劳破坏特性，同时将古砖砌体构件疲劳试验的应力-应变关系与数值分析结果进行了对比。

3.3.2节通过计算分析了整体钟楼台基结构在静力荷载作用下的初始应力状态以及在工业振源作用下的动力响应情况。根据上述计算分析结果，确定了古城墙及钟楼等古建筑防疲劳破坏的最危险关键点。在结合3.3.2节和相关试验研究数据的基础上，本节在ANSYS中引入编制的古砖砌体构件疲劳损伤模型的接口程序进行计算，分析最危险关键点处古建筑材料的疲劳破坏情况，进一步评价并建立地面振动速度与钟楼台基结构的疲劳损伤情况之间的关系。

1. 古砖砌体构件疲劳试验数值仿真模型与分析工况

（1）计算域

在数值计算分析中本模型选取纵向长、宽、高分别为10cm（坐标 X 向）、5cm（坐标 Z 向）、15cm（坐标 Y 向）的立方体构件作为古砖砌体的研究对象，计算模型如图3.3.47所示，砖石材料构件模型共有392个节点、437个单元。

（2）单元选取

在ANSYS中提供了丰富的实体单元库来供用户选择，这样可以对各种材料进行模拟。本模型采用SOLID45（图3.3.21）单元模拟台基砖石构件，该单元用于三维实体结构模型，由8个节点结合而成，每个节点有 x、y、z 三个方向的自由度，具有塑性、蠕变、膨胀、应力强化、大变形和大应变等特征。砖石、糯米浆单元的材料参数见表3.3.21。

图3.3.47 古砖砌体构件模型网格划分图

单元材料参数 表3.3.21

单元类型	弹性模量 E(GPa)	泊松比 μ	密度 ρ(kg/m³)
SOLID45(古砖砌体)	0.5345	0.3	1813

（3）边界条件

根据该项目的特点，在构件的底部设置 x、y、z 三个方向的约束，在构件顶部设置 x、z 两个方向的约束，而在模型四周均不设置约束。

（4）古砖砌体疲劳模型计算过程及输入条件

建模完成之后，在ANSYS的simulation模块中完成疲劳模型分析。疲劳分析过程需要输入正弦荷载条件下试样的 S-N 曲线，材料性质（包括嵌入的材料疲劳损伤本构模型）、载荷类型（循环载荷）、应力比等。

试验对比模型输入的循环荷载类型采用与试验相同的周期循环荷载，循环荷载的周期时间步为 $T=0.1\mathrm{s}$，应力比 $R=\sigma_{\max}/\sigma_{\min}=0.2$，应力峰值 $\sigma_{\max}=5\mathrm{MPa}$ 工况循环荷载如图3.3.48所示。

钟楼台基最危险关键点处计算模型输入的循环荷载类型采用3.3.2节钟楼台基整体计

算模型在相应的地面振动速度周期下的动力响应时程，循环荷载的周期时间步为 $T =$ 4.0s，计算设定的总循环次数为 2000000 次（超过该值仍未发生破坏就认为不会发生疲劳破坏），应力比 R 由相应地面振动速度下整体台基模型计算得到，其中地面振动速度为 0.774mm/s 工况下的循环荷载如图 3.3.49 所示。

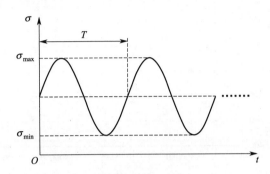

图 3.3.48 输入模型的周期循环荷载（地面振动速度为 0.774mm/s）

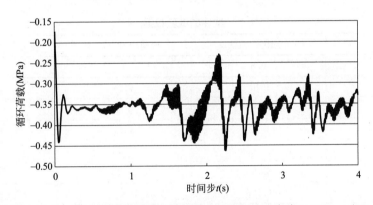

图 3.3.49 输入模型的周期循环荷载（地面振动速度为 0.774mm/s）

单向静压条件下古砖砌体构件的应力-应变关系通过试验得到。由西安交通大学所获取的古砖砌体试件单向静压试验结果见表 3.3.22，在进行分析计算中选取了疲劳试验所用的静强度作为输入条件，古砖砌体静压试验的应力-应变关系如图 3.2.31 所示。

古砖砌体静压试验结果 表 3.3.22

试件编号	弹性模量（GPa）	最大荷载（kN）	峰值应变（%）	峰值强度（MPa）	残余荷载（kN）	残余强度（MPa）	残余强度比	波速（m/s）
MB-1	0.5472	25.59	1.82	4.87	—	—	—	—
MB-2	0.3293	26.14	3.10	4.61	0.74	0.13	0.032	1805
MB-3	0.4262	15.92	2.21	3.01	3.55	0.67	0.223	1845
MB-4	0.1855	22.19	3.31	4.58	1.37	0.28	0.114	1952
MB-5	0.7383	26.43	2.50	4.94	1.14	0.21	0.049	1869
MB-6	0.5345	25.72	1.40	5.04	0.05	0.01	0.002	1745

注：MB-1 试件下降段未测量完整，故结果缺少残余荷载、残余强度及残余强度比。

由试验定义的上限应力比转换为峰值应力得到峰值应力与相应的疲劳寿命的关系，见

表 3.3.23。古砖砌体构件 S-N 曲线可从试验结果中得出，通过试验数据得到一系列离散的数据点，进行曲线拟合得到相对较保守的试样 S-N 曲线来进行疲劳分析，拟合后得到古砖砌体构件的 S-N 曲线，如图 3.3.50 所示。

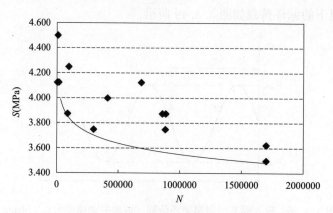

图 3.3.50　古砖砌体构件的 S-N 曲线

试件的试验数据　　　　　　　　　　　　　　　　　表 3.3.23

试件编号	上限应力比	峰值应力（MPa）	疲劳寿命 N（循环次数）
FM-1	0.8	4	413483
FM-2	0.85	4.25	97860
FM-3	0.9	4.5	7138
FM-4	0.75	3.75	880572
FM-5	0.775	3.875	5679
FM-6	0.775	3.875	5760
FM-7	0.775	3.875	884041
FM-8	0.825	4.125	15548
FM-9	0.825	4.125	2194
FM-10	0.825	4.125	684344
FM-11	0.775	3.875	88000
FM-12	0.775	3.875	12363
FM-13	0.775	3.875	857264
FM-14	0.75	3.75	659
FM-15	0.75	3.75	298337
FM-16	0.75	3.75	805
FM-17	0.75	3.75	6180
FM-18	0.75	3.75	67194
FM-19	0.7	3.5	1700000
FM-20	0.725	3.625	1700000

以峰值应力 S 为 y 轴、循环次数 N 为 x 轴的古砖砌体构件 S-N 曲线拟合表达式为：

$$y = -0.30 \lg x + 5.37$$

(3.3.23)

2. 古砖砌体构件疲劳试验与数值计算对比分析

不同上限应力比的古砖砌体构件共进行了七组 20 个试件的疲劳试验研究。由于古砖砌体试件离散性较大,选取试验中上限应力比为 0.9、0.85 的构件 FM-3 和 FM-2 进行数值计算,并与试验结果进行对比分析。

上限应力比为 0.9 时的构件试验所得动应力-应变关系如图 3.2.38 所示,构件数值计算所得动应力-应变关系如图 3.3.51 所示。上限应力比为 0.85 时的构件试验所得动应力-应变关系如图 3.2.39 所示,构件数值计算所得动应力-应变关系如图 3.3.52 所示。

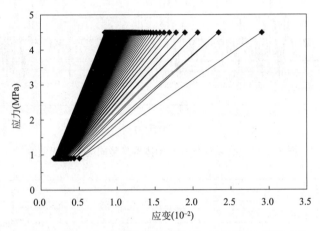

图 3.3.51　构件 FM-3 数值计算动应力-应变关系(上限应力比 0.9)

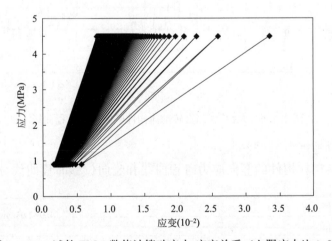

图 3.3.52　试件 FM-2 数值计算动应力-应变关系(上限应力比 0.85)

对比图 3.3.51 及图 3.3.52 的应力-应变关系曲线可知,该疲劳损伤本构的应力-应变规律基本符合试验情况,即随着损伤的累加,构件的残余应变逐步增加,相应的构件的承载能力也在逐步减小,当损伤累加到一定程度即发生疲劳破坏。

3. 不同地面振动速度下古砖砌体构件疲劳计算结果分析

通过 3.3.2 节的研究可知台基关键位置点,本小节研究的古砖砌体构件位于台基底部的关键位置。

(1)地面振动速度为 0.774mm/s

台基底部古砖砌体构件的竖向应力时程曲线和竖向位移时程曲线分别如图 3.3.53、图 3.3.54 所示。在整个循环荷载历程中台基底部古砖砌体构件的最大压应力为 0.442MPa，最大竖向位移为 0.125mm（受压），构件没有发生疲劳破坏（即计算到第 2000000 个循环仍然没有发生破坏）。

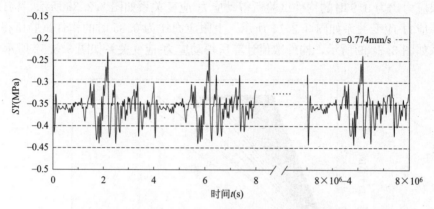

图 3.3.53　台基底部古砖砌体构件竖向应力时程曲线

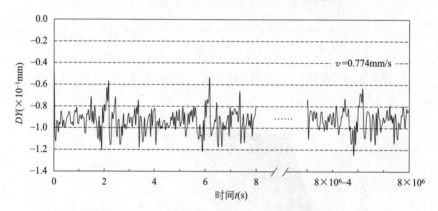

图 3.3.54　台基底部古砖砌体构件竖向位移时程曲线

（2）地面振动速度为 1.032mm/s

台基底部古砖砌体构件的竖向应力时程曲线和竖向位移时程曲线分别如图 3.3.55、

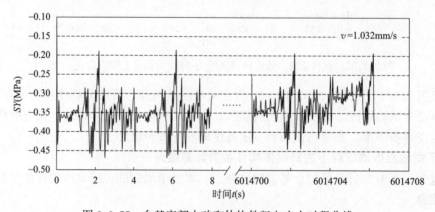

图 3.3.55　台基底部古砖砌体构件竖向应力时程曲线

图 3.3.56 所示。在整个循环荷载历程中台基底部古砖砌体构件的最大压应力为
0.471MPa，构件在循环荷载作用 1503676 次后最终达到疲劳寿命而破坏。

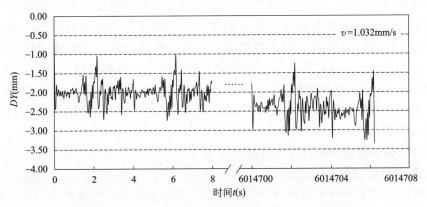

图 3.3.56　台基底部古砖砌体构件竖向位移时程曲线

　　在不同地面振动速度下，各工况的古砖砌体构件的疲劳破坏情况见表 3.3.24。从表
中模型计算分析结果可知当地面振动速度小于 0.774mm/s 时古砖砌体构件不会发生疲劳
破坏，而当增大地面振动速度到 1.032mm/s 时，古砖砌体构件将会达到其疲劳寿命而发
生疲劳破坏。

砖石疲劳模型计算情况　　　　　　　　　　　　　　　　　　表 3.3.24

地面振动速度（mm/s）	峰值应力（MPa）	疲劳破坏情况（疲劳寿命 N）
0.129	—	—
0.258	—	—
0.387	—	—
0.516	—	—
0.645	—	—
0.774	−0.442	未疲劳
1.032	−0.471	1503676

　　注：表中应力为负值表示构件受压，应力为正值表示构件受拉；符号"—"表示不必开展的工况。

3.3.4　钟楼木结构防疲劳破坏振动控制研究

　　在自重及工业振动荷载作用下，钟楼木结构中非榫接接头位置处（不存在局部应力集
中的现象）最大轴向（即顺纹）拉应力为 1.125MPa，最大轴向（即顺纹）压应力为
0.678MPa。古木材顺纹方向的抗拉强度超过 100MPa，而顺纹方向的抗压强度更是高达
60MPa。因此，在非榫接接头位置处，钟楼木结构实际所受拉压应力远小于其抗拉抗压强
度（实际所受拉应力仅为抗拉强度的 1.13%，实际所受压应力仅为抗压强度的 1.13%），
因此可以肯定：在所分析的工业振动速度峰值范围内，非榫接接头位置处所受的实际拉压
应力明显小于材料的拉压疲劳强度，不会发生疲劳破坏。但需要注意的是，在木结构榫接
接头位置处，一则会出现非常显著的应力集中现象，二则榫接接头位置处可能会产生较大
的横纹拉应力，而木结构横纹抗拉强度远小于其顺纹抗拉强度（往往只有顺纹抗拉强度的

1/10～1/40），因此榫接接头位置更为危险，存在发生疲劳破坏的可能性。

所以，以钟楼木结构榫接接头为研究对象，计算工业振动荷载作用下榫接接头的应力状态和局部应力时程，进而根据其应力时程和木材横纹顺纹疲劳损伤本构模型，评价榫接接头是否会发生疲劳破坏。具体工作如下：建立了钟楼榫卯结构模型，模拟了钟楼木结构在地面振动荷载下的受力情况，分析了振动荷载速度幅值对钟楼木结构危险节点总应力的影响，通过将木结构最危险关键点部位的局部网格细化，在 ANSYS 中引入编制的木材疲劳损伤模型的接口程序进行有限元计算，计算分析了钟楼上部木结构最危险关键点处的疲劳破坏情况，并评价了地面振动速度与钟楼木结构的疲劳损伤情况之间的关系。

1. 钟楼木结构榫接接头处应力状态分析

（1）榫卯结构三维仿真模型

通过数值仿真来分析木结构榫卯节点处在工业振动荷载作用下的动力响应及应力时程，将确定的应力时程加入到已建立的木结构疲劳损伤模型中，计算工业振动荷载作用下木结构榫卯节点的疲劳特性。通过之前确定的钟楼木结构相关参数，材料密度为 450kg/m^3，弹性模量为 8.251GPa，建立榫卯接头实体三维数值有限元模型，模型单元类型选择 ANSYS 软件中自带的实体单元，SOLID64 单元，该单元可以模拟木结构材料的各向异性特性。钟楼一层角柱、边柱、中柱处榫卯的结构有限元模型网格划分图如图 3.3.57 所示，角柱、边柱、中柱上分别插有二根、三根、四根榫头。所有单元采用实体单元，模型中柱半径为 0.4m，梁截面高 0.7m、宽 0.3m，柱以外梁的长度为 1.05m，榫头长 0.45m、高 0.5m、宽 0.2m。榫头没有完全插入榫窝中，插入榫窝的长度为 0.4m，还有长度为 0.05m 榫头在柱外面，榫头的局部网格划分图如图 3.3.58 所示。由于榫头跟柱之间并不是刚接，也不是铰接，而是刚接与铰接之间的半刚性连接，在建立三维仿真模型时，通过在榫头和榫窝之间施加接触面来实现榫卯的半刚性特性，接触面的摩擦系数根据经验取 0.4。在模型底面（$Z = -3\text{m}$）施加所有方向约束，其他面为自由表面。

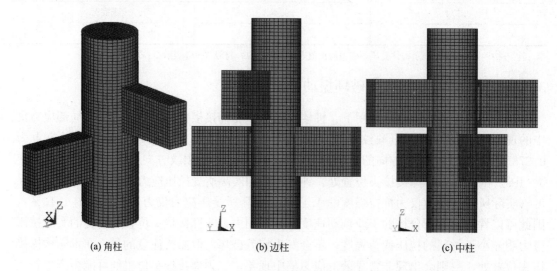

(a) 角柱　　　　　　(b) 边柱　　　　　　(c) 中柱

图 3.3.57　榫卯接头单元网格划分图

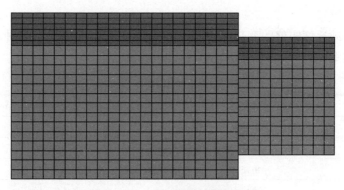

图 3.3.58　榫头局部网格划分图

在分析时，将自重引起的静载和工业振动引起的动载分开分析，再将两者叠加起来，得到榫卯结构各单元和节点的最终应力状态。3.3.1 节已经计算出了钟楼在静载和动载作用下各单元和节点的静力和动力响应和应力历程。将相关截面单元动载和静载作用下的 FX、FY、FZ、MX、MY、MZ 应力时程提取出来，并反向加载到柱顶梁截面以及梁各截面，计算木结构榫卯接头的动力响应。在施加弯矩时，忽略扭矩的影响，并通过公式（3.3.24）将弯矩转换为轴向正应力，再通过荷载梯度，将得到的正应力施加到模型中。

$$\sigma = \frac{My}{I_Z} \tag{3.3.24}$$

角柱静载和动载刚开始时刻的边界荷载分别如图 3.3.59(a) 和（b）所示。图中红色的部分为 FX、FY、FZ 在截面上产生的截面正应力和截面切应力。彩色阶梯状的荷载为由截面弯矩引起的截面正应力。

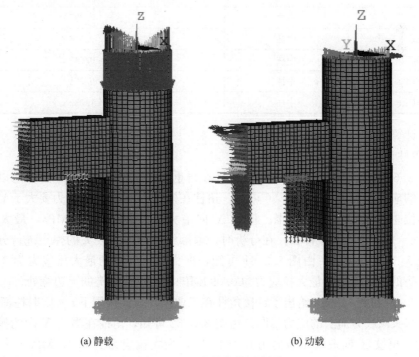

(a) 静载　　　　　　　　　　(b) 动载

图 3.3.59　边界荷载示意图

（2）计算工况

根据振动荷载速度幅值的变化木结构柱子类型的不同，共选取 15 种基本工况进行分析。具体工况类型如表 3.3.25 所示。

基本工况 表 3.3.25

工况编号	柱子类型	钟楼底部速度荷载幅值（mm/s）
SC1	角柱	0.129
SC2	角柱	0.258
SC3	角柱	0.387
SC4	角柱	0.516
SC5	角柱	0.645
SC6	角柱	0.774
SC7	角柱	1.032
SC8	边柱	0.129
SC9	边柱	0.258
SC10	边柱	0.387
SC11	边柱	0.516
SC12	边柱	0.645
SC13	边柱	0.774
SC14	边柱	1.032
SC15	中柱	0.129
SC16	中柱	0.258
SC17	中柱	0.387
SC18	中柱	0.516
SC19	中柱	0.645
SC20	中柱	0.774
SC21	中柱	1.032

（3）计算结果分析

1）角柱计算结果分析

图 3.3.60 和图 3.3.61 给出了钟楼角柱在自重作用下柱横纹 X 向和 Y 向以及榫头顺纹方向上的应力云图。由图 3.3.60 可知，角柱在横纹 X 向的拉压应力要大于 Y 向，应力较大的部位主要集中在榫窝周围。横纹 X 向最大压应力为 0.237MPa，最大拉应力为 0.207MPa。角柱上有两根榫头，在分析时，取顺纹方向应力较大的榫头进行分析，本次分析选取 X 方向的榫头。由图 3.3.61 可知，榫头顺纹方向的最大压应力为 0.155MPa，发生在榫头的下边缘处，最大拉应力为 0.099MPa，发生在榫头的上边缘处。

图 3.3.62 和图 3.3.63 给出了钟楼角柱在工业振动荷载作用下 $t=4s$ 时柱横纹 X 向和 Y 向以及榫头顺纹方向上的应力云图。由图 3.3.62 可知，角柱在横纹 X 向的拉压应力要大于 Y 向，横纹 X 向最大压应力为 0.184MPa，最大拉应力为 0.212MPa。由图 3.3.63 可知，榫头顺纹方向的最大压应力为 0.378MPa，发生在榫头的上边缘处，最大拉应力为

0.394MPa，发生在榫头的下边缘处。动载作用下，角柱横纹方向上的应力跟静载作用下角柱横纹方向上应力大致相同，榫头顺纹方向上动载引起的应力明显大于静载引起的应力，动载引起的最大压应力占总应力的 70.91%，动载引起的最大拉应力占总应力的 79.92%。

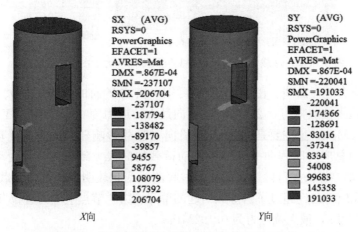

图 3.3.60 静载作用下柱横纹方向应力云图（单位：Pa）

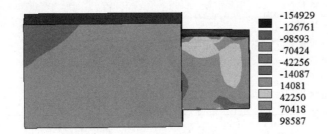

图 3.3.61 静载作用下 X 向榫头顺纹方向应力云图（单位：Pa）

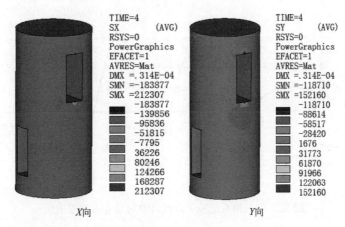

图 3.3.62 动载作用下柱横纹方向应力云图（单位：Pa）

图 3.3.64 为和图 3.3.65 分别为柱横纹 X 向和 Y 向以及榫头顺纹方向危险节点（应

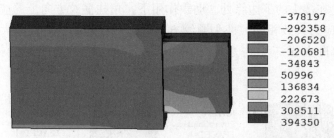

图 3.3.63　静载作用下 X 向榫头顺纹方向应力云图（单位：Pa）

力最大）总的应力时程曲线。由图 3.3.64 可知，横纹 Y 向的总应力要大于 X 向的总应力，节点 Y 向最大拉应力为 0.295MPa，X 向最大拉应力为 0.213MPa，Y 向最大拉应力比 X 向大 0.082MPa，这主要是因为柱上 X 向受静载影响较大的单元受动载影响较小。柱危险节点 Y 向总应力时程曲线同随机振动荷载的曲线大致相同，其受动载影响较大。由图 3.3.65 可知，榫头上危险节点的应力时程曲线变化较明显，其受动载影响较大，由动载引起的单元应力已经超过了由静载引起的单元应力。节点上应力有拉有压，单元最大压应力为 0.495MPa，最大拉应力为 0.192MPa。

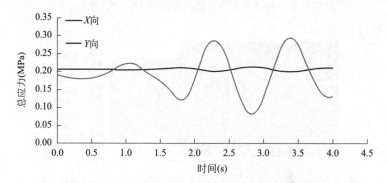

图 3.3.64　柱危险节点横纹方向总应力时程曲线

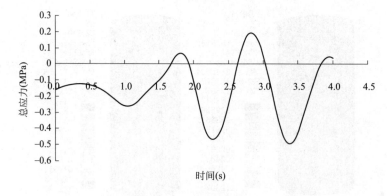

图 3.3.65　榫头危险节点顺纹方向总应力时程曲线

2）边柱计算结果分析

图 3.3.66 和图 3.3.67 给出了钟楼边柱在自重作用下柱横纹 X 向和 Y 向以及榫头顺

纹方向上的应力云图。由图 3.3.66 可知，边柱在横纹 X 向的拉压应力要大于 Y 向，横纹 X 向最大压应力为 1.35MPa，最大拉应力为 1.04MPa。边柱上有三根榫头，在分析时，取顺纹方向应力较大的榫头进行分析，本次分析选取 X 向的一根榫头。由图 3.3.67 可知，榫头顺纹方向的最大压应力为 2.19MPa，发生在榫头的上边缘处，最大拉应力为 2.21MPa，发生在榫头的下边缘处，最大拉压应力大致相同。对比分析角柱和边柱应力云图可以看出，边柱上由静载引起的横纹 X 向和 Y 向应力要大于角柱，边柱 X 向最大拉应力比角柱大了 0.833MPa，边柱榫头顺纹方向拉应力比角柱大了 2.111MPa。

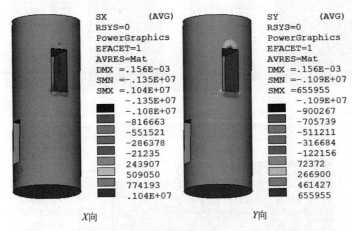

图 3.3.66　静载作用下柱横纹方向应力云图（单位：Pa）

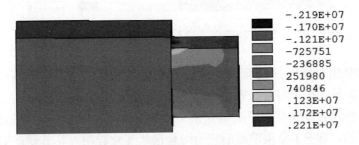

图 3.3.67　静载作用下 X 向榫头顺纹方向应力云图（单位：Pa）

　　图 3.3.68 和图 3.3.69 给出了钟楼边柱在工业振动荷载作用下 $t=4$s 时柱横纹 X 向和 Y 向以及榫头顺纹方向上的应力云图。由图 3.3.68 可知，边柱在横纹 X 向的拉压应力要大于 Y 向，横纹 X 向最大压应力为 0.184MPa，最大拉应力为 0.212MPa。由图 3.3.69 可知，榫头顺纹方向的最大压应力为 0.378MPa，发生在榫头的上边缘处，最大拉应力为 0.395MPa，发生在榫头的下边缘处。动载作用下，边柱横纹方向上的应力比静载作用下边柱横纹方向上应力要小，边柱上的应力主要由静载控制。榫头顺纹方向上动载引起的应力明显小于静载引起的应力，动载引起的最大压应力占总应力的 14.73%，动载引起的最大拉应力占总应力的 15.16%。

　　图 3.3.70 和图 3.3.71 分别为柱横纹 X 向和 Y 向以及榫头顺纹方向危险节点（应力最大）总的应力时程曲线。由图 3.3.70 可知，横纹 X 向的总应力要大于 Y 向的总应力，

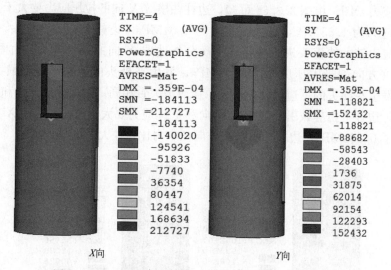

图 3.3.68 动载作用下柱横纹方向应力云图（单位：Pa）

图 3.3.69 动载作用下 X 向榫头顺纹方向应力云图（单位：Pa）

X 向和 Y 向的变化曲线同振动荷载曲线变化曲线基本一直。节点 X 向最大拉应力为 1.352MPa，Y 向最大拉应力为 0.733MPa，Y 向最大拉应力比 X 向小 0.619MPa，这主要是由于 X 向受静载的影响要大于 Y 向，两个方向上的危险节点受动载的影响基本相同。由图 3.3.71 可知，榫头上危险节点的应力时程曲线变化较明显，其受动载影响较大，由动载引起的最大节点总应力小于由静载引起的节点总应力。节点上应力只有拉应力，节点最大拉应力为 2.874MPa，最小拉应力为 1.524MPa。

3）中柱计算结果分析

图 3.3.72 和图 3.3.73 给出了钟楼中柱在自重作用下柱横纹 X 向和 Y 向以及榫头顺纹方向上的应力云图。由图 3.3.72 可知，中柱在横纹 X 向的拉应力要大于 Y 向，横纹 X 向最大压应力为 1.19MPa，最大拉应力为 0.719MPa，横纹 Y 向最大压应力为 1.28MPa，最大拉应力为 0.623MPa。中柱上有四根榫头，在分析时，取顺纹方向应力较大的榫头进行分析，本次分析选取 Y 向的一根榫头。由图 3.3.73 可知，榫头顺纹方向的最大压应力为 1.82MPa，发生在榫头的上边缘处，最大拉应力为 1.67MPa，发生在榫头的下边缘处，最大拉压应力大致相同。对比分析中柱和边柱应力云图可以看出，中柱上由静载引起的横纹 X 向和 Y 向最大拉应力小于边柱，中柱 X 向最大拉应力比边柱小 0.324MPa，中柱 Y 向最大拉应力比边柱小 0.032MPa，中柱榫头顺纹方向拉应力比边柱小 0.54MPa。

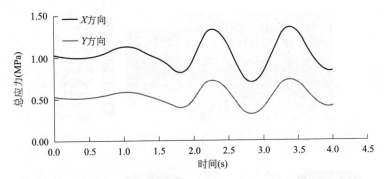

图 3.3.70 柱危险节点横纹方向总应力时程曲线

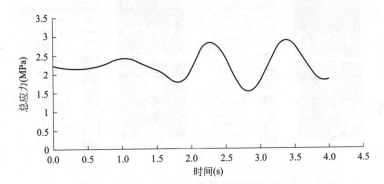

图 3.3.71 榫头危险节点顺纹方向总应力时程曲线

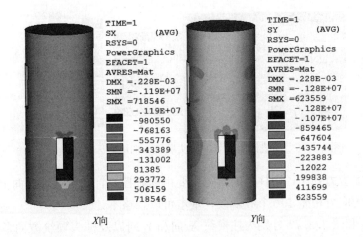

图 3.3.72 静载作用下柱横纹方向应力云图（单位：Pa）

图 3.3.74 和图 3.3.75 给出了钟楼中柱在工业振动荷载作用下 $t=4s$ 时柱横纹 X 向和 Y 向以及榫头顺纹方向上的应力云图。由图 3.3.74 可知，中柱在横纹 X 向的拉压应力要大于 Y 向，横纹 X 向最大压应力为 0.170MPa，最大拉应力为 0.189MPa。由图 3.3.75 可知，榫头顺纹方向的最大压应力为 0.003MPa，发生在榫头的下边缘处，最大拉应力为 0.003MPa，发生在榫头的上边缘处。动载作用下，中柱横纹方向上的应力比静载作用下

图 3.3.73　静载作用下 Y 向榫头顺纹方向应力云图（单位：Pa）

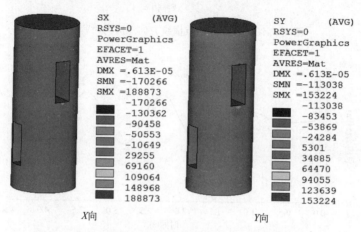

X向　　　　　　　　　　　　　　　Y向

图 3.3.74　动载作用下柱横纹方向应力云图（单位：Pa）

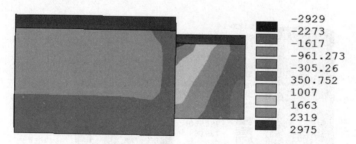

图 3.3.75　动载作用下 Y 向榫头顺纹方向应力云图（单位：Pa）

边柱横纹方向上应力要小，边柱上的应力主要由静载控制。榫头顺纹方向上动载引起的应力比静载引起的应力相差 10^3 个数量级，基本可以忽略不计。

图 3.3.76 和图 3.3.77 分别为柱横纹 X 向和 Y 向以及榫头顺纹方向危险节点（应力最大）总的应力时程曲线。由图 3.3.76 可知，横纹 Y 向的总应力要大于 X 向的总应力，X 向和 Y 向的应力基本没有变化，两个方向上的危险节点受动载的影响都很小。节点 X 向最大拉应力为 0.539MPa，Y 向最大拉应力为 0.625MPa，Y 向最大拉应力比 X 向大 0.076MPa，这主要是由于 Y 向受静载的影响要大于 X 向。

由图 3.3.77 可知，榫头上危险节点的应力时程曲线变化不明显，基本为一条曲线，其受动载影响较小，由动载引起的最大节点总应力远小于由静载引起的节点总应力。节点上应力只有拉应力，节点最大拉应力为 1.668MPa，最小拉应力为 1.667MPa。

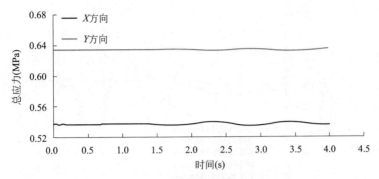

图 3.3.76　柱危险节点横纹方向总应力时程曲线

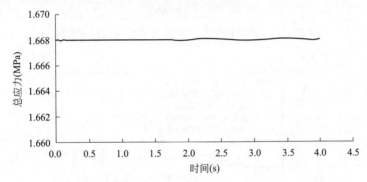

图 3.3.77　榫头危险节点顺纹方向总应力时程曲线

2. 振动荷载速度幅值对木结构危险节点总应力影响

（1）振动荷载速度幅值对角柱危险节点总应力影响

图 3.3.78～图 3.3.80 分别反映了振动荷载速度幅值对角柱危险节点横纹 X 向总应力时程、角柱危险节点横纹 Y 向总应力时程及角柱榫头危险节点顺纹方向总应力时程的影响。由图 3.3.78～图 3.2.80 可知，随着速度幅值的增大，时程曲线的总应力幅值逐渐增大。当速度幅值分别为 0.129mm/s、0.258mm/s、0.387mm/s、0.516mm/s、0.645mm/s 时：角柱危险节点横纹 X 向的总应力幅值分别为 0.213MPa、0.219MPa、0.225MPa、0.231MPa、0.237MPa，最大总应力幅值比最小总应力幅值增大了 0.024MPa；角柱危险节点横纹 Y 向的总应力幅值分别为 0.295MPa、0.400MPa、0.505MPa、0.610MPa、0.716MPa，最大总应力幅值比最小总应力幅值增大了 0.421MPa；榫头危险节点顺纹向的总应力幅值分别为 －0.495MPa、－0.516MPa、－0.538MPa、－0.560MPa、－0.581MPa，最大总应力幅值比最小总应力幅值增大了 0.086MPa。

（2）振动荷载速度幅值对边柱危险节点总应力影响

图 3.3.81～图 3.3.83 分别反映了振动荷载速度幅值对边柱危险节点横纹 X 向总应力时程、边柱危险节点横纹 Y 向总应力时程及边柱榫头危险节点顺纹方向总应力时程的影响。由图 3.3.81～图 3.3.83 可知，随着速度幅值的增大，时程曲线的总应力幅值逐渐增大。当速度幅值分别为 0.129mm/s、0.258mm/s、0.387mm/s、0.516mm/s、0.645mm/s 时：边柱危险节点横纹 X 向的总应力幅值分别为 1.352MPa、1.677MPa、2.001MPa、2.326MPa、

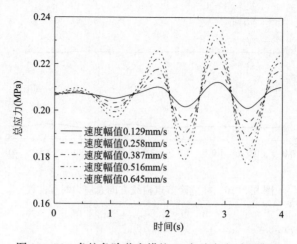

图 3.3.78　角柱危险节点横纹 X 向总应力时程曲线

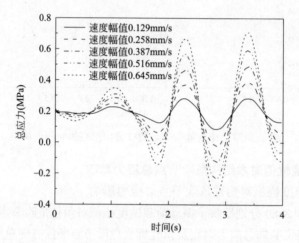

图 3.3.79　角柱危险节点横纹 Y 向总应力时程曲线

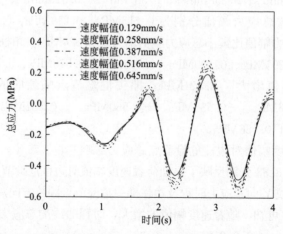

图 3.3.80　角柱榫头危险节点顺纹方向总应力时程曲线

2.650MPa，最大总应力幅值比最小总应力幅值增大了 1.298MPa；边柱危险节点横纹 Y 向的总应力幅值分别为 0.733MPa、0.938MPa、1.144MPa、1.349MPa、1.555MPa，最大总应力幅值比最小总应力幅值增大了 0.822MPa；榫头危险节点顺纹向的总应力幅值分别为 2.874MPa、3.541MPa、4.208MPa、4.876MPa、5.543MPa，最大总应力幅值比最小总应力幅值增大了 2.669MPa。

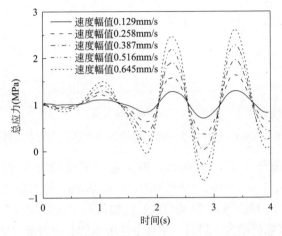

图 3.3.81　边柱危险节点横纹 X 向总应力时程曲线

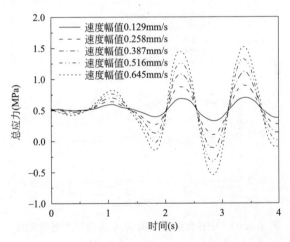

图 3.3.82　边柱危险节点横纹 Y 向总应力时程曲线

（3）振动荷载速度幅值对中柱危险节点总应力影响

图 3.3.84～图 3.3.86 分别反映了振动荷载速度幅值对中柱危险节点横纹 X 向总应力时程、中柱危险节点横纹 Y 向总应力时程及中柱榫头危险节点顺纹方向总应力时程的影响。由图 3.3.84～图 3.3.86 可知，随着速度幅值的增大，时程曲线的总应力幅值逐渐增大。当速度幅值分别为 0.129mm/s、0.258mm/s、0.387mm/s、0.516mm/s、0.645mm/s 时：中柱危险节点横纹 X 向的总应力幅值分别为 0.540MPa、0.542MPa、0.544MPa、0.546MPa、0.548MPa，最大总应力幅值比最小总应力幅值增大了 0.008MPa；中柱危险节点横纹 Y 向的总应力幅值分别为 0.635MPa、0.636MPa、0.638MPa、0.639MPa、0.640MPa，最大总应力

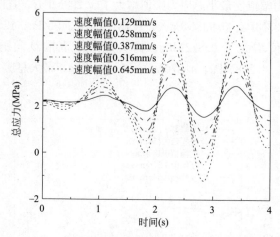

图 3.3.83　边柱榫头危险节点顺纹方向总应力时程曲线

幅值比最小总应力幅值增大了 0.005MPa；榫头危险节点顺纹方向的总应力幅值分别为 1.668MPa、1.669MPa、1.671MPa、1.672MPa、1.673MPa，最大总应力幅值比最小总应力幅值增大了 0.005MPa。由此可知，振动荷载速度幅值对中柱危险节点和中柱榫头节点影响非常小，振动荷载速度幅值增大 5 倍时，中柱危险节点的总应力最大增幅仅为 0.008MPa。

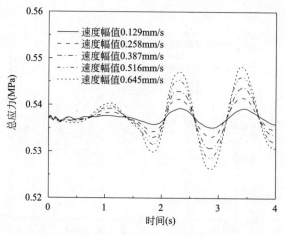

图 3.3.84　中柱危险节点横纹 X 向总应力时程曲线

3. 钟楼木结构疲劳破坏本构模型

木材是多孔、非均匀且各向异性的绿色建筑材料，其复杂的本构关系主要体现为在拉力或剪力作用下发生脆性破坏，而在压力作用下发生塑性变形，且拉压强度不相等。木材的应力-应变关系如图 3.3.87 所示，图中 X_T、Y_T 和 Z_T 分别为木材顺纹纵向、横纹径向和切向的抗拉强度；X_C、Y_C 和 Z_C 分别为木材顺纹纵向、横纹径向和切向的抗压屈服强度；S_{XY}、S_{YZ} 和 S_{ZX} 分别为木材 $L\text{-}R$、$R\text{-}T$ 和 $T\text{-}L$ 三个平面的抗剪强度；N_i 为木材抗压应变硬化时屈服面转移系数；n_2 和 n_3 分别为木材横纹径向和弦向抗压最终强度与屈服强度（Y_C 和 Z_C）的比值；$\varepsilon_{0,1}$ 为木材顺纹抗压时应变软化的门槛值，而 $\varepsilon_{0,2}$ 和 $\varepsilon_{0,3}$ 则分别为木材横纹径向和弦向承压二次应变硬化（简称二次硬化）的门槛值。

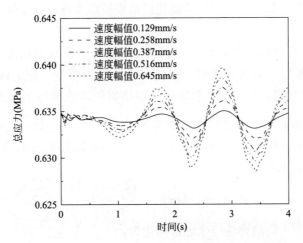

图 3.3.85　中柱危险节点横纹 Y 向总应力时程曲线

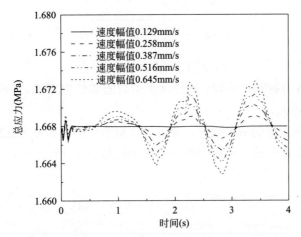

图 3.3.86　中柱榫头危险节点顺纹方向总应力时程曲线

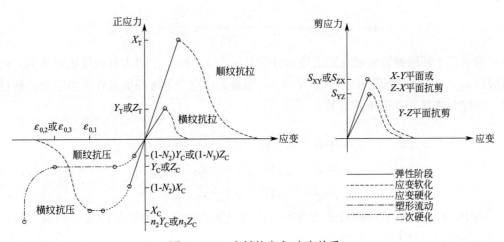

图 3.3.87　木材的应力-应变关系

通过引入损伤因子和使用应力逐步退化模型来模拟木材的应变软化，如下式所示：

$$\sigma_{ij} = (1-d_i)\sigma_{ij} \tag{3.3.25}$$

式中：σ_{ij} 为无损弹性应力；d_i 为损伤因子；当木材没有损伤时 $d_i=0$，完全损伤时 $d_i=1$，$(1-d_i)$ 则为应力折减系数。损伤因子一般为应变、应力或能量的函数。Simo 和 Ju 针对各向同性材料提出了基于总应变的损伤累积理论模型，认为材料损伤由总应变和无损弹性模量所确定，并使用弹性应变能来表示，即 $\tau = \sqrt{D_{ijkl}\varepsilon_{ij}\varepsilon_{kl}} = \sqrt{\sigma_{kl}^*\varepsilon_{kl}}$。本文将此模型推广到各向异性的木材中，并构造了如式（3.3.26）所示的损伤因子 d_i 来表示木材 L、R 和 T 三向的损伤情况。

$$d_i = 1 - \exp\left[\frac{-(\tau_i - \tau_{i,0})}{\tau_{i,0}}\right] \tag{3.3.26}$$

式中：τ_i 为木材 i 向的弹性应变能，简化为：

$$\tau_1 = \sqrt{\sigma_{11}^*\varepsilon_{11} + 2(\sigma_{12}^*\varepsilon_{12} + \sigma_{31}^*\varepsilon_{31})} \tag{3.3.27}$$

$$\tau_2 = \sqrt{\sigma_{22}^*\varepsilon_{22} + 2(\sigma_{12}^*\varepsilon_{12} + \sigma_{23}^*\varepsilon_{23})} \tag{3.3.28}$$

$$\tau_3 = \sqrt{\sigma_{33}^*\varepsilon_{33} + 2(\sigma_{31}^*\varepsilon_{31} + \sigma_{23}^*\varepsilon_{23})} \tag{3.3.29}$$

式中：$\tau_{i,0}$ 为应力状态；达到 i 向强度准则时的弹性应变能，i 向强度越高且对应的应变越大，则 $\tau_{i,0}$ 越大。

对于木材受压屈服后的应变硬化，通过设置初始屈服面和最终屈服面，并控制屈服面由前者向后者的转移来描述。初始和最终屈服函数如下式（3.3.30）所示：

$$
\begin{aligned}
f_1(\sigma_{11},\sigma_{12},\sigma_{31}) &= \frac{\sigma_{11}^2}{X_C^2(1-N_1)^2} + \frac{\sigma_{12}^2}{S_{XY}^2} + \frac{\sigma_{31}^2}{S_{ZX}^2} - 1 \\
f_2(\sigma_{22},\sigma_{12},\sigma_{23}) &= \frac{\sigma_{22}^2}{Y_C^2(1-N_2)^2} + \frac{\sigma_{12}^2}{S_{XY}^2} + \frac{\sigma_{23}^2}{S_{YZ}^2} - 1 \\
f_3(\sigma_{33},\sigma_{31},\sigma_{23}) &= \frac{\sigma_{33}^2}{Z_C^2(1-N_3)^2} + \frac{\sigma_{31}^2}{S_{ZX}^2} + \frac{\sigma_{23}^2}{S_{YZ}^2} - 1
\end{aligned} \tag{3.3.30}
$$

表示三个屈服面转移状态的反应力分别有 α_L、α_R 和 α_T。以木材顺纹抗压为例，初始屈服时 $\alpha_L=0$；最终屈服时 $\alpha_L = -N_1 X_C$，即最大反应力等于屈服面在应力空间的转移总量。反应力增量 $\Delta\alpha_i$ 由下式计算：

$$
\begin{aligned}
\Delta\alpha_L &= C_{\alpha,L} G_{\alpha,L}(\sigma_{11} - \alpha_L)\Delta\varepsilon_L^p \\
\Delta\alpha_R &= C_{\alpha,R} G_{\alpha,R}(\sigma_{22} - \alpha_R)\Delta\varepsilon_R^p \\
\Delta\alpha_T &= C_{\alpha,T} G_{\alpha,T}(\sigma_{33} - \alpha_T)\Delta\varepsilon_T^p
\end{aligned} \tag{3.3.31}
$$

式中：$C_{\alpha,i}$ 为屈服面转移速度参数，由试验得到；$G_{\alpha,i}$ 为屈服面转移约束方程，限制屈服面转移使其不超出最终屈服面，$G_{\alpha,L} = 1 - \alpha_L/N_1\sigma_L^F$，$G_{\alpha,R} = 1 - \alpha_R/N_2\sigma_R^F$ 和 $G_{\alpha,T} = 1 - \alpha_T/N_3\sigma_T^F$，其中 σ_i^F 为最终屈服应力，根据式（3.3.30）可求得：

$$\sigma_L^F = -X_C \sqrt{1 - \frac{\sigma_{12}^2}{S_{XY}^2} - \frac{\sigma_{31}^2}{S_{ZX}^2}}$$

$$\sigma_R^F = -Y_C \sqrt{1 - \frac{\sigma_{12}^2}{S_{XY}^2} - \frac{\sigma_{23}^2}{S_{YZ}^2}} \tag{3.3.32}$$

$$\sigma_T^F = -Z_C \sqrt{1 - \frac{\sigma_{31}^2}{S_{ZX}^2} - \frac{\sigma_{23}^2}{S_{YZ}^2}}$$

$(\sigma_i - \alpha_i)$ 为折剪应力；$\Delta \varepsilon_i^p$ 为等效塑形应变增量，与式（3.3.30）的屈服函数对应，简化为：

$$\Delta \varepsilon_L^p = \sqrt{\Delta \varepsilon_{11}^{p\ 2} + 2\Delta \varepsilon_{12}^{p\ 2} + 2\Delta \varepsilon_{31}^{p\ 2}} \tag{3.3.33}$$

$$\Delta \varepsilon_R^p = \sqrt{\Delta \varepsilon_{22}^{p\ 2} + 2\Delta \varepsilon_{12}^{p\ 2} + 2\Delta \varepsilon_{23}^{p\ 2}} \tag{3.3.34}$$

$$\Delta \varepsilon_T^p = \sqrt{\Delta \varepsilon_{33}^{p\ 2} + 2\Delta \varepsilon_{23}^{p\ 2} + 2\Delta \varepsilon_{31}^{p\ 2}} \tag{3.3.35}$$

木材是由木纤维沿树干纵向排列组成的纤维束状有机材料，在横纹承压时细胞壁被压扁致使木材变密实。因此，与许多材料不同，木材横纹承压完全进入塑性后并不发生卸载破坏，而在发生一定应变后，其承载强度却快速增长，称之为二次应变硬化。在横纹应变超过 $\varepsilon_{0.2}$ 或 $\varepsilon_{0.3}$ 后屈服面从最终屈服面向二次最终屈服面转移。

$$f_2(\sigma_{22}, \sigma_{12}, \sigma_{23}) = \frac{\sigma_{22}^2}{Y_C^2(n_2-1)^2} + \frac{\sigma_{12}^2}{S_{XY}^2} + \frac{\sigma_{23}^2}{S_{YZ}^2} - 1 \tag{3.3.36}$$

$$f_3(\sigma_{33}, \sigma_{31}, \sigma_{23}) = \frac{\sigma_{33}^2}{Z_C^2(n_3-1)^2} + \frac{\sigma_{31}^2}{S_{ZX}^2} + \frac{\sigma_{23}^2}{S_{YZ}^2} - 1 \tag{3.3.37}$$

描述二次应变硬化的反应力为 β_R 和 β_T，反应力增量 $\Delta \beta_i$ 由式（3.3.38）和式（3.3.39）计算。

$$\Delta \beta_R = C_{\beta,R} G_{\beta,R} (\sigma_{22} - \alpha_R - \beta_R) \Delta \varepsilon_R^p \tag{3.3.38}$$

$$\Delta \beta_T = C_{\beta,T} G_{\beta,T} (\sigma_{33} - \alpha_T - \beta_T) \Delta \varepsilon_T^p \tag{3.3.39}$$

式中：$C_{\beta,i}$ 为二次硬化的屈服面转移速度参数，由试验得到；$G_{\beta,i}$ 为二次硬化屈服面转移约束方程，限制屈服面转移使其不超出二次最终屈服面；$G_{\beta,R} = 1 - \beta_R/(n_2-1)\sigma_R^F$ 和 $G_{\beta,T} = 1 - \beta_T/(n_3-1)\sigma_T^F$；$(\sigma_i - \alpha_i - \beta_i)$ 为二次硬化的折减应力。

4. 钟楼木结构疲劳破坏数值仿真模型与分析工况

由上述木材的静本构模型可知，木材受力破坏机理非常复杂，很难建立起考虑复杂应力条件的木结构疲劳破坏耦合计算模型和计算程序，因此本研究中采用横纹方向和顺纹方向解耦的方法，分别判断横纹拉压应力或顺纹拉压应力条件下木材是否会发生横纹受拉疲劳破坏或顺纹受拉疲劳破坏。

（1）计算域

本模型选取纵向长度为 10cm、截面直径为 5cm 的圆柱状构件作为木结构的研究对象，计算模型如图 3.3.88 所示，木材构件模型共有 611 个节点、844 个单元。

（2）单元选取及材料参数的确定

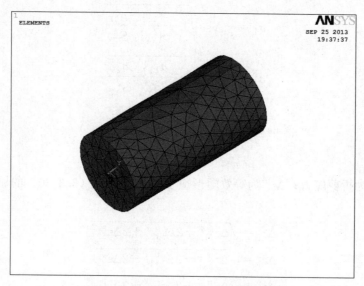

图 3.3.88　木材构件模型网格划分图

本模型采用 SOLID64 单元模拟木材构件，该单元可以模拟木结构材料的各向异性特性，用于三维实体结构模型，由 8 个节点结合而成，每个节点有 x、y、z 三个方向的自由度。木材构件单元的材料参数见表 3.3.26。

单元材料参数　　　　　　　　　　　　　　　　　表 3.3.26

单元类型	弹性模量 E(GPa)	泊松比 μ	密度 ρ(kg/m³)
SOLID64（木材）	5（顺纹） 0.5（横纹）	0.0539	510

根据相关文献，所有木材平均顺纹抗拉强度 X_T 取为 117MPa。上一节所开展的室内试验表明：钟楼木材顺纹抗压强度约为 70MPa。而木材顺纹抗拉强度一般为顺纹抗压强度的 2~3 倍，因此本研究中取钟楼木结构的顺纹抗拉强度为 140MPa。同时，考虑到古建筑中木材历经风雨，强度会有所衰减，实际计算中钟楼木结构的顺纹抗拉强度为原平均顺纹抗拉强度的 80%，即为 112MPa。参照相关规范和文献，木材横纹抗拉强度一般为顺纹抗拉强度的 1/6~1/40，本研究中木材横纹抗拉强度 Y_T 取为顺纹抗拉强度的 1/20，即为 5.6MPa。

（3）边界条件

根据该项目的特点，在圆柱构件的底部设置 x、y、z 三个方向的约束，构件顶部为荷载边界，四周为自由边界。

（4）疲劳模型计算过程及输入条件

建模完成之后，在 ANSYS 的 simulation 模块中完成疲劳模型分析。疲劳分析过程需要输入试样的 $S\text{-}N$ 曲线，材料性质（包括嵌入的材料疲劳本构模型）、载荷类型（循环载荷）、应力比等。

木材顺纹受拉的 $S\text{-}N$ 曲线如图 3.3.89 所示。以 S 为 y 轴、N 为 x 轴的木材 $S\text{-}N$ 曲线的试验拟合表达式为：

$$y = -6.943x + 111.194 \tag{3.3.40}$$

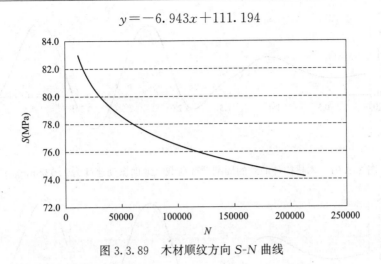

图 3.3.89　木材顺纹方向 S-N 曲线

同样，由于木材构件的横纹受拉的 S-N 曲线无法由试验获得，只能通过参考其他木材试验资料。依据经验，木材的 S-N 曲线如图 3.3.90 所示。以 S 为 y 轴、N 为 x 轴的木材 S-N 曲线的试验拟合表达式为：

$$y = -0.504x + 5.5926 \tag{3.3.41}$$

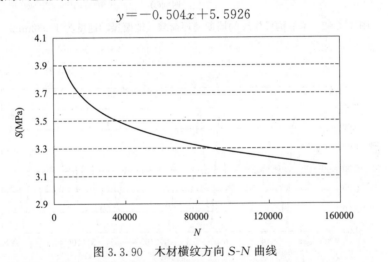

图 3.3.90　木材横纹方向 S-N 曲线

输入的循环荷载类型采用本小节中钟楼木结构节点计算模型在相应的地面振动速度周期下的动力响应时程，循环荷载的周期时间步为 $T = 4.0s$，应力比 R 由相应地面振动速度下钟楼木结构节点模型计算得到，木材构件顺纹的周期循环荷载如图 3.3.91 所示，木材构件横纹的周期循环荷载如图 3.3.92 所示。

5. 木结构疲劳计算结果分析

（1）不同地面振动速度下木材构件顺纹方向疲劳破坏

通过研究钟楼木结构危险关键位置点可知钟楼边柱更容易发生疲劳破坏，因此本小节研究的钟楼木材构件位于钟楼木结构的边柱位置。

在地面振动速度为 1.032mm/s 条件下，木材构件顺纹方向的竖向应力时程曲线、竖向位移时程曲线分别如图 3.3.93、图 3.3.94 所示。在整个循环荷载历程中边柱木材构件顺纹方向的最大拉应力为 8.14MPa，最大顺纹位移为 0.083mm（受拉），构件没有发生

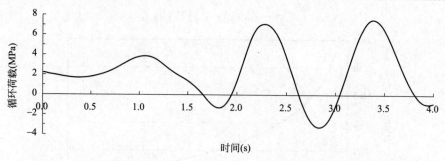

图 3.3.91　木材构件顺纹的周期循环荷载（地面振动速度为 1.032mm/s）

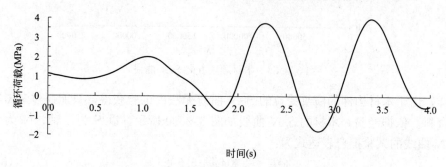

图 3.3.92　木材构件横纹的周期循环荷载（地面振动速度为 1.032mm/s）

疲劳破坏。

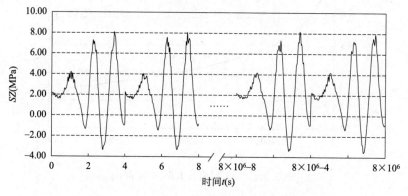

图 3.3.93　边柱木材构件顺纹应力时程曲线

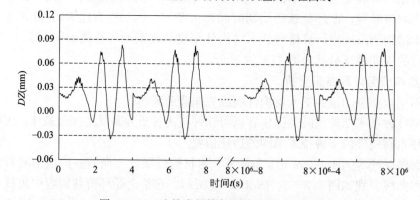

图 3.3.94　边柱木材构件顺纹位移时程曲线

在不同地面振动速度下，拟开展的各工况边柱木材构件顺纹疲劳破坏情况见表 3.3.27。从表中的模型计算分析结果可知当地面振动速度为 1.032mm/s 时，木材构件顺纹没有达到其疲劳寿命，因为 1.032mm/s 的地面振动速度相对较大，故计算中不再增加其他工况，从计算结果分析认为木材构件顺纹在可接受的地面振动速度条件下并未发生疲劳破坏。

木材顺纹疲劳破坏工况　　　　　　　表 3.3.27

地面振动速度（mm/s）	0.129	0.258	0.387	0.516	0.645	0.774	1.032
最大应力（MPa）	—	—	—	—	—	—	8.14
疲劳寿命（周期荷载循环次数）	—	—	—	—	—	—	200000
破坏情况							√

注：表中符号"√"表示构件没有发生疲劳破坏，符号"×"表示构件已疲劳破坏；符号"—"表示不必开展的工况；表中应力为负值表示构件受压，应力为正值表示构件受拉。

（2）不同地面振动速度下木材构件横纹方向疲劳破坏

通过研究可知钟楼木结构边柱的关键位置点更容易发生疲劳破坏，因此本小节研究的钟楼木材构件位于钟楼木结构的边柱位置。

1）地面振动速度为 1.032mm/s

木材构件横纹的竖向应力时程曲线、竖向位移时程曲线分别如图 3.3.95 和图 3.3.96所示。在整个循环荷载历程中边柱木材构件横纹的最大拉应力为 3.95MPa，构件在循环荷载作用 3528 次后最终达到疲劳寿命而破坏。

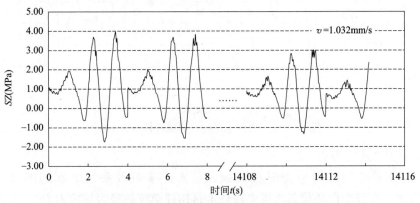

图 3.3.95　边柱木材构件横纹应力时程曲线

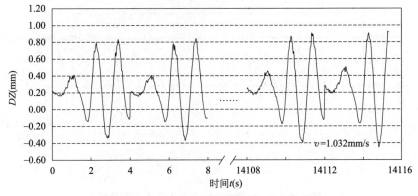

图 3.3.96　边柱木材构件横纹位移时程曲线

2）地面振动速度为 0.774mm/s

木材构件横纹的竖向应力时程曲线、竖向位移时程曲线分别如图 3.3.97 和图 3.3.98 所示。在整个循环荷载历程中边柱木材构件横纹的最大拉应力为 3.11MPa，构件在循环荷载作用 139331 次后最终达到疲劳寿命而破坏。

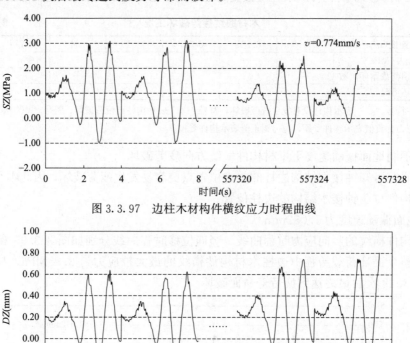

图 3.3.97　边柱木材构件横纹应力时程曲线

图 3.3.98　边柱木材构件横纹位移时程曲线

3）地面振动速度为 0.645mm/s

木材构件横纹的竖向应力时程曲线、竖向位移时程曲线分别如图 3.3.99 和图 3.3.100 所示。在整个循环荷载历程中边柱木材构件横纹的最大拉应力为 2.68MPa，最大横纹位移为 0.56mm（受拉），构件没有发生疲劳破坏。

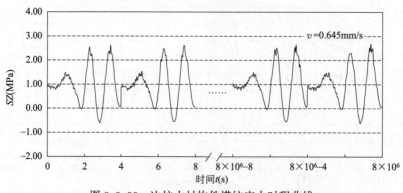

图 3.3.99　边柱木材构件横纹应力时程曲线

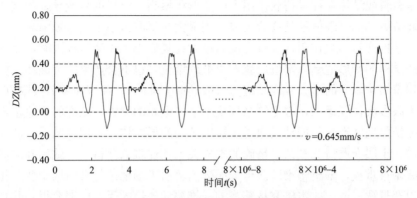

图 3.3.100　边柱木材构件横纹位移时程曲线

在不同地面振动速度下，拟开展的各工况边柱木材构件横纹疲劳破坏情况见表3.3.28。从表中的模型计算分析结果可知当地面振动速度较小时木材构件横纹不会发生疲劳破坏，而当逐步增大地面振动速度到一定程度，如达到 0.774mm/s 时，木材构件横纹将会达到其疲劳寿命而发生疲劳破坏。

木材疲劳破坏工况 表 3.3.28

地面振动速度(mm/s)	0.129	0.258	0.387	0.516	0.645	0.774	1.032
最大应力(MPa)	—	—	—	—	2.68	3.11	3.95
疲劳寿命(周期荷载循环次数)	—	—	—	—	200000	139331	3528
破坏情况	—	—	—	—	√	×	×

注：表中符号"√"表示构件没有发生疲劳破坏，符号"×"表示构件已疲劳破坏，符号"—"表示不必开展的工况；表中应力为负值表示构件受压，应力为正值表示构件受拉。

3.4　古建筑振动容许标准

3.4.1　原理简介

古建筑结构由于长期经受风雨侵蚀，其质量、刚度变化很大，导致现场实测值与有限元计算值相差甚远，很难用有限元力学模型精确模拟古建筑结构的动力特性。比较合理且可行的方法是根据建筑物的固有频率和振型的大量实测结果来验证力学模型，同时统计出采用这种力学模型时各种结构的质量、刚度参数。本试验研究即是针对西安古城墙及钟楼古建筑材料进行室内静压试验及疲劳试验，为进一步进行数值模拟试验并与现场实测数据进行对比分析提供原始资料，进而建立古建筑材料的容许振动标准。

古建筑结构容许振动标准的制订，应考虑两个基本出发点：①工业振动对古建筑结构的影响是长期的、微小的，而地震的影响是短暂的、强烈的；②现代建筑的容许振动标准是针对结构本身的安全性制订的，而古建筑结构，由于其历史、文化和科学价值，不能和现代建筑一样仅考虑安全性，必须在考虑安全性的同时，还要考虑它的完整性。据此，以疲劳极限作为古建筑结构防工业振动的控制标准，从而达到保护古建筑结构完整性的目的。

疲劳是材料或结构在往复荷载作用下由变形积累到一定程度后所导致的破坏。引起材料或结构疲劳破坏的下限值就是疲劳极限，当最大往复应力小于疲劳极限时，此应力的变化对材料或结构疲劳不起作用，也就是说当最大往复应力小于疲劳极限时，无论往复多少次，材料或结构的变形达到一定值后就不再继续增长，也不会产生疲劳破坏。根据这一特性，将古建筑结构承受的最大容许动应力（或动应变 $[\varepsilon]$）控制在疲劳极限以下，这样，即使经过无限多次往复运动，古建筑结构也不会产生新的裂缝，已有的裂缝也不会扩展。

工业振源如地铁产生的振动，通过土层以波动的形式传至古建筑结构，从而引起结构的动力反应。土层介质情况复杂，精确的本构关系往往难以获得，导致精确的波动方程的建立和求解困难重重，解析解难以获得，而数值解由于场地条件及结构千变万化，过于复杂，也难以获得统一解。故本研究从基本的一维波动理论入手，以期获得一些规律性，且求解方法符合文献的相关规定。

有限弹性介质中一维波动方程可以表达为：

$$\frac{\partial^2 u}{\partial t^2} = v_p^2 \frac{\partial^2 u}{\partial x^2} \tag{3.4.1}$$

式中：u 为质点沿 x 方向的位移；v_p 为纵波的传播速度。

一维波动方程（3.4.1）的解可以表示成：

$$u = f(x - v_p t) = f(Q) \tag{3.4.2}$$

式（3.4.2）对 x 求导得：

$$\frac{\partial u}{\partial x} = \frac{\partial f}{\partial x} = \frac{df}{dQ} \tag{3.4.3}$$

式（3.4.3）对 t 求导得：

$$\frac{\partial u}{\partial t} = \frac{df}{dQ} \cdot \frac{\partial Q}{\partial t} = -v_p \frac{df}{dQ} = -v_p \frac{\partial u}{\partial x} \tag{3.4.4}$$

$$v_0 = -v_p \cdot \varepsilon \tag{3.4.5}$$

式中：ε 为任一点的动应变；v_0 为质点振动速度，v_p 为弹性波的传播速度。

由式（3.4.5）可得，古建筑上任一点的动应变与该处的质点速度成正比、与弹性波的传播速度成反比。在工业振动作用下，当古建筑结构的动应变小于容许动应变时，则认为工业振源产生的振动对古建筑结构无有害影响。

根据本试验研究的材料疲劳 S-N 曲线可得到古建筑材料的疲劳极限值，进而可得到疲劳极限对应的动应变值。本节将结合现场测试结果，根据动应变与质点速度以及弹性波的传播速度之间的关系式（3.4.5），得出工业振源的容许振动速度 $[v]$。

3.4.2 容许振动标准建立

1. 古建筑砖结构容许振动标准

动应变可由容许动应力即疲劳下限和动弹性模量确定。各种材料的动弹性模量由机械工业勘察设计研究院现场实测数据得到，西安钟楼台基砖石为 310MPa，木结构为 8150MPa。

根据古砖试件的压-压疲劳试验，当上限应力比取 0.65 时，曲线趋于平缓，可取疲劳极限为 0.65 倍的峰值荷载 20kN，峰值应力 13.65MPa，计算得疲劳极限为 8.8725MPa。

取古砖静压试验得到的弹性模量的最大值 2.78GPa 作为近似动弹性模量,计算得极限动应变 $\varepsilon=0.00319$。此时材料应变很小,处于弹性阶段。

根据古砖砌体试件的压-压疲劳试验,可取 0.7 倍的极限荷载 25kN,峰值应力 5MPa,计算可得古砖砌体的疲劳极限为 3.5MPa。取古砖砌体静压试验得到的弹性模量的最大值 0.738GPa 作为近似动弹性模量,可得极限动应变为 $\varepsilon=0.00474$。此时材料应变很小,处于弹性阶段。

将古砖试件和古砖砌体试件计算得到的动应变 0.00319 和 0.00474 代入式(3.4.5),并结合古建筑的保护级别和保存现状可得如表 3.4.1 所示的古建筑砖结构的容许振动标准。

古建筑砖石结构的容许振动速度 [v] (mm/s)　　　　　　　表 3.4.1

保护级别	控制点位置	控制点方向	安全性等级		
			健康	轻损	中损
全国重点文物保护单位	各层承重结构最高处	水平	0.30	0.20	0.15
省级文物保护单位			0.45	0.30	0.22
市、县级文物保护单位			0.60	0.40	0.30
未列入文物保护单位			0.75	0.58	0.45

2. 古建筑木结构容许振动标准

圆柱状木材取样时其部位非同一构件,此外由于加荷之前的受力以及变形情况有较大差异,圆柱状木材的压-压疲劳试验结果较为离散。通过整理可以看出当上限应力比为 0.65 时,$S\text{-}N$ 曲线趋于水平,表明当最大动荷载与峰值荷载(22.6MPa)的比值小于 0.65 时,试件不会发生破坏。

动应变可由容许动应力即疲劳下限和动弹性模量确定。本研究所取钟楼木结构其动弹性模量由机械工业勘察设计研究院现场实测数据得到为 8150MPa。则容许动应变可由疲劳极限计算为:

$$[\varepsilon]=0.65\times22.6/8150=1.802\times10^{-3}$$

容许振动速度则由式(3.4.5)计算得:

$$[v]=1.802\times10^{-3}v_{\mathrm{p}} \tag{3.4.6}$$

由式(3.4.6)并结合古建筑的保护级别和保存现状可得如表 3.4.2 所示的古建筑木结构的容许振动标准。

古建筑木结构的容许振动速度 [v] (mm/s)　　　　　　　表 3.4.2

保护级别	控制点位置	控制点方向	安全性等级		
			健康	轻损	中损
全国重点文物保护单位	各层承重结构最高处	水平	0.35	0.22	0.18
省级文物保护单位			0.50	0.32	0.25
市、县级文物保护单位			0.70	0.45	0.35
未列入文物保护单位			1.00	0.65	0.50

3. 结果分析

对《古建筑防工业振动技术规范》GB/T 50452—2008 中古建筑砖结构数据进行分析，以全国重点文物保护单位砖结构传播速度 $v_\mathrm{p}=1600\mathrm{m/s}$ 为例，其容许的动应变可由式（3.4.6）计算为：

$$[\varepsilon]=0.15\times10^{-3}/1600=9.375\times10^{-8}\approx1.0\times10^{-7}$$

远小于由试验数据测得的容许动应变值 $\varepsilon=0.00474$。

同样，对古建筑木结构数据进行分析，以全国重点文物保护单位木结构传播速度 $v_\mathrm{p}=4600\mathrm{m/s}$ 为例，其容许的动应变可由式（3.4.6）计算为：

$$[\varepsilon]=0.18\times10^{-3}/4600=3.913\times10^{-8}$$

远小于由试验数据测得的容许动应变值 $\varepsilon=1.802\times10^{-3}$。

考虑到实际工程各种不利工况，如工业振源长期作用、振源距离影响、结构顶部振动放大影响等，《古建筑防工业振动技术规范》GB/T 50452—2008 规定的容许振动标准仍然是过于保守的。

第4章 环境振动对古建筑影响预测及评估技术

4.1 环境振动引起古建筑振动响应的机理

对古建筑产生振动影响的工业振源主要可以分为两类：第一类是交通振动，包括轨道交通（地铁）和路面交通；第二类为机械装备引发的振动，包括动力设备运行、打桩、夯击、爆破等。二者振源的影响规律不同，交通荷载的振动周期性长，但振能低、振动主频低，较为接近古建筑固有频率；第二类振源则是周期短，但短时间内的振能极强、振动主频高，远大于古建筑固有频率。由于古建筑周围对第二类振源的管控较为严格，所以交通振动尤其是轨道交通的长期作用对古建筑的影响更为严重，带来的长期疲劳损伤影响亟待解决，因此本书重点介绍轨道交通振动对古建筑的振动影响问题。

4.1.1 振动对建筑的影响

1. 振动与建筑结构破损的相关性
工业振动与建筑物破损之间的相关性，涉及以下四个主要方面：
（1）振动历时及其幅频特性；
（2）振源与受振建筑物间地基中波的传播特性；
（3）建筑物的基础条件；
（4）建筑物特性及其状态。

工业振动影响或效应通常是通过产生的振动波对邻近建筑物的作用来实现的，对此进行定量研究将是相当复杂的。这种人为振动波的产生及其在地基中的传播本身就是一个尚未弄清楚的问题。而对建筑物来说，这种振动波仅是外部条件，受振时的结构力学特性是其内部条件，与结构类型、建筑材料的实际特性等因素密切相关。工程实践还表明，对于同一结构类型的建筑物，评估其当前的静力状态是很有必要的。这是因为，如果某建筑物在受振前的静应力作用下已接近临界稳定状态，则较小的振动也有可能使它产生相当严重的破坏。

2. 工业振动对邻近建筑物的危害
工业振动对邻近建筑物所产生的危害可以分成如下三种主要形式：
（1）直接引起建筑物破损
这是指建筑结构在受振前完好且无异常应力变化，其破损单纯是由强烈振动的作用所引起的。
（2）加速建筑物破损
对大多数建在软弱地基上的建筑结构，在使用期内会或多或少地因某种原因（如地基差异沉降、墙体开裂）受过损伤，而振动引起的附加动应力加速了这种损伤的发展。

（3）间接引起建筑物破损

对完好且无异常应力变化的建筑结构，其破损是由于振动导致较大的地基位移或失稳（如饱和土软化或液化、边坡坍塌）所造成的。

在以上三种工业振动对建筑结构的影响方式中，对古建筑的影响以第 2 种最为常见。

从理论上讲，如果能将工业振动引起的地基振动或振动波作用表达成结构在与岩土交界面上所受的力-时间函数，则根据结构的运动方程就可以求出建筑结构的动力响应（附加内力以及位移、速度或加速度）。然而，正是由于这种力-时间函数的确定极其困难，用这种方法来研究结构的工业振动效应难以得到实际应用。另一种计算方法是，对原处于静止状态的建筑结构，将基础或地基的实测振动信号作为它的初始条件，然后根据运动方程来求解该结构的动力响应。这种方法类似于计算结构的天然地震响应，显然比第一种方法更具有可行性。

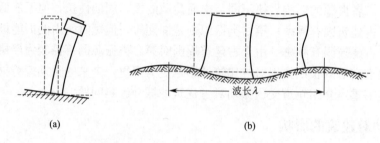

图 4.1.1　振动效应的分析模型

在受振建筑结构的计算模型选取方面，当其基础的整体刚度很大或其平面尺寸比工业振动波的波长小得多时（如水塔），结构基础和各楼层平面上质点间的相对运动可以不加考虑，各楼层的力学模型可以简化为集中质量、弹簧和阻尼器（图 4.1.1a），结构的附加内力主要是由基础运动加速度引起的。然而，当结构基础的整体刚度较小或其平面尺寸与振动波的波长相当时（如多跨框架），在振动波的作用下，基础在不同位置处的运动将各不相同，同一楼层上质点间的相对运动往往不能忽略，结构振动计算必须采用较为复杂的平面或空间模型（图 4.1.1b）。在这种情况下，即使由振动波引起的惯性力很小，结构的附加内力也可能使结构产生显著破坏。

4.1.2　轨道交通振动响应机理

一个半世纪以来，轨道交通已经成为世界各国最主要的公共交通形式之一。轨道交通包括城市轨道交通（含地铁、轻轨、有轨电车等）和铁路。轨道交通是一种振动源，振动依次从轨道结构、支承结构、大地（周围土体）、建筑结构（基础、柱、墙、楼板）传递到附近建筑物内，最终在建筑物内产生振动，从而对建筑物的使用功能和结构造成影响。振源-传播路径-建筑物的示意图如图 4.1.2 所示。

轨道交通引起的地面振动是由列车在轨道上的移动造成的，影响振源大小和频率的因素很多，根源是轮轨相互作用，即轨头和车轮踏面之间的接触斑处的有限驱动点阻抗引起的振动，见图 4.1.3。轨头的阻抗主要由轨道设计决定，但是它也受支承结构（例如隧道

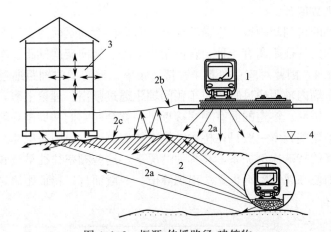

图 4.1.2　振源-传播路径-建筑物
1—振源；2—传播；2a—体波；2b—表面波；2c—界面波；3—建筑物；4—地下水位

仰拱、隧道）和周围土体的影响。对于环境振动所关心的频率，车轮踏面处的阻抗主要由车辆的簧下质量确定。但是，在车辆缺乏维修或阻尼器高频性能较差而导致车辆悬挂刚度较大时，车辆的总重量和其载重也变得很重要。

轨道交通产生环境振动的主要机理可归纳为六类：准静态机理、参数激励机理、钢轨不连续机理、轮轨粗糙度机理、波速机理、横向激励机理。

1. 准静态机理

准静态机理也可称为移动荷载机理，在移动列车荷载作用下，轨道、道床、路基和大地产生移动变形和弯曲波。该机理在轨道附近很显著，车辆每根轴的通过都可以辨别出来。列车通过可以模拟为施加于钢轨上的移动静态集中荷载列。尽管荷载是恒定的，但当每个荷载通过时，大地固定观测点都经历了一次振动。当某根轴通过观测点对应的轨道断面时，观测点的响应呈现峰值；当观测点位于两根轴之间的断面时，观测点响应呈现谷值。准静态效应对 0～20Hz 范围内的低频响应有重要贡献。一些与这个机理有关的问题还没有完全弄清楚，例如边界条件的影响、轨道和大地的不均匀导致的传播波。

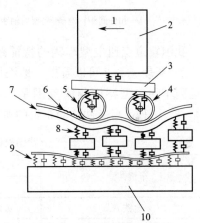

图 4.1.3　列车-轨道模型
1—列车速度；2—车体质量；3—转向架质量；
4—簧下质量；5—车轮粗糙度；6—钢轨粗糙度；
7—钢轨阻抗；8—扣件；
9—路基-隧道；10—大地阻抗

2. 参数激励机理

参数激励机理的根源是轨道交通中的钢轨在等间距扣件处的离散周期性支承，有轨电车轨道的钢轨是埋入式连续支承的，不存在这种机理。对于离散支承的轨道，车轮行走在钢轨不同位置时，钢轨支承刚度是变化的，扣件处的刚度较高，扣件间的刚度较低。当车轮以恒定速度通过钢轨时，由于钢轨支承刚度的变化，导致轮轴的垂向运动，对钢轨施加了周期性动力，其频率称为扣件通过频率，等于列车速度除以扣件间距。周期力可以按照此频率做傅里叶级数展开。

　　类似地，车轴的排列间距也产生谐波成分。需要注意的是轨道交通车辆的轴排列并不是均匀的，轴排列的特征距离有 4 种：转向架内轴距、转向架间轴距、车辆内轴距、车辆间轴距，见图 4.1.4。因此对应存在着 4 种特征频率：转向架内轴距通过频率、转向架间轴距通过频率、车辆内轴距通过频率、车辆间轴距通过频率。理论上看，当这些频率与车辆、轨道、路基、桥涵、隧道的固有频率接近时，就会对它们和周围环境产生相当大的激励，在实际工程中这些频率一般只在桥梁结构中能观测到，原因是梁体结构的整体性和桥梁跨度与车辆长度的特殊比例关系，在其他情况下，这些频率往往被波长范围较宽的轮轨粗糙度所掩盖，即使在轨道附近也无法出现峰值。一般而言，特征距离越大，其对环境振动的贡献越小。

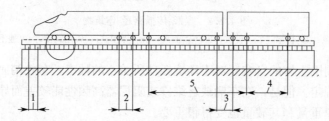

图 4.1.4　特征距离

1—扣件间距；2—转向架内轴距；3—转向架间轴距；4—车辆内轴距；5—车辆间轴距

　　我国轨道交通主型车辆的特征距离见表 4.1.1，在典型运营速度下的特征频率见表 4.1.2。从表 4.2.2 可以看出，地铁列车的典型特征频率范围是 0.8～32.4Hz；普速铁路客运列车的典型特征频率范围是 1.5～74.1Hz；铁路货物列车的典型特征频率范围是 1.4～37.0Hz；高速铁路动车组的典型特征频率范围是 2.5～149.6Hz。

我国轨道交通主型车辆的特征距离　　　　表 4.1.1

车辆类型	特征距离（m）				
	1	2	3	4	5
地铁 A	0.6	2.5	3.9	13.2	24.6
地铁 B	0.6	2.3	4.1	10.3	21.3
普速铁路客车 25T1	0.6	2.5	6.076	15.5	29.076
铁路货车 C70	0.6	1.83	2.936	7.38	15.806
高速铁路动车组 CRH2	0.6,0.65*	2.5	5	15	27.5

* 对于列车速度为 250km/h 的高速铁路动车组为 0.6；对于列车速度为 350km/h 的高速铁路动车组为 0.65。

我国轨道交通主型车辆在典型运营速度下的特征频率　　　　表 4.1.2

车辆类型	列车速度（km/h）	对应于特征距离的特征频率（Hz）				
		1	2	3	4	5
地铁 A	70	32.4	7.8	5.0	1.5	0.8
地铁 B	70	32.4	8.5	4.7	1.9	0.9
普速铁路客车 25T1	160	74.1	17.8	7.3	2.9	1.5

车辆类型	列车速度(km/h)	对应于特征距离的特征频率(Hz)				
		1	2	3	4	5
铁路货车 C70	80	37.0	12.1	6.2	3.0	1.4
高速铁路动车组 CRH2	250	115.7	27.8	13.9	4.6	2.5
高速铁路动车组 CRH2	350	149.6	38.9	19.4	6.5	3.5

3. 钢轨不连续机理

钢轨不连续机理主要是由于在钢轨接头、道岔、交叉处的高差。在这些部位，由于车轮曲率无法跟随错牙接头、低接头或钢轨的不连续，车轮对钢轨施加了冲击荷载，轮轨相互作用力明显增大。这一激励机理产生的噪声还会使车内乘客烦恼。如果有缝钢轨的长度等于车辆转向架中心距，振动水平会显著增大。由于无缝线路的广泛采用，这一机理变得不重要了，但是在钢轨焊接接头处常因焊接工艺不良而形成焊缝凸台。固定式辙叉咽喉至心轨尖端之间，有一段轨线中断的空隙，称为道岔的有害空间，车辆通过时发生轮轨之间的剧烈冲击。可动心轨辙叉消除了有害空间，保持轨线连续，从而使车辆通过辙叉时发生的冲击显著减小。这种机理还包括轨头局部压陷、擦伤、剥离、掉块等。

另外，当车轮发生抱死制动而在钢轨上滑动时，会导致车轮出现局部擦伤和剥离，即车轮扁疤（单个或多个），导致轮轨间产生冲击荷载。

钢轨不连续机理产生的冲击虽然振动水平较高，但持续时间很短，频率较高，在轨道结构、路基和土层传播时衰减较快。但冲击产生的噪声对车内乘客和环境影响较大。

4. 轮轨粗糙度机理

钢轨轨面和车轮踏面随机粗糙度包括两部分：与公称的平/圆滚动面相对应的局部表面振幅，即表面上具有的较小间距和峰谷所组成的微观几何形状特性；比粗糙度更大尺度（波长）的几何形状、尺寸和空间位置与理想状态的偏差，通常称为不平顺。粗糙度引起的强迫激励，通常情况下这种机理对环境振动是贡献最大的。粗糙度最早是出现在制造加工时，然后出现在轨道铺设和车轮安装时，在运营后随着时间而变化。运营期需要设定粗糙度变化的允许值。

轨道支承在密实度和弹性不均匀的道床、路基、桥涵、隧道上，在运营中却要承受很大的随机性列车动荷载反复作用，会出现钢轨顶面的不均匀磨耗、道床路基桥涵隧道的永久变形、轨下基础垂向弹性不均匀（例如道砟退化、道床板结或松散）、残余变形不相等、扣件不密贴、轨枕底部暗坑吊板，因此轨道不可避免地会产生不均匀残余变形，导致钢轨粗糙度增大，且随时间变化。车轮粗糙度的恶化也会导致钢轨粗糙度增大。轨道垂向不平顺包括高低不平顺、水平不平顺和平面扭曲。高低不平顺指沿钢轨长度在垂向的凹凸不平；水平不平顺指同一横截面上左右两轨面的高差；轨道平面扭曲（也称为三角坑）即左右两轨顶面相对于轨道平面的扭曲。

钢轨粗糙度产生的振动频率范围很宽。车轮通过不平顺轨道时，在不平顺范围内产生强迫振动，引起钢轨附加沉陷和作用于车轮上的附加动压力。在理想情况下，当圆顺车轮通过均匀地基上的具有特定波长-粗糙度的无缝钢轨时轮轨相互作用力的频率等于列车速度除以波长，并受相同频率的列车惯性力的影响。典型的钢轨粗糙度（不含波浪形磨耗）

的长波长的幅值大于短波长。

钢轨粗糙度另一个主要来源是波浪形磨耗，它由不同波长叠加的周期性轨道不平顺组成，总体看其波长较短，典型波长为 25～50mm，对于典型列车速度，这些短波长产生的振动频率高于 200Hz。这些频率被大地衰减，一般不会传播到附近的地面建筑物。当列车速度较低时，例如在线路限速和车站附近，波浪形磨耗产生动力一般是比较小的，除非波浪形磨耗很严重。在评价轨道交通引起的地面振动时一般不需要考虑波浪形磨耗。对波浪形磨耗钢轨应进行充分且恰当的补救性打磨。

用不平顺半峰值与 1/4 波长之比或峰峰值与正负峰间距离之比定义的平均变化率能综合反映轨道不平顺波长和幅值的贡献。对于钢轨不连续机理，波长较短而平均变化率大，轮轨冲击剧烈；当不平顺幅值和平均变化率都大时，也会产生剧烈振动；当不平顺幅值虽大而平均变化率较小时，振动不会很大。

当周期性高低和水平不平顺的波长在一定列车速度下所激励的强迫振动频率与车辆垂向固有频率接近时，即使幅值不大，但会导致车体共振，使轮轨作用加剧。

车轮不平顺包括车轮椭圆变形、车轮动不平衡、车轮质心与几何中心偏离、车轮的轮箍和轮心的尺寸有偏差（如偏心等）等。车轮粗糙度产生的振动对地面振动关心的频率范围有比较均匀的贡献。

5. 波速机理

当列车速度接近或超过大地的瑞利波（R 波）波速（地面线）、剪切波（S 波）波速（地下线）或钢轨的最低弯曲波波速时，将产生很大的轨道振动和地面振动。由于城市轨道交通和普速铁路的列车速度低于上述三种临界波速，因此不需要关注这种机理。随着高速铁路的发展，人们开始关注这种机理。对于很软的软土，高速列车的速度很容易超过临界速度（通常是 R 波波速）。在设计中，可在道床下设置加筋地基或混凝土桩板结构（桩基础达到较硬的地层）来减小这种振动机理。在隧道中，隧道衬砌和仰拱提供的刚性基础可以减小周围土体的振动水平。1997～1998 年从瑞典哥德堡到马尔摩的西海岸线 X2000 高速列车开通时，瑞典国家铁路管理局（Banverket）进行了轨道和地基振动测试，同时进行了全面的地质勘察。沿线有大量软土，特别是 Ledsgard 市附近的大地 R 波波速只有162km/h。列车速度从 137km/h 提高到 180km/h 时，地面振动增大了 10 倍，钢轨垂向位移接近 10mm。如果列车速度进一步提高，达到钢轨的最低弯曲波波速时，钢轨垂向位移将会更大，可能导致列车脱轨，剧烈的振动在近场还会影响轨道结构和路基的强度和稳定性。测试后对路基进行了加固处理。

6. 横向激励机理

横向激励机理主要包括横向轨道不平顺、离心力、车辆蛇行运动和车辆摆振。

（1）横向轨道不平顺包括轨道方向不平顺和轨距偏差。轨道方向不平顺指轨顶内侧面沿长度的横向凹凸不顺，由轨道横向弹性不均匀、扣件失效、轨排横向残余变形积累或轨头侧面磨耗不均等造成。轨距偏差指在轨顶面以下 16mm 处量得的两轨间内侧距离相对于标准轨距的偏差，通常由于扣件不良、轨枕挡肩失效、轨头侧面磨耗等造成。轨距大于轮对宽度，两者之差称为轮轨游间，我国轨道交通的正常轮轨游间为 16～18mm，轮轨游间过大会加剧轮轨横向相互作用和转向架蛇行运动。车辆通过道岔时，短距离内的轨距变化，轮缘对护轨喇叭口和翼轨喇叭口施加横向冲击荷载。另外轨道水平不平顺虽然属于垂向不平顺,但它对横向振动的贡献也不可忽视。

(2)车辆在曲线上运行时,离心力作用在车体的重心上,当轨道过超高或欠超高时,离心力无法与重力的水平分量平衡,离心力引起的振动频率很低,一般不在环境振动评价频率范围内。

(3)蛇行运动产生的机理是,车辆沿直线轨道运行时,由于车轮踏面的锥度,且轮缘与钢轨侧面之间有间隙,车辆在水平面面内既有横摆运动,又有摇头运动。

自由轮对蛇行频率:

$$f_w = \frac{v}{2\pi}\sqrt{\frac{\lambda}{br_0}} \tag{4.1.1}$$

刚性转向架蛇行频率:

$$f_t = \frac{v}{2\pi\sqrt{\frac{br_0}{\lambda}\left[1+(\frac{S_0}{2b})^2\right]}} \tag{4.1.2}$$

式中:λ 为车轮踏面等效锥度;b 为左右车轮滚动圆之间的距离(近似为轨距)的一半;r_0 为车轮半径;S_0 为轴距;v 为车辆运行速度。

可见刚性转向架蛇行频率比自由轮对蛇行频率低,实际的蛇行频率应介于两者之间。实测数据表明,货车蛇行频率离散性较客车大,其实际蛇行频率甚至高于自由轮对蛇行频率,这是由于货车车轮踏面磨耗较大,导致踏面等效锥度变化,大多数情况下等效锥度会随着磨耗增大而增大,但也有文献报道磨耗会导致等效锥度变小;另外,货车车轮镟修后车轮半径变小。

我国轨道交通主型车辆蛇行运动的相关参数见表 4.1.3,在典型速度下的蛇行频率见表 4.1.4。

我国轨道交通主型车辆蛇行运动的相关参数   表 4.1.3

车辆类型(踏面类型)	S_0(m)	$2r_0$(m)	$2b$(m)	λ^*
地铁 A(LM 踏面)	2.5	0.84	1.499	0.10
地铁 B(LM 踏面)	2.3	0.84	1.499	0.10
普速铁路客车 25T1(LM 踏面)	2.5	0.915	1.499	0.10
铁路货车 C70(LM 踏面)	1.83	0.84	1.499	0.10
高速铁路动车组 CRH2(LMA 踏面)	2.5	0.86	1.499	0.036

*λ 与轨底坡和钢轨型面有关。表中 λ 值对应于我国轨道交通广泛采用的 1/40 轨底坡、CHN60 钢轨型面。

我国轨道交通主型车辆在典型速度下的蛇行频率   表 4.1.4

车辆类型	v(km/h)	f_w(Hz)	f_t(Hz)
地铁 A	70	1.75	0.90
地铁 B	70	1.75	0.95
普速铁路客车 25T1	160	3.82	1.97
铁路货车 C70	80	1.99	1.26
高速铁路动车组 CRH2	250	3.70	1.90
高速铁路动车组 CRH2	350	5.17	2.66

（4）摆振

我国铁路货车曾采用三大件结构的转 8A 型（C62、P62 系列）、控制型（C63A）等转向架，由于抗菱形刚度小，在直线段超过临界速度时，转向架菱形变形较大，出现摆振现象，引起垂向荷载的大幅度波动以及横向冲击载荷的高频度出现。转 8A 型转向架空车临界速度为 75～78km/h，重车临界速度为 88km/h；控制型转向架空车临界速度为 83km/h；在桥梁上出现摆振的速度会降低到 55～60km/h。摆振频率范围在 2～3Hz 范围，以 2.5Hz 左右较为常见，而且基本上不随速度变化，只要出现摆振就是相同的频率。目前这类转向架已基本改造完毕。

7. 其他机理

除了上面提到的六种振动激励源以外，还有一些特殊的激励源：

（1）轨道过渡段刚度不平顺。在路基-桥涵、路基-隧道、桥涵-隧道、有砟-无砟轨道过渡段和道岔头尾处，由于轨下基础支承条件发生变化，轨道刚度出现纵向不均匀。另外，不同轨下基础还会出现沉降差，导致轨面弯折，由此产生振动。

（2）列车车轮、车轴、齿轮箱、轴挂电动机和联轴器的静态和动态不平衡引起的振动。

（3）轨道不稳定、侧偏、轮缘接触和轨距变化也会产生振动，这些振源一般出现在维修状态较差的旧线上。

（4）列车加、减速或制动时，通过轮轨作用产生纵向力而引起振动。

（5）车辆悬挂状态不良，包括悬挂被锁定的情况。

（6）车轮踏面和钢轨走行面硬度的随机变化或周期变化，可能出现在制造加工时，更经常产生在运营中。

（7）恶劣环境条件引起的钢轨磨耗，例如轨头温度和湿度。

在做细致分析时，还有很多其他因素需要考虑，可查阅国际标准 ISO 14837-1：2005 提供的轨道交通振源分析检查单。

4.2 振动引起古建筑响应预测、评估方法

当古建筑周边需要新建公路、铁路、轨道交通或者其他明显产生振动的建设活动，均需要评估产生的振动对古建筑结构的影响。应根据工业振源和古建筑的现状调查、古建筑结构的容许振动速度标准以及计算或测试的古建筑结构速度响应，通过分析论证，提出评估意见。评估振动对古建筑的影响，是为涉及古建筑保护的工业交通基础设施等振源的布局和解决文物保护与生产建设之间的矛盾提供科学依据。近年来，由于城市轨道交通建设与古建筑的保护矛盾日趋增重，亟需有成熟、成套切实可行的预测、评估、监测验证方法，来解决轨道交通运行给古建筑带来的长期安全隐患。因此，本节重点研究针对轨道交通引起古建筑振动响应的预测、评估及测试方法。

4.2.1 工业振动下古建筑结构振动评估方法

工业振动按振源可分为既有工业振源和拟建工业振源（如新建地铁）。对于古建筑周

边的现有工业振源引起的振动，可以采取直接振动测试法；对于拟建工业振源的预测，常用的振动预测方法有：①实测法；②经验判断法；③经验预测公式；④数值分析法；⑤数值＋实测法；⑥实测传递函数法。

所谓经验判断法是指根据已有的既有线路引起环境振动的大量测试数据，将预设计线路条件下轨道交通振动的量级与敏感目标的环境振动控制标准进行比较。经验预测公式则是基于振动衰减的基础理论和经验测试数据，提出简化的振动衰减计算方法或水平预测公式。经验判断法和经验预测公式可在可行性研究阶段使用，其计算简便，适用于区域性普查，但是精度低、预测风险很高。实测传递函数法在具备条件时可利用钻孔锤击下的实测传递函数法，以实现对地下振源的振动预测，该方法的精度和成本均较高，部分地段缺乏实施条件。

数值分析法是目前使用较多的一种方法，技术相对成熟，对平整场地振动具备一定的预测精度。"数值＋实测"法是对单纯数值法的补充，该方法利用数值模型计算自由场地振动响应，并实测建筑物内外的振动传递特性，以解决建筑物模型参数取值困难的问题。

针对建设周期的轨道交通，在可行性研究阶段，可以使用经验判断法和经验公式预测法快速找出古建筑敏感度较高点位；在方案设计阶段，可使用"数值＋实测"法对敏感点进行振动量的预测、评估；在运营阶段，可使用实测法对预测、评估结论进行拟合校正。轨道交通对古建筑振动影响研究采用"三级动态振动预测、评估方法"，具体流程如图4.2.1所示。

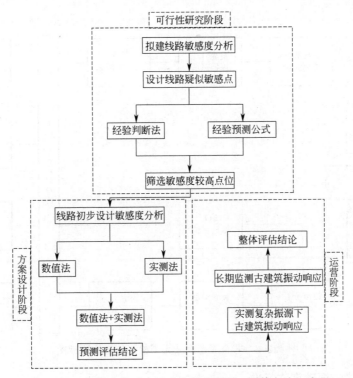

图 4.2.1　轨道交通"三级动态振动预测、评估方法"流程

4.2.2 实测法

实测法按下列步骤进行：

1. 调查工业振源状况

现状调查和收集资料是评估的基础，状况调查和资料收集应包括：工业振源的类型、频率范围、分布状况及工程概况；古建筑的修建年代、保护级别、结构类型、建筑材料、结构总高度、底面宽度、截面面积等及有关图纸；工业振源与古建筑的地理位置、两者之间的距离以及场地土类别等。对古建筑进行现状调查和现场测试时，不得对古建筑造成损害。

2. 弹性波速度测试

根据国家标准《古建筑防工业振动技术规范》的相关规定得到古建筑的容许振动标准，需要提供古建筑具体的弹性波波速。

图 4.2.2 为非金属超声波无损检测仪工作原理图，从示意图可以看出，仪器主要由高压发射与控制系统、程控放大与衰减系统、数据采集系统、专用微机系统四部分组成。高压发射系统受同步信号控制产生的高压脉冲激励发射换能器，将电信号转换为超声波信号传入被测介质，由接收换能器接收透过被测介质的超声波信号并将其转换成电信号。接收信号经程控放大与衰减系统作自动增益调整后输送给数据采集系统。数据采集系统将数字信号快速传输到专用微机系统中，微机通过对数字化的接收信号分析得出被测对象的声参量。

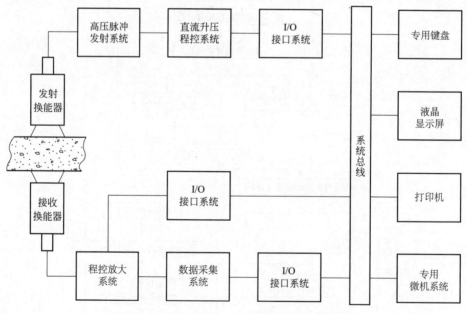

图 4.2.2　非金属超声波无损检测仪工作原理图

3. 确定古建筑振动容许标准

《古建筑防工业振动技术规范》从两个基本点出发：①工业振动对古建筑结构的影响是长期的、微小的，而地震影响是短暂的、强烈的；②现代建筑的容许振动标准是针对结构本身的安全性制定的，而古建筑结构，由于其历史、文化和科学价值，不能和现代建筑一样仅考虑它的完整性。因此，规范提出以疲劳极限作为古建筑结构防工业振动的控制指标，从而达到保护古建筑结构完整性的目的。该规范按照古建筑结构类型、所用材料、保护级别及弹性波在古建结构中的传播速度等规定了相应的容许振动值，见表 4.2.1～表 4.2.4。

古建筑砖结构的容许振动速度 $[v]$（mm/s）　　　表 4.2.1

保护级别	控制点位置	控制点方向	砖砌体 v_p（m/s）		
			<1600	1600～2100	>2100
全国重点文物保护单位	承重结构最高处	水平	0.15	0.15～0.20	0.20
省级文物保护单位	承重结构最高处	水平	0.27	0.27～0.36	0.36
市、县级文物保护单位	承重结构最高处	水平	0.45	0.45～0.60	0.60

注：当 v_p 介于 1600～2100m/s 之间时，$[v]$ 采用插入法取值。

古建筑石结构的容许振动速度 $[v]$（mm/s）　　　表 4.2.2

保护级别	控制点位置	控制点方向	砖砌体 v_p（m/s）		
			<2300	2300～2900	>2900
全国重点文物保护单位	承重结构最高处	水平	0.20	0.20～0.25	0.25
省级文物保护单位	承重结构最高处	水平	0.36	0.36～0.45	0.45
市、县级文物保护单位	承重结构最高处	水平	0.60	0.60～0.75	0.75

注：当 v_p 介于 2300～2900m/s 之间时，$[v]$ 采用插入法取值。

古建筑木结构的容许振动速度 $[v]$（mm/s）　　　表 4.2.3

保护级别	控制点位置	控制点方向	顺木纹 v_p（m/s）		
			<4600	4600～5600	>5600
全国重点文物保护单位	顶层柱顶	水平	0.18	0.18～0.22	0.22
省级文物保护单位	顶层柱顶	水平	0.25	0.25～0.30	0.30
市、县级文物保护单位	顶层柱顶	水平	0.29	0.29～0.35	0.35

注：当 v_p 介于 4600～5600m/s 之间时，$[v]$ 采用插入法取值。

石窟的容许振动速度 $[v]$（mm/s）　　　表 4.2.4

保护级别	控制点位置	控制点方向	岩石类别	岩石 v_p（m/s）		
全国重点文物保护单位	窟顶	三向	砂岩	<1500	1500～1900	>1900
				0.10	0.10～0.13	0.13
			砾岩	<1800	1800～2600	>2600
				0.12	0.12～0.17	0.17
			灰岩	<3500	3500～4900	>4900
				0.22	0.22～0.31	0.31

注：1. 表中三向指窟顶的径向、切向和竖向；

2. 当 v_p 介于 1500～1900m/s、1800～2600m/s、3500～4900m/s 之间时，$[v]$ 采用插入法取值。

4. 测试古建筑结构的速度响应

现场测试古建筑的振动速度响应是最直接也是最准确的方法，一般需要符合下列要求：

（1）当结构对称时，可按任一主轴水平方向测试；当结构不对称时，应按各个主轴水平方向分别测试。

（2）测砖石结构的水平响应，测点应沿两个主轴方向分别布置在承重结构的最高处；测木结构的水平响应，测点应布置在两个主轴中跨的顶层柱顶；测石窟的响应，测点应布置在窟顶的径向、切向和竖向。

4.2.3　公式预测法

古建筑动力响应的计算分析，原理上与现代建筑结构没什么不同。其主要问题在于古建结构本身分析模型的建立。其中包括各种材料（木材、石材和粘结缝）的本构模型，以及各种类型节点的力学简化模型。公式预测是按照对古建筑大量的实测振型，进行统计模态的经验估算。这些公式考虑了许多主要的影响因素，在实际工程中由于不同地质条件的差异，鲜有得到国内外共同认可和适用于实际工程的有效公式。同时这些公式在发展和完善过程中逐步提炼出一个被称为链式衰减的思想。

目前，国外还没有专门针对地铁的经验预测模型，但许多国家都制定了针对地面铁路振动的模型。我国则是在国家标准《古建筑防工业振动技术规范》中，给出了详细的统计模态的经验估算公式与统计数据表格，分为砖石结构和木结构古建筑两类。砖石结构包括古塔、砖石钟鼓楼及宫门。木结构古建筑包括高度超过 20m 的多层楼阁和高度小于 20m 的多层楼阁和殿堂。这种方法能够对古建筑结构在已知的振源条件下进行快速准确的估算。

1. 工业振源地面振动的传播

基于振动衰减理论基础，我国学者杨先健等提出了工业振源引起地面振动传播和衰减的计算方法，并先后被国内规范采用。根据该计算方法，距火车、汽车、地铁等交通振源中心 r 处地面的竖向或水平向振动速度，可按下式计算：

$$v_{\mathrm{r}}=v_0\sqrt{\frac{r_0}{r}\left[1-\zeta_0\left(1-\frac{r_0}{r}\right)\right]}\exp\left[-\alpha_0 f_{\mathrm{r}}(r-r_0)\right] \tag{4.2.1}$$

式中：v_{r} 是距振源中心 r 处地面振动速度，当其计算值等于或小于场地地面脉动值时，其结果无效；v_0 是 r_0 处地面振动速度；r_0 是振源半径；r 是距振源中心的距离；ζ_0 是与振源半径等有关的几何衰减系数；α_0 是土的能量吸收系数；f_{r} 是地面振动频率；根号内的部分同时考虑了体波的衰减因素和面波的衰减因素。

对于地铁交通引起的地面振动，有如下取值：

（1）振源半径 r_0 取值为

$$r_0=\begin{cases} r_{\mathrm{m}} & r\leqslant H \\ \delta_{\mathrm{r}}r_{\mathrm{m}} & r>H \end{cases} \tag{4.2.2}$$

式中：$r_{\mathrm{m}}=0.7\sqrt{\dfrac{BL}{\pi}}$；$B$ 是地铁隧道宽；L 是牵引机车车身长度；H 是隧道底部埋

深；δ_r 是隧道埋深影响系数，取值为

$$\delta_r = \begin{cases} 1.3 & \dfrac{H}{r_m} \leqslant 2.5 \\ 1.4 & \dfrac{H}{r_m} = 2.7 \\ 1.5 & \dfrac{H}{r_m} \geqslant 3 \end{cases} \quad (4.2.3)$$

（2）几何衰减系数 ζ_0 与振源类型、土的性质和振源半径 r_0 有关，其值可按表 4.2.5 采用。

地铁振源几何衰减系数　　　　表 4.2.5

土类	v_s(m/s)	r 与 H 的关系	r_0(m)	ζ_0
饱和淤泥质粉质黏土	80~280	$r \leqslant H$	5.00	0.800
黏土及可塑粉质黏土			6.00	0.800
硬塑粉质黏土			≥7.00	0.750
黏土及可塑粉质黏土	150~280	$r > H$	5.00	0.400
			6.00	0.350
			≥7.00	0.150~0.250
饱和淤泥质粉质黏土	80~110	$r > H$	5.00	0.300~0.350
			6.00	0.250~0.300
			≥7.00	0.100~0.200

（3）土的能量吸收系数 α_0 可根据振源类型和土的性质按表 4.2.6 采用。

土的能量吸收系数　　　　表 4.2.6

土类	v_s(m/s)	α_0(m/s)
硬塑粉质黏土	230~280	$(2.00 \sim 3.50) \times 10^{-4}$
黏土及可塑粉质黏土	200~250	$(2.15 \sim 2.20) \times 10^{-4}$
饱和淤泥质粉质黏土	80~110	$(2.25 \sim 2.45) \times 10^{-4}$

由火车、汽车等交通振源引起的地表振动，r_0、ζ_0 和 α_0 的取值方法详见《古建筑防工业振动技术规范》GB/T 50452—2008 附录 B。

2. 古建筑速度响应计算

古建筑在工业振动荷载下速度响应的计算，采用振型叠加法。由于工业振源的主要频率通常比较接近于结构的第二、第三阶固有频率，因此除了基本振型外，还要考虑高阶振型的影响。

古建筑在工业振源作用下的最大水平速度响应按下式计算：

$$v_{max} = v_r \sqrt{\sum_{j=1}^{n} [\gamma_j \beta_j]^2} \quad (4.2.4)$$

式中：v_{max} 是结构最大速度响应；v_r 是基础处水平向地面振动速度；n 是振型叠加数，除单檐木结构取 1，其他结构均取 3；r_j 是第 j 阶振型参与系数，古塔按表 4.2.7 取值，钟鼓楼、宫门按表 4.2.8 取值，单檐木结构取 1.273，两重檐木结构按表 4.2.9 取值，两重檐以上木结构按表 4.2.10 取值；β_j 是第 j 阶振型动力放大系数，砖石结构按表

4.2.11 取值，木结构按表 4.2.12 取值。

砖石古塔的振型参与系数 r_j　　　　　　　　表 4.2.7

H/b_m	b_m/b_0	0.6	0.65	0.7	0.8	0.9	1.0
2.0	γ_1	2.284	2.051	1.892	1.699	1.591	1.523
	γ_2	−2.164	−1.693	−1.394	−1.046	−0.856	−0.738
	γ_3	1.471	1.054	0.817	0.561	0.426	0.344
3.0	γ_1	2.412	2.129	1.947	1.736	1.619	1.547
	γ_2	−2.484	−1.896	−1.541	−1.143	−0.929	−0.796
	γ_3	1.786	1.256	0.964	0.654	0.495	0.397
5.0	γ_1	2.474	2.164	1.972	1.753	1.634	1.559
	γ_2	−2.742	−2.054	−1.654	−1.216	−0.984	−0.841
	γ_3	2.192	1.510	1.145	0.767	0.575	0.459
8.0	γ_1	2.487	2.171	1.978	1.758	1.638	1.563
	γ_2	−2.812	−2.097	−1.687	−1.240	−1.004	−0.858
	γ_3	2.388	1.631	1.232	0.822	0.615	0.491

注：H 是结构计算高度（台基顶至塔刹根部高度）；b_m 是高度 H 范围内各层宽度对层高的加权平均值；b_0 是结构底部宽度（两对边距离）。

砖石钟鼓楼、宫门的振型参与系数 r_j　　　　　　　　表 4.2.8

H_2/H_1	A_2/A_1	0.2	0.4	0.6	0.8	1.0
0.6	γ_1	1.686	1.494	1.388	1.321	1.273
	γ_2	−0.931	−0.706	−0.579	−0.489	−0.424
	γ_3	0.386	0.341	0.306	0.277	0.255
0.8	γ_1	1.875	1.553	1.410	1.327	1.273
	γ_2	−1.064	−0.731	−0.578	−0.487	−0.424
	γ_3	0.414	0.351	0.309	0.278	0.255
1.0	γ_1	1.944	1.570	1.416	1.329	1.273
	γ_2	−1.122	−0.740	−0.579	−0.486	−0.424
	γ_3	0.522	0.382	0.318	0.281	0.255

注：1. H_1 为台基顶至第一层台面的高度，H_2 为第一层台面至承重结构最高处的高度，H 为 H_1 与 H_2 之和；A_1 为第一层截面周边所围面积，A_2 为第二层结构截面周边所围面积；

2. 当 $H_2/H_1 > 1$ 时，按 H_1/H_2 取值；

3. 对于单层结构，A_2/A_1 取 1.0，与 H_2/H_1 无关。

两重檐木结构的振型参与系数 r_j　　　　　　　　表 4.2.9

H_2/H_1	A_2/A_1	0.5	0.6	0.7	0.8	0.9	1.0
0.6	γ_1	1.435	1.388	1.351	1.321	1.295	1.273
	γ_2	−0.638	−0.579	−0.530	−0.489	−0.454	−0.424
	γ_3	0.322	0.306	0.291	0.277	0.266	0.255

H_2/H_1	A_2/A_1	0.5	0.6	0.7	0.8	0.9	1.0
0.8	γ_1	1.470	1.410	1.364	1.327	1.298	1.273
	γ_2	−0.644	−0.578	−0.528	−0.487	−0.453	−0.424
	γ_3	0.328	0.309	0.292	0.278	0.266	0.255
1.0	γ_1	1.480	1.416	1.367	1.329	1.299	1.273
	γ_2	−0.647	−0.579	−0.527	−0.486	−0.453	−0.424
	γ_3	0.345	0.318	0.297	0.281	0.266	0.255

注：1. H_1 为台基顶至底层檐柱顶或二层楼面的高度，H_2 为底层檐柱顶或二层楼面至顶层檐柱的高度，H 为 H_1 与 H_2 之和；A_1、A_2 分别为下檐柱和上檐柱外围周边所围面积；

2. 当 $H_2/H_1 > 1$ 时，按 H_1/H_2 选用。

两重檐以上木结构的振型参与系数 r_j　　　　表 4.2.10

$\ln \dfrac{A_1}{A_2}$	γ_1	γ_2	γ_3
0	1.273	−0.424	0.255
0.2	1.298	−0.464	0.281
0.4	1.325	−0.508	0.309
0.6	1.354	−0.555	0.340
0.8	1.384	−0.605	0.373
1.0	1.417	−0.660	0.411
1.2	1.452	−0.718	0.451
1.4	1.490	−0.781	0.496
1.6	1.529	−0.850	0.544
1.8	1.572	−0.923	0.597

注：A_1、A_2 分别为底层和顶层檐柱外围周边所围面积。

动力放大系数 β_j　　　　表 4.2.11

f_r/f_j	0	0.3~0.8	1.0	1.4~1.9	2.3~2.8	3.3~3.9	≥5.0
β_j	1.0	7.0	10.0	6.0	4.0	2.5	1.0

注：1. f_j 是结构第 j 阶固有频率，取值方法详见《古建筑防工业振动技术规范》第 6 章；

2. 当 f_r/f_j 介于表中数值之间时，β_j 采用插入法取值。

动力放大系数 β_j　　　　表 4.2.12

f_r/f_j	0	0.3~0.8	1.0	1.4~1.9	2.3~2.8	3.3~3.9	≥5.0
β_j	1.0	5.0	7.0	4.5	3.0	2.0	0.8

注：1. f_j 是结构第 j 阶固有频率，取值方法详见《古建筑防工业振动技术规范》第 6 章；

2. 当 f_r/f_j 介于表中数值之间时，β_j 采用插入法取值。

4.2.4　数值法

近年来，随着计算机配置的逐步提升和商业数值软件的成熟，数值法已成为古建筑振动评估及预测中的重要一环。

一般来说，数值法可用于方案设计阶段的预测评价，其优势体现在可以根据不同的实际工程情况建立分析模型，得到一定工程精度的数值解答；分析过程不受实际场地条件的限制，还可以通过对分析模型的修正，对多个设计方案进行分析比选，确定最优化的设计参数等。

1. 地铁振源荷载计算

列车-轨道系统是产生地铁振动的源头，我国典型的地铁轨道系统是整体道床轨道系统（无砟轨道），包括钢轨、轨枕、垫板、扣件、道床和基础，因此，地铁振源与列车参数、轨道结构参数及行车速度等密切相关。

车辆-轨道耦合振动是一个复杂的动力学过程，涉及众多因素，既有车辆方面的，又有轨道方面的，而且还相互渗透。长期以来，有关机车车辆和轨道动态相互作用问题，常常归结为车辆动力学、轨道动力学及轮轨相互关系（轮轨关系）三个相对独立的研究领域，将轨道基础视为刚性支承来研究机车车辆，或者将机车车辆当作激振质点来分析轨道，再者是研究车轮与钢轨之间的相互作用关系。然而，车辆系统与轨道系统并非相互独立，两者是相互耦合、相互影响的。例如，轨道的变形会激起机车车辆的振动，而机车车辆的振动经由轮轨接触界面，又会引起轨道结构振动的加剧，反过来助长轨道的变形，这种相互反馈作用将使机车车辆轨道系统处于特定的耦合振动形态之中。显然研究这样的问题，仅从某个单一系统入手，难以反映其本质。所以，应用系统工程的思想将机车车辆系统和轨道系统作为一个总体大系统，而将轮轨相互作用（轮轨关系）作为连接两个子系统的纽带，来进行车辆轨道耦合动力学的研究，可以更为客观地反映轮轨系统的本质。

传统的车辆-轨道耦合动力模型多通过有限元法进行求解，采用解析法研究的相对较少，本小节对基于解析法的车轨耦合动力模型进行介绍。

由于浮置板轨道的减振、隔振性能突出，在地铁过重要的古建筑区段中经常大量使用。因此，在分析浮置板轨道结构的动力特性时，建立车辆-轨道-浮置板系统的竖向耦合振动系统计算模型。

简单的浮置板模型可视为由浮置板的质量、弹簧刚度和阻尼系数组成的单自由度振动系统，但是实际上车辆、轨道和浮置板是一个耦合的振动系统，所以，有必要对系统整体进行动力分析。

在轨道结构考虑为刚性层和弹性层交替的成层结构时，应满足如下假设：

（1）轨道结构只承受竖向荷载。

（2）在水平平面上，结构关于轨道轴线对称。

（3）忽略轨道各层间的轴力。

（4）刚性层的弯曲变形长度大于其厚度。

在轮轨系统建模时，由于对机车车辆系统和轨道结构子系统的种种简化，或多或少会导致模型功能的损失或（和）分析精度的降低。因此，理想的模型应充分考虑各种影响因素，尽可能完整地反映轮轨系统本质，从而使模型具有精度高、功能强的特点，同时又不能使模型过分复杂，以便于计算模型的实施。根据多年来国内外车辆动力学和轨道动力学的研究成果，本研究采用连续分布参数轨道模型而不用简化的等效集总参数轨道模型，更适合于复杂问题的定量分析。

车辆、轨道和浮置板结构的竖向动力分析模型如图 4.2.3 所示。

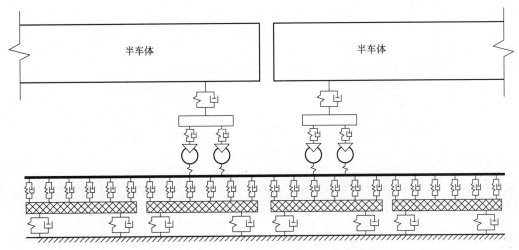

图 4.2.3　地铁车辆-轨道-浮置板的动力分析模型

（1）车辆动力模型和运动方程

车辆采用整车模型。地铁车辆采用两系悬挂系统，是由车体、转向架构架、轮对以及联系弹簧和阻尼器所组成。联系转向架和车轮之间的弹簧和阻尼器称为一系弹簧和一系阻尼，联系车体和转向架之间的弹簧和阻尼器称为二系弹簧和二系阻尼。本研究在建立车辆垂向运动方程时，作了如下基本假定：

1）不考虑车体、转向架构架和轮对的弹性变形，即车体、转向架构架和轮对均为刚体；

2）车辆沿直线线路作等速运动，不考虑纵向动力作用的影响；

3）车轮与钢轨法向接触力由赫兹非线性弹性接触理论确定，并允许轮对和轨道相互脱离，即出现"跳轨"；

4）一系与二系悬挂及轮对定位的弹簧特性是线性的；

5）车辆所有悬挂系统之间的阻尼均按黏性阻尼计算；

6）车体和转向架均关于质心左右对称和前后对称；

7）车体、转向架及轮对各刚体均在基本平衡位置附近作小位移振动。

根据上述假定，对四轴地铁车辆而言，每节车辆有 10 个自由度，分别为车体和前后转向架构架的沉浮（沿铅垂轴上下移动）、点头运动（绕形心在竖向平面内的转动）以及 4 个轮对的沉浮运动。车辆垂向动力分析模型如图 4.2.4 所示。

对车体、前后转向架及各轮对应用 D'Alembert 原理，可得各部件的运动方程，其简化形式可表达为：

$$M_e \ddot{u}_e + F_{eK}^2 + F_{eC}^2 = 0 \qquad u_e = \{z_e \quad \varphi_e\} \qquad (4.2.5)$$

$$M_t \ddot{u}_t + F_{tK}^1 + F_{tK}^2 + F_{tC}^1 + F_{tC}^2 = 0 \qquad u_t = \{z_t \quad \varphi_t\} \qquad (4.2.6)$$

$$M_w \ddot{u}_w + F_{wK}^1 + F_{wC}^1 + N = 0 \qquad u_w = \{u_w\} \qquad (4.2.7)$$

式中：M_e、M_t、M_w、u_e、u_t、u_w 分别是车体、转向架、轮对的广义质量及广义位移；F_{tK}^1、F_{wK}^1、F_{tC}^1、F_{wC}^1 分别是一系悬挂作用在转向架、轮对上的弹性力及阻尼力；

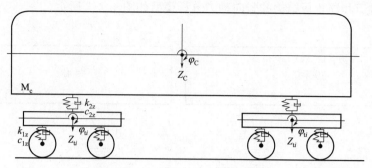

图 4.2.4　车辆垂向动力分析模型

F_{eK}^2、F_{tK}^2、F_{eC}^2、F_{tC}^2 分别是二系悬挂作用在车体、转向架上的弹性力及阻尼力；Z、φ 分别是沉浮及点头位移；N 是轮轨之间法向力。

若假定车辆的总位移向量为 $\{X_C\}$，总速度向量为 $\{\dot{X}_C\}$，总加速度向量为 $\{\ddot{X}_C\}$，则车辆运动方程可写成矩阵形式：

$$[M_C]\{\ddot{X}_C\} + [C_C]\{\dot{X}_C\} + [K_C]\{X_C\} = \{P_C\} \tag{4.2.8}$$

式中：$[M_C]$、$[C_C]$、$[K_C]$ 分别表示车辆的质量、阻尼、刚度矩阵；$\{P_C\}$ 表示振动过程中作用于车辆各自由度的荷载向量。

（2）钢轨的运动方程

建立钢轨的运动方程，有两种方式：一是引入钢轨正则振型坐标 q_k（t），采用模态分析法建立运动方程；二是利用有限元法对钢轨进行离散化处理，建立钢轨的运动方程。有限元法的优点是可以适应轨道结构的多种变化，但因其自由度较多，使其使用受到了一定限制。与有限元法相比，模态分析法通过指定截取的模态阶数，在既保证了解的收敛性，又反映了具有高频特性的轮轨振动的情况下，减少了钢轨的自由度数，节约了计算机的存贮空间，也使计算时间得以大大减少，故本研究采用此法。

设钢轨的振动位移变量为 u_r，则其振动微分方程为：

$$EI\,\frac{\partial^4 u_r(x,t)}{\partial x^4} + m_r\,\frac{\partial^2 u_r(x,t)}{\partial t^2} + \sum_{i=1}^{n_{sp}}(F_{rK}^{sr} + F_{rC}^{sr})\delta(x-x_{spi}) + \sum_{i=1}^{n_w}N\delta(x-x_{wi}) = 0$$

$$\tag{4.2.9}$$

式中：u_r 是钢轨广义位移 $u_r = \{z_r\}$；n_{sp}、n_w 分别是扣件个数、轮对个数；x_{spi}、x_{wi} 分别是第 i 个扣件和第 i 个轮对的 x 坐标；F_{rK}^{sr}、F_{rC}^{sr} 分别是浮置板通过扣件作用在钢轨上的弹性力和阻尼力；m_r 是钢轨单位长度质量；EI 是钢轨抗弯刚度。

引入钢轨正则振型坐标 q_k（t），则钢轨的位移可写成如下形式：

$$u_r(x,t) = \sum_{k=1}^{NM} u_r(x)q_k(t) \tag{4.2.10}$$

式中：NM 为所截取的模态阶数，要求为截止频率在所分析的钢轨有效频率的 2 倍以上。

由此建立钢轨振型坐标二阶常微分方程组如下：

$$\dot{q}_k(t) + \frac{EI_r}{m_r}\left(\frac{k\pi}{l_r}\right)^4 q_k(t) = -\sum_{i=1}^{N} F_{Vi} u_k(x_{Fi}) + \sum_{j=1}^{4} G_j u_k(x_{Gj}) \tag{4.2.11}$$

$$(k = 1 \sim NM)$$

式中：EI 是钢轨抗弯刚度；F_{Vi} 是浮置板通过第 i 号扣件支点作用于钢轨的支反力（$i=1\sim N$），N 是计算长度范围内扣件支点总数；G_j 是车辆第 j 轮对作用于钢轨的广义动荷载（$j=1\sim 4$）。

（3）浮置板式轨道动力模型和运动方程

根据浮置板式轨道结构的实际特点：

1）将钢轨视为连续弹性离散点支承梁模型，而不用连续弹性基础梁模型，从而更好地符合地铁轨道实际，并能用于处理轨道支承弹性沿纵向非均匀变化等特殊类型的动力学问题，轨下基础沿纵向被离散，离散以各扣件为节点；

2）将钢轨视为无限长 Bernoulli-Euler 梁，既不使计算过程过于繁杂，又能适应工程应用需要；

3）浮置板与钢轨之间的扣件用线性弹簧和黏性阻尼模拟；

4）浮置板视为弹性板；

5）浮置板与隧道仰拱之间的弹簧隔振器用线性弹簧和黏性阻尼模拟。

根据 D'Alembert 原理，可以建立浮置板的运动方程，其运动方程在形式上与车辆运动方程相似。

$$M_s \ddot{u}_s + F_{sK}^{rs} + F_{sC}^{rs} + F_{sK}^{sB} + F_{sC}^{sB} = 0 \tag{4.2.12}$$

式中：M_s、u_s 分别是浮置板质量及浮置板广义位移，$u_s = \{z_s \quad \varphi_s\}$；$F_{sK}^{rs}$，$F_{sC}^{rs}$ 分别是钢轨作用在浮置板上的弹性力和阻尼力；F_{sK}^{sB}、F_{sC}^{sB} 分别是地基作用在浮置板上的弹性力和阻尼力。

至此，线路各部分——钢轨、浮置板的运动方程已分别建立，当联立求解时，若假定线路的总位移向量为 $\{X_s\}$，总速度向量为 $\{\dot{X}_s\}$，总加速度向量为 $\{\ddot{X}_s\}$，则线路运动方程可写成矩阵形式：

$$[M_s]\{\ddot{X}_s\} + [C_s]\{\dot{X}_s\} + [K_s]\{X_s\} = \{P_s\} \tag{4.2.13}$$

式中：$[M_s]$、$[C_s]$、$[K_s]$ 分别表示浮置板式轨道结构的质量、阻尼、刚度阵；$\{P_s\}$ 表示振动过程中作用于线路各自由度的荷载向量。

（4）轮轨相互作用关系

车辆系统和轨道结构系统的耦合关系，体现为轮轨之间的相互作用关系，其核心是轮轨力。

轮轨垂向接触力由赫兹非线性弹性接触理论所确定：

$$N_Z(t) = \left[\frac{1}{G_{HZ}}\delta Z(t)\right]^{3/2} \tag{4.2.14}$$

式中：G_{HZ} 是轮轨接触常数；$\delta Z(t)$ 是轮轨间的弹性压缩量（m）。

计算时轮轨间的弹性压缩量应包括车轮静压量和轮轨相对运动位移两部分。当轮轨间的弹性压缩量等于零时，表明轮轨相互脱离，其法向接触力即为零。

（5）车辆-轨道-浮置板式轨道结构耦合振动方程

通过分别建立与求解车辆和线路的运动方程，用迭代过程来满足轮轨间的几何相容条件和相互作用力平衡条件，因此系统各部分的质量矩阵、阻尼矩阵和刚度矩阵均与积分过程无关，从而减少了计算工作量，加快了响应求解速度。

为说明各子系统之间的关系，考虑完整的车-线耦合系统，可将上述的式（4.2.8）、式（4.2.13）改写为：

$$\begin{bmatrix} M_C & 0 \\ 0 & M_S \end{bmatrix} \begin{Bmatrix} \ddot{X}_{Ct+\Delta t} \\ \ddot{X}_{St+\Delta t} \end{Bmatrix} + \begin{bmatrix} C_{CC} & C_{CS} \\ C_{SC} & C_{SS} \end{bmatrix} \begin{Bmatrix} \dot{X}_{Ct+\Delta t} \\ \dot{X}_{St+\Delta t} \end{Bmatrix} +$$

$$\begin{bmatrix} K_{CC} & K_{CS} \\ K_{SC} & K_{SS} \end{bmatrix} \begin{Bmatrix} X_{Ct+\Delta t} \\ X_{St+\Delta t} \end{Bmatrix} = \begin{Bmatrix} R_{C\ t+\Delta t} \\ 0 \end{Bmatrix} \tag{4.2.15}$$

式中：R_C 为整个系统的外力，进一步改写成：

$$M_C \ddot{X}_{Ct+\Delta t} + C_{CC} \dot{X}_{Ct+\Delta t} + K_{CC} X_{Ct+\Delta t} = R_{C+\Delta t} + F_{CS} \tag{4.2.16}$$

$$M_S \ddot{X}_{St+\Delta t} + C_{SS} \dot{X}_{St+\Delta t} + K_{SS} X_{St+\Delta t} = F_{SC} \tag{4.2.17}$$

其中：

$$F_{CS} = -C_{CS} \dot{X}_{St+\Delta t} - K_{CS} X_{St+\Delta t} \tag{4.2.18}$$

$$F_{SC} = -C_{SC} \dot{X}_{Cx+\Delta t} - K_{SC} X_{Ct+\Delta t} \tag{4.2.19}$$

这就是车-线相互耦合的部分。显然，F_{CS} 与 F_{SC} 为作用力与反作用力，分别是车辆轮对与线路之间的相互作用力。

对于车-线耦合振动分析，可以采用相同时刻相邻两次迭代的位移值 $\{X_C\}$ 和 $\{X_S\}$ 的相对误差值进行控制，也可以采用相同时刻相邻两次迭代的荷载向量 F_{CS} 或 F_{SC} 的相对误差值进行控制，由于作用力与反作用力的关系，选择 F_{CS} 与选择 F_{SC} 是完全等价的。

由于本研究在建立系统各部分的运动方程时已应用了力的平衡条件，因此，在对振动微分方程组进行迭代求解时，以车辆和线路结构的位移协调一致作为收敛条件。

数值积分方法可采用线性加速度法、Wilson-θ 法和 Newmark-β 法。Newmark 方法由于稳定性好，时间步长的选择较自由，因此本研究在每时间步长内用 Newmark-β 法进行迭代，求解微分方程的数值解。

2. 地表振动数值预测

地铁列车运行时，由于机车本身的动力作用和轮轨接触动荷载，使车辆和轨道发生振动。轨道结构的振动通过道床、隧道等结构传入地层，产生振动波，进而引起沿线附近建筑物的振动。原理上，对这个问题的数学分析，可以通过建立地层的振动微分方程，并在频率波数域中用解析的方法进行求解。对于地铁列车的振动问题，由于隧道结构的存在，再加上地层介质的非均匀性，解析解的连续性和均匀性假设已不能满足分析要求，因此地层振动一般采用有限元法来求解，隧道-地层系统动力有限元模型是最常用的方法。

（1）基本假定

通常，天然土的动力性状可以根据其受力后产生的动应变的大小分成三类：$\varepsilon < 10^{-4}$

时土体处于弹性状态；$10^{-4} \leqslant \varepsilon \leqslant 10^{-2}$ 时，土体处于弹塑性状态；$\varepsilon > 10^{-2}$ 时，土体处于塑性状态。由于城市轨道交通环境振动引起的土动应变一般为 10^{-5} 甚至更小，应变完全处于弹性变形阶段，因此在进行地铁振动研究时，可以认为土体模型是弹性模型，并应当满足下列几条简化假设：

1）土层作为层状弹性体系，每层土体都是由同一种介质组成，并具有相同的弹性性质，具有各向同性。

2）不考虑土颗粒的微观结构及内部孔隙，认为可以用连续函数来描述土体应力、形变、位移等物理量的变化规律。

3）不考虑土体的初始应力，即在运动方程中不考虑体力一项，认为在离振源足够远处，地基土中由列车运动荷载引起的应力、形变和位移都是零。

（2）模型尺寸

由于建立的有限元模型范围有限，一般要在模型边界处施加人工边界，来模拟振波向无限半空间远处的传播。然而，施加了人工边界的模型，其尺寸到底多大才能具有足够的模拟精度。到目前为止，只有极少数文献做过系统的研究，也得出一些定性的研究结论。相关研究表明，当计算模型的水平范围取为 8～10 倍隧道直径时，即可获得较高的计算精度。

根据其他相关文献的经验，振源距离边界的最小尺寸 L 应大于介质的最大波长，即：

$$L > \lambda_{\text{截断}} = \frac{C_{\text{S}}}{2f_{\min}} \tag{4.2.20}$$

式中：C_{S} 为土层剪切波速；$f_{\min}$ 为所分析的最小频率。

从上述分析式可以看出，模型截断尺寸可以直接响应计算的低频响应。

（3）有限元网格划分

连续介质经有限元离散以后，存在一个波传播的截止频率，高于该截止频率的波将在该离散模型中被截断。研究表明，对于波速为 c 的均匀连续介质，若有限元网格离散步距为 Δx，一维有限元离散模型中传播的最小周期为 $T_{\min} = \pi \Delta x / c$，因此如果离散步距为 Δx，则不可能用这一离散模型研究周期小于 $\pi \Delta x / c$ 的波传播问题。

若周期为 T 的谐波在连续介质中的波长为 $\lambda = cT$，则振波在离散网格中传播的必要条件为 $\Delta x \leqslant \lambda / \pi$，因此为了在数值模拟中保证波形不发生明显失真，$\Delta x$ 应小于 λ / π。

在模拟波的传播问题时，有限元模型网格的划分应能模拟出波的形状才能获得较准确的结果。当采用集中质量矩阵有限元模型时，若模拟的波长大于 6～8 个单元的长度，将取得较高的精度。

（4）土性参数选取

地铁振动引发的动应变一般小于 10^{-4}，土体仍处于弹性状态。故只考虑微振的影响，认为土体和古建筑处于弹性变形状态，不考虑塑性变形。土层厚度和土的物理性质参数可按勘察报告选取。

动弹性模量和动泊松比可按波速试验确定。波速与动弹性模量换算公式如下式：

$$v_{\text{P}} = \sqrt{\frac{E(1-\mu)}{\rho(1+\mu)(1-\mu)}} \tag{4.2.21}$$

$$v_S = \sqrt{\frac{E}{\rho 2(1+\mu)}} \tag{4.2.22}$$

令 $k = \left(\frac{v_P}{v_S}\right)^2$，则动泊松比 μ 为：

$$\mu = \frac{k-2}{2(k-1)} \tag{4.2.23}$$

（5）单元阻尼

在进行有限元分析时，需要设置单元的阻尼参数，以反映振动在土层材料中的能量耗散。阻尼可选用瑞利阻尼，土的阻尼比一般为 0.01～0.30，阻尼参数可按模态试验确定。

瑞利阻尼使用得最为广泛，它假定体系的阻尼矩阵为质量矩阵和刚度矩阵的线性组合，即：

$$[C] = \alpha[M] + \beta[K] \tag{4.2.24}$$

相应的，阻尼比也分为两项，与质量成正比项 ζ_M 和与刚度成正比项 ζ_K，即：

$$\zeta_n = \zeta_M + \xi_k \tag{4.2.25}$$

其中：

$$\zeta_M = \frac{\alpha}{2\omega_n} \quad \zeta_K = \frac{\beta\omega_n}{2}$$

当瑞利阻尼系数 α 和 β 确定后，便可唯一确定阻尼矩阵。因此，只要任意给定满足阻尼比的两个频率值，就可以转化为关于 α 和 β 的二元一次方程组，从而求解得到瑞利阻尼。

4.2.5 "数值＋实测法"预测评估方法

数值法的缺点在于计算模型和参数选取的不确定性将直接影响输出结果。计算模型的建立，不仅需要考虑模型是否能够真实而准确地表达工程实际问题的本质，同时也需要考虑其数学模型能否在计算机上实现。使用"数值＋实测"的方法可以规避单纯数值法的弊端，实测法可以排除掉除目标振源外的一切干扰，这样不仅可以排除其他振源的不确定性，也可以大大简化古建筑模型的建立，有效地弥补数值法的弊端，提高该方法的预测精度。

"数值＋实测法"是对单纯数值法的补充，实质上是同一目标单位实测数据的有效值与数值计算的有效值的叠加，有限元无限元耦合模型按各工况进行荷载输入后，提交计算，可得监测点的振动速度和加速度响应时程。在此基础上进行振级、振动峰值、有效值及与地面交通振动叠加计算。

同时，"数值＋实测法"还可以使用两极校正法来提高计算精度，即通过输入端-输出端两级校准动力模型，如图 4.2.5 所示。由于隧道所在的地层在地铁列车的微小振动范围内可以看作是一个线性时不变系统，因此可以结合既有测试条件专门建立经实测校准的预测模型。分析时可分为车辆-轨道和隧道-地层-敏感目标 2 个子系统。对第一子系统，输入激励和输出响应选择敏感目标自身或所处自由场地地表。这样分别对列车振动荷载经过轨道结构到隧道结构的传递模型进行校准，对隧道结构经地层到敏感目标的传递模型进行校准，可大大提高预测模型的可靠性和准确度。

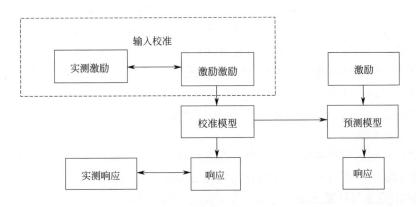

图 4.2.5　两极校准法预测示意图

1. 总体评估思路

在"数值＋实测"的基础上提出的动态反演参数预测模型，具体的分析流程如图 4.2.6 所示。

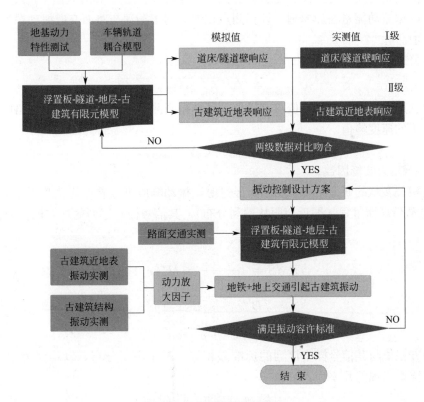

图 4.2.6　预测模型流程图

（1）通过测量、勘探及物探等手段，掌握古建筑的三维尺寸及地基土分层情况，通过钻孔波速测试、室内静力试验、动三轴和共振柱试验得出模型计算需要的静力和动力参数。

（2）建立"车辆-轨道-弹簧浮置板道床耦合动力学模型"，输入现有的运行车辆、轨道及道床等设计参数，计算不同列车速度下弹簧支承浮置板式道床所受的振动荷载，作为下一模型计算的动力输入，并通过两级校准法校准。

（3）建立三维整体有限元动力学模型，输入现有动力荷载以及各土层的静动力学参数，计算出古建筑的动力响应。

（4）在理论计算的同时，还要进行现场振动测试，得出现有古建筑的振动水平，并校对有限元分析的参数。

（5）对振动对古建筑物影响的安全标准进行全面的调研研究。

（6）叠加数值计算与实测振动响应，并得出结论。

2. 振动响应叠加计算方法

因地铁运行通常与地面交通同时进行，为了预测复杂交通情况下古建筑的振动响应，采用数值分析与测试相结合的预测方法。具体步骤及方法如下：

（1）通过数值计算，得到地铁列车引起地面及古建筑的振动速度峰值 $V_{peak,m}$ 和有效值 $V_{rms,metro}$。

（2）由实测得到现况路面交通引起的振动速度峰值 $V_{peak,r}$ 和有效值 $V_{rms,car}$。

（3）根据振动能量叠加原理，计算测点在地铁列车振动与路面交通振动叠加情况下的速度有效值。

计算公式为：

$$V_{rms,total} = \sqrt{V_{rms,metro}{}^2 + V_{rms,car}{}^2} \tag{4.2.26}$$

（4）利用波峰因数联系峰值与有效值，计算得到测点在地铁列车振动与路面交通振动叠加情况下的速度峰值。

$$V_{peak,total} = C_f V_{rms,total} \tag{4.2.27}$$

式中：C_f 为波峰因数。

根据相关文献的研究结果，当列车经过时，振动响应可以看作均值趋近于 0、方差为 σ^2 的平稳窄带高斯过程（即近似服从瑞利分布），其信号样本序列的均方根值为：

$$RMS = \sqrt{\frac{\sum\limits_{i}^{n} x^2}{n}} = \sqrt{E(x_i^2)} \\ = \sqrt{D(x_i) + [E(x_i)]^2} \\ = \sqrt{\sigma^2 + \mu^2} = \sigma \tag{4.2.28}$$

即均方根值与其信号样本序列的标准差相等。对于高斯分布，以均值为中心，$n\sigma$ 为半径涵盖样本出现的几率为：

$$\begin{cases} p(3\sigma) = 99.730020\% \\ p(4\sigma) = 99.993666\% \\ p(5\sigma) = 99.999943\% \end{cases} \tag{4.2.29}$$

即波峰因数 C_f 取 3、4 和 5 时分别可以满足 99.9700%、99.9937% 和 99.9999% 的保证概率。对于重要古建筑，根据文献的建议，计算时波峰因数水平向振动取 5，竖直向振动取 3。

4.3　工程应用实例

项目组于 2007 年至 2008 年对西安地铁二号线运行引起的城墙南、北门和钟楼振动影响分别进行了专题研究。在充分掌握古建筑地基、结构特性的基础上，通过建立轨道-地层-城墙（钟楼）整体三维有限元动力模型，输入地铁运行的振动荷载，模拟计算出古建筑的动力响应，并分析了轨道减振设计、运行速度、轨道不平顺等因素的影响规律，为地铁二号线对文物保护的设计方案提供了科学依据。2011 年 9 月，西安地铁二号线开通运营，课题组对钟楼、城墙进行了系统的振动监测。振动量的预测与后期实测吻合度较高，达到了精度要求，本节以西安地铁二号线过城墙南、北门为例介绍总体评估方法。

4.3.1　工程简介

地铁二号线穿越城墙北门段，地铁左右线分别从北门瓮城东西两侧的城门洞下绕行穿越城墙，绕行线路曲线半径 400m。从张家堡向南方向以 3‰ 下坡坡度穿越北门区段，穿越北门城墙段处轨顶标高为 381.3m（即轨顶埋深约为地表下 18.0～19.5m，地下隧道顶埋深 13.0～14.7m）。其与城墙相对位置关系见图 4.3.1。

地铁二号线穿越城墙南门段，地铁左右线分别从南门瓮城东西两侧的城门洞下绕行穿越城墙，绕行线路曲线半径 350m，从钟楼向南以 3‰ 上坡坡度穿越南门区段，穿越南门城墙段处轨顶标高为 384.7m（即轨顶埋深约为地表下 22.0～23.6m，地下隧道顶埋深 17.4～18.5m）。其与城墙相对位置关系见图 4.3.2。

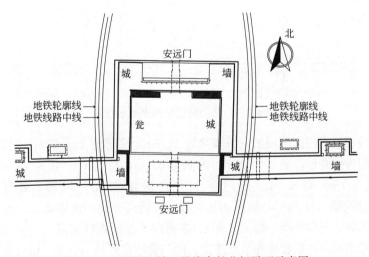

图 4.3.1　西安地铁二号线穿越北门平面示意图

地铁二号线穿越北门段城墙，城墙高约 12m，底部宽 16～18m，顶部宽 12～14m，北门安远门门洞为拱券形，通长为 30.8m，内侧宽 6.1m，高 8.2m，进深 23.5m 处为安木门所在地，门洞外宽 5.2m，高 5.6m。北门瓮城东西长 70.5m，南北宽 47.7m，瓮城墙顶宽 10.5m，周长 389m，北门瓮城城墙北侧为箭楼，箭楼楼面宽十一间（53.35m），

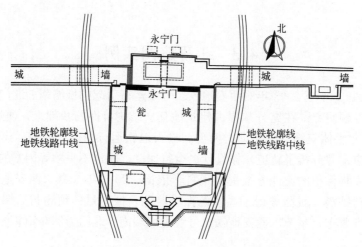

图 4.3.2 西安地铁二号线穿越南门平面示意图

进深两间（15.5m），如图 4.3.3 所示，通高 33.4m，楼体高 19.6m。结构自重等竖向荷载由南北向 3 列、东西向 12 排的木柱支撑，一层飞檐由南侧一排木柱支撑。箭楼结构由斗栱和榫卯节点连接。在箭楼下设一瓮门，门洞为拱券形，通长为 30.8m，内侧宽 6.1m，高 8.2m，进深 23.5m 处为安木门所在地，门洞外宽 5.2m，高 5.6m。北门瓮城外两侧分别有两个城门，为现代交通之用，城门亦为拱券形，通长为 30.8m，内侧宽 6.1m，高 8.2m。

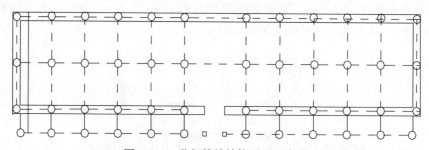

图 4.3.3 北门箭楼结构平面示意图

　　地铁二号线穿越南门门段城墙，城墙高约 11.6m，底部宽 16～18m，顶部宽 12～14m，南门永宁门门洞为拱券形，通长为 29m，内侧宽 6.1m，高 8.8m，进深 21.5m 处为两扇木门，门洞外宽 5.1m，高 5.0m。南门正上方之城墙砌置一城楼，城楼楼面宽七间（37.14m），进深两间（15.5m），如图 4.3.4 所示，通高 32m，楼体高 19.6m。结构自重等竖向荷载由南北向 3 列（中间一榀为 4 列）、东西向 8 排的木柱支撑，一层飞檐由外侧一圈木柱支撑。箭楼结构由斗栱和榫卯节点连接。南门瓮城东西长 70.0m，南北宽 50.0m，瓮城墙顶宽 13.5m，周长 395m，瓮城东西各设一偏门，均为拱券形门洞，通长为 30.8m，内侧宽 6.1m，高 8.2m，进深 23.5m 处为安木门所在地，门洞外宽 5.2m，高 5.6m。瓮城外侧为月城（中华人民共和国成立后修复），月城城墙为砖砌体结构，瓮城正南方为闸楼，闸楼面宽三间，高二层，月城南侧墙体亦为城墙管委会办公楼。南门瓮城外两侧分别有三个城门，为现代交通之用，城门亦为拱券形，通长为 30.8m，内侧宽 6.1m，高 8.2m。

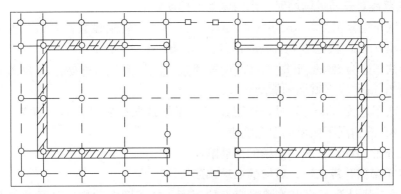

图 4.3.4　南门城楼结构平面示意图

4.3.2　计算工况

本次研究，主要包括以下内容：建立"地层＋隧道结构（包括盾构管片和仰拱）＋城墙结构"的整体有限元模型。通过施加地铁列车通过时作用在隧道仰拱面上的荷载，对整体模型进行振动响应计算，预测城墙底、城门洞顶、城墙顶、箭楼（城楼）底脚点的振动响应，并对箭楼和城楼结构的振动响应进行计算。主要计算工况包括：

1. 地铁单线运行通过城墙时，北门城墙的振动响应

（1）地铁车速分别为 80km/h、60km/h、40km/h，轨道设置浮置板减振措施（弹簧刚度为 6.9MN/m），轨道不平顺 2mm 情况下城墙的振动响应（工况分别用 V80-69-2mm、V60-69-2mm、V40-69-2mm 表示，下同）；

（2）地铁车速为 80km/h 时，轨道设置浮置板减振措施（弹簧刚度为 3.11MN/m），轨道不平顺 2mm 情况下城墙的振动响应（工况用 V80-31-2mm 表示，下同）；

（3）地铁车速为 80km/h 时，轨道设置浮置板减振措施（弹簧刚度为 6.9MN/m），轨道不平顺 4mm 情况下城墙的振动响应（工况用 V80-69-4mm 表示，下同）。

2. 地铁双线对开通过城墙时，北门城墙的振动响应

（1）地铁车速分别为 80km/h、60km/h、40km/h，轨道设置浮置板减振措施（弹簧刚度为 6.9MN/m），轨道不平顺 2mm 情况下城墙的振动响应；

（2）地铁车速为 80km/h 时，轨道设置浮置板减振措施（弹簧刚度为 3.11MN/m），轨道不平顺 2mm 情况下城墙的振动响应；

（3）地铁车速为 80km/h 时，轨道设置浮置板减振措施（弹簧刚度为 6.9MN/m），轨道不平顺 4mm 情况下城墙的振动响应。

3. 地铁单线运行通过城墙时，南门城墙的振动响应

（1）地铁车速分别为 80km/h、60km/h、40km/h，轨道设置浮置板减振措施（弹簧刚度为 6.9MN/m），轨道不平顺 2mm 情况下城墙的振动响应；

（2）地铁车速为 80km/h 时，轨道设置浮置板减振措施（弹簧刚度为 3.11MN/m），轨道不平顺 2mm 情况下城墙的振动响应；

（3）地铁车速为 80km/h 时，轨道设置浮置板减振措施（弹簧刚度为 6.9MN/m），轨道不平顺 4mm 情况下城墙的振动响应。

4. 地铁双线对开通过城墙时，南门城墙的振动响应

（1）地铁车速分别为 80km/h、60km/h、40km/h，轨道设置浮置板减振措施（弹簧刚度为 6.9MN/m），轨道不平顺 2mm 情况下城墙的振动响应；

（2）地铁车速为 80km/h 时，轨道设置浮置板减振措施（弹簧刚度为 3.11MN/m），轨道不平顺 2mm 情况下城墙的振动响应；

（3）地铁车速为 80km/h 时，轨道设置浮置板减振措施（弹簧刚度为 6.9MN/m），轨道不平顺 4mm 情况下城墙的振动响应。

5. 对应于北门计算工况，箭楼的振动响应

6. 对应于南门计算工况，城楼的振动响应

以上工况分别计算，给出关键响应点的速度、加速度振动响应时程及加速度的频谱曲线。

4.3.3 建立"隧道结构＋地层＋城墙"的三维有限元模型

根据地铁线路布置和评估范围要求，在平行于地铁隧道方向（y 方向），有限元范围按 2 倍车长（250m）考虑，在平行于城墙方向（x 方向），按评估范围要求（地铁隧道中心以外 60m 范围），有限元范围按 270m 考虑。深度方向（z 方向），保证超过隧道底面 20m，北门深度取 45m，南门取 60m。单元采用实体六面体单元，城墙外包砖单元尺寸为 0.5m×0.5m×0.5m，城墙土单元尺寸为 0.5m×0.5m×1.0m。防空洞断面尺寸取 3m×3m，埋深取 3m，靠近隧道和防空洞部分网格加密，随着距离的增加，网格尺寸逐渐加大。在有限元模型四周及底部采用无限元作为边界。北门、南门有限元模型见图 4.3.5 和图 4.3.6。

城楼结构比较复杂，考虑到本次计算模型单元数目庞大，为提高计算效率，本次计算考虑先将城楼折算成作用在柱子上的集中荷载作用在城墙上。对"地层＋隧道（包括盾构管片和仰拱）＋城墙"模型进行整体动力计算，得出城楼处城墙顶面的动力响应。然后将城楼单独建有限元模型，将城墙系统计算结果作为荷载条件输入模型，计算城楼的动力特征。

北门箭楼东西长 53.35m，南北宽 15.5m，通高 33.4m，楼体高 19.6m；北面外墙厚 2m，开箭窗 4 层，每层 12 孔；两侧墙厚 1.2m，开箭窗 3 层，每层 3 孔；南墙厚 1.2m。南门城楼东西长 37.14m，南北宽 15.5m，通高 32m，楼体高 19.6m；楼身为二层，四周为柱廊，底层廊深 2.4m，二层廊深 1.46m；四面墙体厚为 1.2m。

箭楼（城楼）是典型的砖木结构，计算时将其简化成梁系单元。梁与柱之间为刚性连接。屋面荷重折算成等效均布荷载施加在柱顶（荷载总重为 4125kN）。考虑箭楼（城楼）墙体对箭楼（城楼）结构振动的影响，在箭楼计算模型中，将柱子刚度等效放大，取弹性模量为 8.251GPa。箭楼、城楼计算模型见图 4.3.7 和图 4.3.8。

4.3.4 模型参数的确定

土层参数特别是动弹模和动阻尼比等计算参数的选取对计算结果影响较大。通过试算，地铁振动引起的剪切应变一般在 $10^{-6} \sim 10^{-5}$ 范围之内，因此动弹模根据共振柱试验和现场波速测试的计算结果综合取值。共振柱试验结果各层土的阻尼比范围为 0.012～0.082，另外根据相关文献，将动阻尼比统一按 0.05 考虑。

根据现状调查报告，将北门、南门段计算模型参数列于表 4.3.1 和表 4.3.2。

图 4.3.5　北门地层隧道城墙系统有限元模型

图 4.3.6　南门地层隧道城墙系统有限元模型

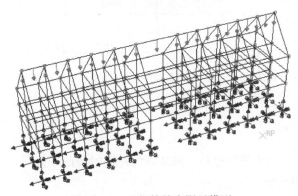

图 4.3.7　北门箭楼有限元模型

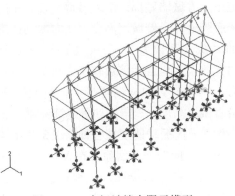

图 4.3.8　南门城楼有限元模型

北门模型参数   表 4.3.1

层号	层名	土层厚度(m)	密度(kg/m³)	弹性模量(MPa)	泊松比
①	城砖	0.40	1900	2342	0.26
③	夯筑土	11.50	1830	350	0.19
④₂	素填土	2.85	1750	117	0.27
⑤	黄土状土	5.70	1970	221	0.27
⑥	黄土	5.90	1930	275	0.24
⑦	古土壤	3.35	2010	304	0.25
⑧	黄土	2.85	2010	305	0.21
⑨	粉质黏土	10.85	2020	322	0.21
⑩	粉质黏土	1.50	2020	559	0.30

南门模型参数   表 4.3.2

层号	层名	土层厚度(m)	密度(kg/m³)	弹性模量(MPa)	泊松比
①	城砖	0.40	1900	2088	0.28
③	夯筑土	11.50	1880	350	0.15
④₂	素填土	5.35	1820	181	0.23
⑥	黄土	5.35	1870	291	0.19
⑦	古土壤	4.05	1970	291	0.20
⑧	黄土	3.7	1990	293	0.20
⑨	粉质黏土	7.3	2010	419	0.21
⑩	粉质黏土	22.25	2010	475	0.22

箭楼、城楼柱的半径为 0.3m，梁的截面为 0.3m×0.7m，材料密度为 $450kg/m^3$，弹性模量为 8.251GPa，泊松比为 0.1。

4.3.5 计算结果分析

对各工况计算后的结果进行分析。城墙顶的速度时程曲线如图 4.3.9 所示。

1. 北门计算结果分析

根据上述计算结果可知，地铁单线运行时，城墙 z 方向振动量最大。最大振动量基本上发生在列车运行隧道正上方城墙底部。沿着城墙高度，z 向振动量逐渐衰减。x 方向振动量最大值发生在箭楼底脚处。沿着城墙高度，x 向振动速度在各种工况条件下，均有放大，从城墙底部到顶部，放大系数为 1.07～1.94。y 向振动速度除了在 V80-69-4mm 工况条件外，其余工况均有放大，但放大倍数较小，仅为 1.00～1.10。

地铁双线相向运行时，城墙 z 方向振动量最大。最大振动量基本上发生在列车运行隧道正上方城墙底部。沿着城墙高度，z 向振动量逐渐衰减。x 方向振动量最大值发生在箭楼底脚处。沿着城墙高度，x 向振动速度在各种工况条件下均有放大，从城墙底部到顶部，放大系数为 1.20～1.50。y 向振动速度除了在 V80-69-2mm、V80-69-4mm 工况条件外，其余工况均有放大，放大系数为 1.0～1.3。地铁二号线运行时城墙振动速度的最大峰值点见表 4.3.3、表 4.3.4。

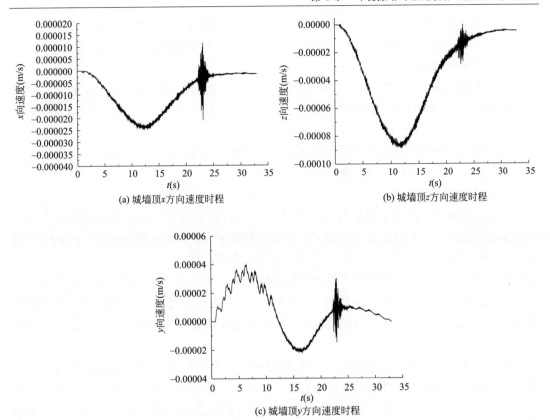

(a) 城墙顶x方向速度时程　　　　(b) 城墙顶z方向速度时程

(c) 城墙顶y方向速度时程

图 4.3.9　城墙顶速度时程曲线

地铁单线运行时北门城墙振动速度最大峰值　　表 4.3.3

工况	速度(mm/s)		
	x 方向	y 方向	z 方向
V80-69-2mm	0.0374	0.0787	0.1340
V80-31-2mm	0.0353	0.0612	0.1200
V80-69-4mm	0.0384	0.0873	0.1650
V60-69-2mm	0.0304	0.0638	0.1100
V40-69-2mm	0.0270	0.0530	0.0946

地铁双线运行时北门城墙振动速度最大峰值　　表 4.3.4

工况	速度(mm/s)		
	x 方向	y 方向	z 方向
V80-69-2mm	0.0393	0.0802	0.1460
V80-31-2mm	0.0343	0.0618	0.1370
V80-69-4mm	0.0458	0.0929	0.1790
V60-69-2mm	0.0300	0.0639	0.1270
V40-69-2mm	0.0450	0.0575	0.1090
V80-69-2mm-加固	0.0367	0.0817	0.1470

由表 4.3.3、表 4.3.4 可知，地铁运行过程中，双线同时运行时，城墙振动 z 向最大速度比单线运行时高 8%～15%，x 向振动速度在箭楼处比单线运行时高 20% 左右，y 向振动速度比单线运行时高 5% 左右。

当车速为 80km/h，轨道不平顺为 4mm 时，城墙竖向振动速度峰值最大，达到 0.179mm/s。比相同状况下，轨道不平顺为 2mm 时，振动增大 23% 左右。所以控制轨道不平顺是减小城墙振动的必要手段。

车速减小对于减小城墙振动是有利的。当车速降到 40km/h 时，相比于同等条件下车速为 80km/h 时，竖向振动速度降低 23%～29%。

2. 南门计算结果分析

根据计算结果，地铁单线运行时，城墙 z 方向振动量最大。最大振动量基本上发生在列车运行隧道正上方城墙底部或顶部。沿着城墙高度，z 向振动量在 V80-31-2mm 工况条件下逐渐衰减，在其余工况下略有放大，但放大系数很低，约为 1.00～1.07。x 方向振动量最大值发生在城楼底脚处。沿着城墙高度，x 向振动速度在各种工况条件下均有放大，从城墙底部到顶部，放大系数为 1.07～1.94。y 向振动速度最大值发生在列车运行隧道正上方城墙顶，从城墙底部到顶部，y 向振动速度在各种工况条件下均有放大，放大系数为 1.15～1.44。

地铁双线相向运行时，城墙 z 方向振动量最大。最大振动量基本上发生在列车运行隧道正上方城墙底部或顶部。沿着城墙高度，z 向振动量略有放大，但放大系数很低，约为 1.00～1.10。x 方向振动量最大值基本发生在城楼底脚处。沿着城墙高度，x 向振动速度在各种工况条件下均有放大，从城墙底部到顶部，放大系数为 1.01～1.51。y 向振动速度最大值基本发生在右侧隧道正上方城墙顶部，y 向振动速度在各种工况条件下均有放大，放大系数为 1.07～1.36。

地铁二号线运行时城墙振动速度的最大峰值点见表 4.3.5、表 4.3.6。

地铁单线运行时南门城墙振动速度最大峰值　　　　表 4.3.5

工况	速度(mm/s)		
	x 方向	y 方向	z 方向
V80-69-2mm	0.0306	0.0629	0.1150
V80-31-2mm	0.0283	0.0521	0.1080
V80-69-4mm	0.0342	0.0595	0.1300
V60-69-2mm	0.0279	0.0511	0.1060
V40-69-2mm	0.0380	0.0699	0.0968

地铁双线运行时南门城墙振动速度最大峰值　　　　表 4.3.6

工况	速度(mm/s)		
	x 方向	y 方向	z 方向
V80-69-2mm	0.0218	0.0809	0.1150
V80-31-2mm	0.0189	0.0628	0.1070
V80-69-4mm	0.0298	0.0881	0.1320

工况	速度(mm/s)		
	x 方向	y 方向	z 方向
V60-69-2mm	0.0173	0.0675	0.1020
V40-69-2mm	0.0140	0.0625	0.0960
V80-69-2mm-加固	0.0196	0.0789	0.1240

由表 4.3.5、表 4.3.6 可知,地铁运行过程中,双线同时运行时,城墙振动 z 向最大速度比单线运行时高 3%左右,x 向振动速度比单线运行时低 20%左右,y 向振动速度比单线运行时高 48%左右。

当车速为 80km/h,轨道不平顺为 4mm 时,城墙竖向振动速度峰值最大,达到 0.132mm/s。比相同状况下,轨道不平顺为 2mm 时,振动增大 12%~15%。所以列车运行一段时间后,轨道不平顺值增加,对城墙振动影响将加大。因此控制轨道不平顺是减小城墙振动的必要手段。

车速减小对于减小城墙振动是有利的。当车速降到 40km/h 时,相比于同等条件下车速为 80km/h 时,竖向振动速度降低 16%左右。

3. 箭楼计算结果分析

地铁二号线运行引起的振动通过土层和城墙传递到箭楼底部,振动沿箭楼结构向上传播。传播过程中,从底层到二层,x、y、z 三方向振动量均有放大,x 方向放大系数在 3.20~5.00 之间,y 方向放大系数在 1.40~1.90 之间,z 方向放大系数相对为最低,在 1.20~1.64 之间。从二层到三层,x 方向振动略有衰减,y、z 方向振动量有放大,放大系数比从底层到二层的系数要小。

地铁二号线运行时箭楼振动速度的最大峰值点见表 4.3.7、表 4.3.8。

地铁单线运行时箭楼振动速度最大峰值 表 4.3.7

工况	速度(mm/s)		
	x 方向	y 方向	z 方向
V80-69-2mm	0.1357	0.1635	0.2047
V80-31-2mm	0.1269	0.1351	0.1359
V80-69-4mm	0.1742	0.2187	0.1588
V40-69-2mm	0.1210	0.1099	0.0987

地铁双线运行时箭楼振动速度最大峰值 表 4.3.8

工况	速度(mm/s)		
	x 方向	y 方向	z 方向
V80-69-2mm	0.1050	0.1740	0.1918
V80-31-2mm	0.1345	0.1681	0.1730
V80-69-4mm	0.1674	0.2001	0.2842
V40-69-2mm	0.2223	0.0878	0.1996
V80-69-2mm-加固	0.0912	0.1586	0.1856

4. 城楼计算结果分析

地铁二号线运行引起的振动通过土层和城墙传递到南门城楼底部，振动沿城楼结构向上传播。传播过程中，从底层到二层，x、y 方向振动量有放大趋势，x 方向放大系数在 $1.82\sim3.00$ 之间，y 方向放大系数在 $1.65\sim2.10$ 之间，z 方向在 V80-69-4mm 工况下有些许衰减，其余工况条件下都有放大趋势，放大系数在 $1.60\sim1.93$ 之间。

地铁二号线运行时城楼振动速度的最大峰值点见表 4.3.9、表 4.3.10。

地铁单线运行时城楼振动速度最大峰值　　　　表 4.3.9

工况	速度（mm/s）		
	x 方向	y 方向	z 方向
V80-69-2mm	0.0803	0.0759	0.0975
V80-31-2mm	0.1774	0.0579	0.1210
V80-69-4mm	0.1982	0.0924	0.1673
V40-69-2mm	0.1473	0.0550	0.0967

地铁双线运行时城楼振动速度最大峰值　　　　表 4.3.10

工况	速度（mm/s）		
	x 方向	y 方向	z 方向
V80-69-2mm	0.0498	0.1061	0.1852
V80-31-2mm	0.0407	0.1110	0.1933
V80-69-4mm	0.0486	0.1467	0.1642
V40-69-2mm	0.0314	0.1192	0.1602

4.3.6　计算预测成果与实测结果比较分析

地铁二号线一期工程于 2011 年 9 月正式运营。机械工业勘察设计研究院有限公司对途经西安城墙南、北门进行了系统的监测。

1. 地铁运行后南、北门振动监测方案

此次监测的内容为，对地铁运行、地面交通等影响下城墙南北门的振动响应进行监测，评价环境振动对南北门的影响。并通过监测研究箭楼和城楼木结构的动力特性、城墙基础与城墙顶面、城墙上木结构重要控制点之间的动力放大系数。动态采集仪如图 4.3.10 所示。

(a) INV3060A型采集仪　　　　　　　　　(b) INV306U-5168型采集仪

图 4.3.10　动态采集仪

振动测量的参数包括位移、速度和加速度三种运动量，只要测知其中一种运动量，便可通过微分或积分求得另外两种运动量。一般来说，在频率较低时，加速度数值不大，宜测量位移；而频率较高时，加速度数值较大，宜测量加速度；在中等频率时，则宜测量速度。因此在本次监测中应根据不同的监测内容选择相应的拾振器，拾振器选择详见表 4.3.11。

拾振器选择表 表 4.3.11

监测内容		传感器类型		型号	量程	频率响应范围	数量
隧道内监测	钢轨上	加速度		9824 型	1000g	1~15kHz	2
	道床上	加速度		9821 型	200g	0.5~5kHz	2
	隧道壁上	加速度	水平	9828 型	10g	0.2~2500Hz	2
			垂向				2
城墙振动及地面振动响应监测		速度	水平	891-Ⅱ型	1.4mm/s	0.5~100Hz	8
			垂向				4

（1）南门测点布置

城墙南门段共布置 10 个测点。在东侧和西侧券门处（地铁隧道正上方）各布置 2 个测点，测点 1 和测点 6 为门洞基础处，测点 2 和测点 7 为门洞正上方海墁。南门城楼上布置 6 个测点，测点 3 和测点 8 为底层中柱旁，测点 4 和测点 9 为二层中柱旁，测点 5 和测点 10 为二层中柱柱顶。测点布置详见图 4.3.11。每个测点测量 x、y、z 三个方向的速度时程信号，规定：x 向为水平向东，y 向为水平向北，z 向为竖向。其中测点 1、测点 2、测点 6、测点 7 为南门整体有限元计算模型校核提供实测数据，测点 3、测点 4、测点 8、测点 9 为研究城楼振动放大效应提供实测数据，测点 5 和测点 10 为城楼结构最大振动响应点。

图 4.3.11 南门测点布置示意图

（2）北门测点布置

城墙北门段共布置 12 个测点，在东侧和西侧券门处（地铁隧道正上方）各布置 2 个测点，测点 1 和测点 6 为门洞基础处，测点 2 和测点 7 为门洞正上方海墁。北门箭楼上布置 8 个测点，测点 3 和测点 9 为底层中柱旁，测点 4 和测点 10 为二层中柱旁，测点 5 和测点 11 为三层中柱旁，测点 6 和测点 12 为三层中柱顶。测点布置详见图 4.3.12。每个测点测量 x、y、z 三个方向的速度时程信号，规定：x 向为水平向东，y 向为水平向北，z 向为竖向。其中测点 1、测点 2、测点 7、测点 8 为北门整体有限元计算模型校核提供实测数据，测点 3、测点 4、测点 5、测点 9、测点 10、测点 11 为研究箭楼振动放大效应提供实测数据，测点 6 和测点 12 为箭楼结构最大振动响应点。

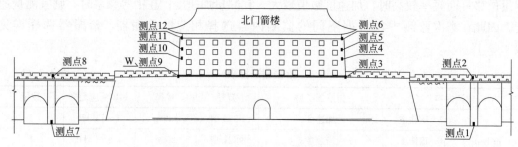

图 4.3.12　北门测点布置示意图

（3）监测时间

为了研究地铁二号线运行和路面交通对城墙南门和北门的综合影响，进行了多种工况的振动监测，监测工况包括路面交通＋地铁运行（单线和双向交汇）综合工况、地铁单独运行工况（单线和双向交汇）、单独路面交通（无地铁）工况，其中北门还包括陇海线火车（客车和货车）通过时的工况。具体的测试工况见表 4.3.12。通过地面交通的调查，南门和北门路面交通一般规律为：0：00～7：00 路面交通较为稀少，其中 2：30～5：00 通过车辆最少，7：00～24：00 均为路面交通高峰期，车辆通过速度较慢。

测试工况　　　　　　　　　　表 4.3.12

测试对象	测试目的	地铁二号线运行		路面交通运行
		线路	时速	
城墙南、北门	背景振动	无		无
	地铁二号线影响	单线运行	40km/h 匀速	无
		双线交汇	40km/h 匀速	无
		双线交汇	20km/h 匀速	无
	地铁二号线与路面交通混合影响	单线运行	正常运行速度	有
		双线交汇	正常运行速度	有
	路面交通影响	无		有
	北门陇海线火车影响	无		有
轨道、道床、隧道	钢弹簧浮置板与普通道床的振动差别	正常运行速度		／

西安地铁二号线运营共投入 12 列列车，每天上下行分别运营 114 趟，根据客流量行车间隔介于 7′32″～10′50″ 之间，钟楼站、南门站（永宁门站）和北门站（安远门站）的运营时刻概况见表 4.3.13、表 4.3.14。

运营时刻概况表（工作日）　　　　　　表 4.3.13

站名	压道车		首班车		末班车	
	上行	下行	上行	下行	上行	下行
北门站（安远门站）	6：15：43	6：17：36	6：51：47	7：05：39	22：06：05	22：20：39
南门站（永宁门站）	6：17：36	6：10：43	7：00：19	6：57：07	22：14：37	22：02：12

运营时刻概况表（非工作日）　　　　　　　　表 4.3.14

站名	压道车		首班车		末班车	
	上行	下行	上行	下行	上行	下行
北门站(安远门站)	6:18:48	6:13:48	6:51:05	7:06:34	22:06:05	22:20:39
南门站(永宁门站)	6:25:41	6:20:41	6:59:37	6:58:02	22:14:37	22:12:07

为了研究地铁单独运行对城墙产生的振动响应，分别于 2012 年 4 月 24 日、6 月 7 日、6 月 9 日和 6 月 14 日凌晨 2：00～4：00，路面交通最稀少的时候，地铁公司在上、下行线专门调度了两辆电客车以约 40km/h 和 20km/h 的时速匀速通过了钟楼、南门和北门，每一个工况往返共通过 6 次。

具体的监测工况和监测时间见表 4.3.15。

为了确保本次振动监测结果的准确性和科学性，在监测前做好协调准备、设备仪器准备、传感器安装及调试准备，在确保监测系统运行正常，监测数据正确后方可进行正式的监测工作。具体措施如下：

1) 监测前传感器安装处做好警示标识，避免人为干扰。本次振动监测，正值城墙南门城楼和北门箭楼的停业整修期间，整个监测期间，无游客影响，对监测非常有利。

2) 本次监测为全天候 24 小时监测，隧道内监测系统和地面监测系统进行时钟对准。在南门站、北门站安排固定的人员对全天列车进出站时间及载客情况进行记录；同时通知地面监测人员，关注地铁通过时测点振动时域和频域的信号特征。地面监测人员详细记录监测环境（天气、风向等）、路面交通情况、地铁通过情况、其他原因导致的信号异常等，以便后期数据处理。

3) 为了保证地铁列车同时交汇通过监测点，事先和运营人员研究对开方案，保持起始距离一致、加速模式一致，用手持台进行随时沟通，确保双向列车能同时通过城墙。

4) 为了准确评估陇海线火车对北门振动影响，专门人员 24 小时记录客车或货车通过的情况（时间、速度等）。

5) 为了保证监测数据的同步性，研究结构动力放大效应的测点必须同时监测。

振动监测工况及监测时间　　　　　　　　表 4.3.15

监测对象	监测工况	监测时间
城墙南门	背景振动	2012.4.23～28 2012.5.17 2012.6.8～9
	单独地面交通(无地铁)	
	单独地铁运行(无路面交通)	
	地铁运行＋路面交通	
城墙北门	背景振动	2012.5.14～17 2012.6.13～14
	单独地面交通(无地铁)	
	单独地铁运行(无路面交通)	
	地铁运行＋路面交通	
	陇海线火车影响	
隧道内	地铁正常运营状况	2011.12.21 2012.4.23～24

2. 预测值与实测值对比分析

将二号线运行后的实测值与前期理论计算结果进行对比，以评估前期理论计算结果的科学性和准确性。城墙南门和北门理论计算的振动速度幅值和实测值的对比统计见表4.3.16（为了便于比较，本次选取工况为地铁二号线单向运行，速度40km/h），其中南门各个方向实测值与计算值对比见图4.3.13。

城墙理论计算振动速度值与实测振动速度值对比表　　　　表4.3.16

测试区域	测点位置	测点方向	振动速度幅值(mm/s)	
			理论计算	实际监测
南门	城墙底	X	0.038	0.033
		Y	0.070	0.030
		Z	0.097	0.053
	城墙顶	X	0.024	0.022
		Y	0.039	0.045
		Z	0.096	0.054
	城楼底	X	0.023	0.038
		Y	0.022	0.030
		Z	0.048	0.030
	城楼顶	X	0.055	0.046
		Y	0.147	0.066
		Z	0.097	0.030
北门	城墙底	X	0.013	0.037
		Y	0.047	0.025
		Z	0.095	0.053
	城墙顶	X	0.018	0.017
		Y	0.053	0.039
		Z	0.091	0.042
	箭楼底	X	0.027	0.025
		Y	0.024	0.042
		Z	0.067	0.025
	箭楼顶	X	0.121	0.067
		Y	0.110	0.146
		Z	0.099	0.054

通过表4.3.16中对比分析可以看出，实际监测结果虽与理论计算值有一定的误差，但都在合理的范围之内。通过图4.3.13可以看出，预测值偏大于实测值，预测结果偏于安全，可以认为该预测精度已到达预期目标。同时还可以根据现有的实际监测结果调整有限元计算模型参数，使理论计算结果更加接近实测值。

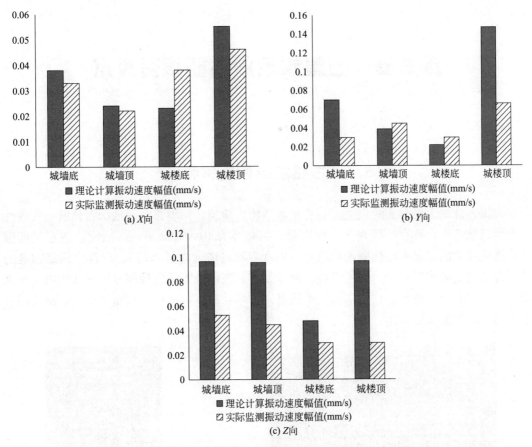

图 4.3.13　南门理论计算振动速度幅值与实测振动速度幅值对比

第5章 古建筑抗震性能提升技术

5.1 古建筑结构震害特征

我国古建筑主要分为两大类：一类是木结构古建筑，一类是砖石结构古建筑。代表性的古建筑结构有：现存规模最大、保存最完好的木结构古建筑群——故宫，现存尺度最高、体量最大的高层木结构塔式建筑——佛宫寺释迦塔（应县木塔），现存中国最古老的砖石古塔（密檐式塔）——嵩岳寺塔，现存最早、规模最大的唐代四方楼阁式砖塔——大雁塔，如图5.1.1所示。它们以其艺术精湛、技术高超、风格独特而闻名于世，是我国五千年璀璨文明的重要载体。

(a) 故宫

(b) 应县木塔

(c) 嵩岳寺塔

(d) 大雁塔

图5.1.1 我国古建筑结构的典型代表

然而，古建筑结构建造年代久远，其所用材料性能显著劣化，加之我国属于地震多发国家，在地震作用下，古建筑结构会产生不同程度和类型的震害，严重威胁古建筑结构的整体稳定性和安全性。因此，把握古建筑结构的震害特点，分析其震害机理，是古建筑结构预防性保护的关键步骤，对古建筑结构的安全评估及修缮方案制定具有重要意义。

5.1.1　木结构古建筑的震害特征与分析

不同于现代钢筋混凝土结构、砌体结构和钢结构，木结构古建筑有着优良的抗震性能，这主要是由于其有着特殊的营造技术，如：高台基、柱脚的平摆浮搁、梁柱节点的半刚性榫卯连接、柱架的生起和侧脚、梁端的雀替、斗栱铺作层以及"大屋盖"等。但是木结构古建筑这种良好的抗震性能更确切地说应该是较大地震作用下良好的抗倒塌性能，而其在中等地震作用下出现震害是常见现象，即木结构古建筑在中、低地震作用下属于易损坏结构。基于研究团队以及相关学者在汶川地震、芦山地震中对古建筑的震害调查结果以及相关调研资料，发现地震对木结构古建筑造成的典型震害有：地基破坏、柱脚滑移、榫卯拔出、填充墙体开裂、屋盖受损（屋顶溜瓦、屋脊受损、饰物掉落）、整体倒塌。

（1）地基破坏：当木结构古建筑选址在河道、粉砂土层、软弱土、液化土或潜在滑坡地带，且建造时未做好基底处理时，在地震作用下，很可能因为基础滑坡或地基不均匀沉降导致地基破坏。图 5.1.2(a) 为二王庙某木结构古建筑因山体滑坡而产生的地基破坏。图 5.1.2(b) 为某木结构古建筑因地基未做加固处理而产生的局部坍塌。可以说地基破坏是导致木结构古建筑构架整体倾斜或者坍塌的重要原因之一。

(a) 二王庙某木结构古建筑地基　　　　　　　　(b) 某木结构古建筑的地基坍塌

图 5.1.2　地基破坏

（2）柱脚滑移：木结构古建筑的柱脚与础石的联系通常为平摆浮搁，即柱子直接安放在础石上，没有任何连接，使得上部结构与基础自然断开，可以起到滑移减震的效果。大量的震害资料显示，木柱的柱脚滑移（图 5.1.3）是木结构古建筑特有的破坏形式。在地震作用下，当水平地震力大于柱底和础石间的最大摩擦力时，上部结构将发生滑动，从而减少地震能量的输入，即现代的滑移隔震。

（3）榫头拔出：木结构古建筑中普遍采用榫卯节点，榫卯节点是极为精巧的发明，祖先早在 7000 年前就开始使用，这种不用钉子的构件连接方式，允许梁柱之间产生一定的变形，形成一个半刚性的节点，在地震作用下通过榫卯之间的挤压变形和摩擦滑移吸收一定的地震能量，减小结构的地震响应，达到"以柔克刚"的效果。榫卯节点反复发生"挤紧-塑性变

(a)　　　　　　　　　　(b)

图 5.1.3　柱脚滑移

形"的过程，从而使榫头与卯口的咬合越来越松动，榫头慢慢从卯口中滑出，即所谓的"拔榫现象"。榫头拔出也是木结构古建筑在地震作用下特有的破坏形式之一，如图 5.1.4 所示。

(a) 陈仓区小蓬壶　　　　　　　　　　(b) 观音殿某梁柱节点

图 5.1.4　榫卯拔出

（4）填充墙体破坏：木结构古建筑中的填充墙（土墙或者砖墙）仅作为围护结构，并不是承重构件，其主要是利用土和砖石等材料砌筑而成。由于这些材料的抗拉、压、剪强度较差，且填充墙体本身缺乏与木构架的拉结作用，因此，在地震作用下墙体与木构架的变形不一致，木构架的水平位移会对墙体产生附加的力致使墙体开裂（图 5.1.5a）、倾斜（图 5.1.5b）甚至倒塌（图 5.1.5c）。

(a) 墙体开裂　　　　　　(b) 墙体倾斜　　　　　　(c) 墙体倒塌

图 5.1.5　填充墙体破坏

（5）屋盖受损：屋顶溜瓦（图 5.1.6a）和饰物掉落（图 5.1.6b）是地震作用下传统木结构屋盖发生最多的破坏形式，瓦和饰物与建筑的连接性较差，在地震的剧烈晃动下，很容易发生震坏、跌落，不过这种破坏经过简单的修缮即可恢复原状，不影响结构的安全性。屋脊一般不会发生破坏，只有当屋脊年久失修，在地震前已经部分糟朽，地震使得破坏加剧，从而导致屋脊受损（图 5.1.6c）。

(a) 屋顶溜瓦　　　　　　　　　　(b) 饰物掉落　　　　　　　　　　(c) 屋脊受损

图 5.1.6　屋盖破坏

（6）整体倒塌：木结构古建筑出现整体倒塌的原因可能有以下几种：①年久失修，地震只是一个诱因；②修缮加固不合理，改变了古建筑原有的结构特性，不仅没有对古建筑起到进一步的保护作用，相反还降低了其抗震能力；③场地不合理，当木结构古建筑建在突出的山嘴、高耸孤立的山尖等，发生地震时，由于地震的顶端放大作用而使得震害更加严重，如图 5.1.7 所示。

(a) 地震前　　　　　　　　　　　　　　　　　　(b) 地震后

图 5.1.7　地震前后的窦真殿

5.1.2　砖石结构古建筑的震害特征与分析

砖石古塔是砖石结构古建筑的代表，在我国古塔中历史最为悠久，体型最为高大，保存数量最多。砖石古塔结构具有构造简单，耐风化、耐火、耐腐蚀等特点，经历几百甚至上千年岁月的洗礼保存至今，成为古塔结构的主流。就其结构和材料性能来说，虽然砖石古塔的砖石质量优良，但由于古代施工技术条件限制，建造过程中采用的粘结材料（石灰浆、黄土泥浆、糯米砂浆或三者混合使用）的强度一般较低，其抗拉、抗剪、抗弯性能较弱。同时，砖石古塔结构缺乏抵抗水平地震作用的拉结构件，结构整体性差，加之建造年代久远，砌体

225

及砂浆存在腐蚀、剥蚀和风化等现象，很容易遭受地震破坏，故砖石古塔结构的抗震性能较差。结合研究团队和相关学者的震害调查结果以及相关调研资料，可以得出砖石古塔结构在地震中的主要震害表现为：塔刹掉落、塔体开裂、塔身倾斜、塔身折断或整体垮塌。

（1）塔刹掉落：由于塔顶塔刹质量集中、截面面积较塔身突然减小，易产生鞭梢效应，使得塔刹掉落。例如，在汶川地震中，绵阳宝川塔发生了塔刹掉落（图5.1.8）。

(a) 地震前　　　　　　　　　　　　　(b) 地震后

图 5.1.8　汶川地震前后的绵阳宝川塔

（2）塔体开裂：由于砖砌体的抗拉强度较低，再加上有门窗洞口等削弱，很容易在有削弱的地方发生沿齿缝或沿砖块的受拉破坏，从而出现竖向裂缝，如图5.1.9所示。

（3）塔身倾斜：砖石古塔自重较大，对基础沉降十分敏感，因此在地震中塔基不均匀沉降，也会造成塔身倾斜，如图5.1.10和图5.1.11所示。

（4）塔身折断或整体垮塌：砖石古塔结果出现垮塌的原因是砖石砌体沿水平灰缝的抗弯强度或抗剪强度较低，当塔身某两层砖石块之间粘结性能较差，该截面的抗倾覆力矩无法抵抗地震剪切作用产生的倾覆力矩时，将会使该截面以上的塔身折断。当该截面靠近塔中部，则为拦腰截断，当该截面靠近塔底，则发生整体倒塌。例如，在汶川地震中，中江北塔10层

图 5.1.9　汶川地震后的
都江堰奎光塔塔体开裂

以上全部垮塌、广元崇霞宝塔7层以上全部震塌、阆中白塔上部6层震塌、广元来雁塔5层以上全部倒塌、安县文星塔整体发生垮塌（图5.1.12）。在芦山地震中，芦山县西郊的佛图寺石塔塔基三层以上全部垮塌（图5.1.13）。

(a) 地震前   (b) 地震后

图 5.1.10 地震前后的岐山太平塔

图 5.1.11 镇国寺塔塔身严重倾斜

(a) 地震前   (b) 地震后

图 5.1.12 地震前后的安县文星塔

图 5.1.13 佛图寺石塔垮塌

5.2 古建筑结构模型振动台试验

5.2.1 木结构古建筑模型振动台试验

传统木结构的受力体系与抗震性能跟现代建筑以及西方古建筑截然不同，是一多重隔震、减震的结构体系。目前已有的传统木结构整体抗震性能试验研究大多局限于单层木构架以及部分楼层，然而完整的传统木结构中节点连接复杂多变，梁架、斗栱等交错层叠，在地震作用下，使得结构的传力路径更加复杂，因此目前的研究尚不足以全面反映传统木结构抗震性能。因此，为了更系统地研究此类结构的抗震性能，项目组以西安钟楼（两层三重檐四面攒尖结构）为研究对象，制作了一个缩尺比例为 1∶6 的缩尺模型，并对其进行振动台试验，观察模型结构在地震作用下的破坏形态，定量分析结构的动力特性及地震响应规律。

1. 西安钟楼简介

西安钟楼（图 5.2.1）位于西安市中心，是我国现存的形制最大、保存最完整的钟楼。建于明太祖洪武十七年（1384 年）。楼体为两层三重檐木质结构，深、广各三间，且每层都设有回廊。钟楼木构架在建筑方面，使用了 20 多种榫卯连接方法，体现出古代建筑文化的美学内涵。斗栱突出了明清时期"三滴水品字科"的艺术特点，同时使整个楼体显得雄伟而壮丽。楼顶采用"攒尖式"，按对角线构建条脊梁，从檐角至楼顶逐渐合分。屋盖采用"重檐三滴水"的建筑形式，不仅增加了建筑上的美观，同时又起到了中层屋檐减轻上檐对下檐雨水的缓冲作用。

图 5.2.1　西安钟楼

西安钟楼采用木构架承重，墙体只起围护和分隔空间的作用。共由内金柱、外金柱以及外檐柱 3 圈 56 根柱子承重。内金柱延伸至对应的屋顶处，外檐柱和外金柱上部和斗栱层相连，斗栱各自承托三重檐屋盖。木柱下端与石柱础相连，柱础设有"海眼"，木柱底部榫头插入海眼限制木柱的水平位移。

2. 模型的设计与制作

由文献可知钟楼木材顺纹抗压弹性模量为 10792MPa。研究发现樟子松的弹性模量跟钟楼木材的弹性模量接近，因此本试验模型采用樟子松作为结构材料。通过材性试验得到所用樟子松顺纹抗压弹性模量为 10870MPa，因此近似取弹性模量相似常数 $S_E=1$。

考虑振动台的台面尺寸和原型尺寸，模型比例设定为 1:6。

考虑振动台的性能参数，加速度比定为 1:1.5。根据上述 3 个控制参数及相似关系确定模型结构的相似常数见表 5.2.1。

模型主要相似常数　　　　　　　　　　　　　　　　　　　　表 5.2.1

物理量	相似关系	相似常数	备注
长度	S_L	1/6	控制参数
位移	S_L	1/6	
弹性模模量	S_E	1	控制参数
应力	$S_\sigma=S_E$	1	
加速度	S_a	3/2	控制参数
质量密度	$S_\sigma/(S_a \cdot S_L)$	4	
质量	$(S_a \cdot S_L^2)/S_a$	1/54	
集中力	$S_\sigma \cdot S_L^2$	1/36	
频率	$S_L^{-0.5} \cdot S_a^{0.5}$	3	
时间	$S_L^{0.5} \cdot S_a^{-0.5}$	1/3	

根据原型尺寸和缩尺比例，模型的整体、局部尺寸详见图 5.2.2 和表 5.2.2。模型总高为 4.27m，模型底部平面尺寸为 3.54m×3.54m。模型结构的柱脚通过管脚榫与青石柱础连接，柱础四周砌筑砖砌体，限制其移动。整个结构安放在钢制的底座上，制作完成后的模型如图 5.2.3(a) 所示。

依据相似理论，需要对模型施加附加质量。试验选用钢块作为附加质量，模型各区域的附加质量见表5.2.3。钢块通过钢带、螺栓按面积比例均匀对称地固定在楼面和屋盖处，如图5.2.3所示。

主要构件截面参数 表 5.2.2

构件	截面形式	截面尺寸（mm）	长度（mm）	数量
内金柱	圆形	120	2888	4
外金柱	圆形	100	2328	12
外檐柱	圆形	58/68	410/625	20/20
梅花柱	矩形	54×54/44×44	410/625	8/8
内金柱额枋	矩形	78×53	1307	4
外金柱额枋	矩形	147×63	717/1307	8/4
一层外檐柱额枋	矩形	77×55	400/717/1307	8/8/4
二层外檐柱额枋	矩形	58×42	217/717/1307	8/8/4
内金柱普柏枋	矩形	93×65	1307	4
外金柱普柏枋	矩形	42×72	717/1307	8/4
一层外檐普柏枋	矩形	58×63	400/717/1307	8/8/4
二层外檐普柏枋	矩形	30×53	217/717/1307	8/8/4
枋	矩形	136×78	717/1307	8/4

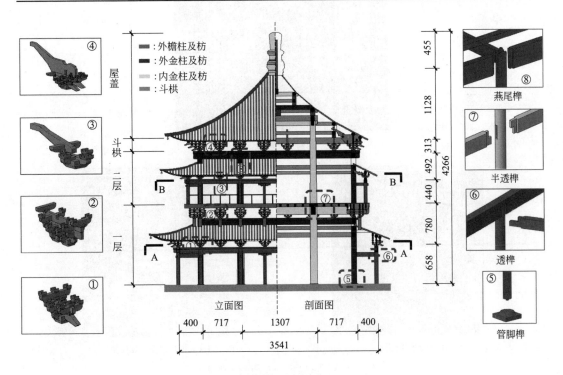

(a) 模型结构剖面细节图

图 5.2.2 模型结构详图（单位：mm）（一）

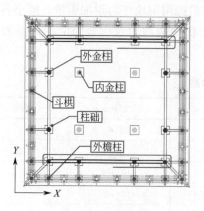

(b) A-A截面

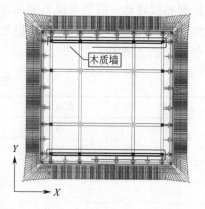

(c) B-B截面

图 5.2.2　模型结构详图（单位：mm）（二）

模型各区域附加质量 表 5.2.3

配重区域	一层外檐柱屋盖	二层楼面	二层外檐柱屋盖	顶层屋盖
附加质量（kg）	1584	1740	1056	1920

(a) 试验模型

(b) 楼面附加质量

(c) 外檐柱屋盖附加质量

图 5.2.3　试验模型及附加质量布置

3. 加载程序

根据西安钟楼所在设防烈度和场地类型（位于 8 度设防烈度区，场地土为二类场地，设计地震分组为第一组）确定地震反应谱。按照《建筑抗震设计规范》GB 50011—2010 要求选择 3~4 条地震波，将所选地震波进行反应谱分析，并与设计反应谱绘制在一起。检查结构各周期点处的包络值与设计反应谱相差不超过 20%。最终试验选定兰州波（人工波）、Kobe 波、汶川波以及 El Centro 波（三条天然波）作为输入激励。图 5.2.4 为加速度峰值为 0.07g 的地震波加速度反应谱。

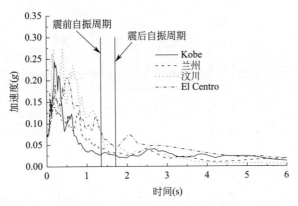

图 5.2.4　地震波加速度反应谱

试验采用逐级增大峰值加速度的加载方法。加速度峰值为 $0.0525g \sim 0.6g$。在各试验阶段地震作用前后，采用加速度峰值为 $0.035g$ 的白噪声进行双向扫频，进行动力性能测试。因为模型结构对称，四种波都作单向输入。模型结构试验具体工况见表 5.2.4。

试验工况及加载顺序　　表 5.2.4

阶段	序号	工况	地震波	方向	PGA(g)	备注
7M	1	WN-1	白噪声	XY	0.035	2D
	2	0.5-K-X	Kobe 波	X	0.0525	1D
	3	0.5-L-X	兰州波	X	0.0525	1D
	4	0.5-E-X	El Centro 波	X	0.0525	1D
	5	0.5-W-X	汶川波	X	0.0525	2D
	6	WN-2	白噪声	XY	0.035	2D
8M	7	1-K-X	Kobe 波	X	0.105	1D
	8	1-L-X	兰州波	X	0.105	1D
	9	1-E-X	El Centro 波	X	0.105	1D
	10	1-W-X	汶川波	X	0.105	2D
	11	WN-3	白噪声	XY	0.035	2D
7B	12	1.5-K-X	Kobe 波	X	0.150	1D
	13	1.5-L-X	兰州波	X	0.150	1D
	14	1.5-E-X	El Centro 波	X	0.150	1D
	15	1.5-W-X	汶川波	X	0.150	2D
	16	WN-4	白噪声	XY	0.035	2D

阶段	序号	工况	地震波	方向	PGA(g)	备注
9M	17	2-K-X	Kobe 波	X	0.210	1D
	18	2-L-X	兰州波	X	0.210	1D
	19	2-E-X	El Centro 波	X	0.210	1D
	20	2-W-X	汶川波	X	0.210	2D
	21	WN-5	白噪声	XY	0.035	2D
8B	22	3-K-X	Kobe 波	X	0.3	1D
	23	3-L-X	兰州波	X	0.3	1D
	24	3-E-X	El Centro 波	X	0.3	1D
	25	3-W-X	汶川波	X	0.3	2D
	26	WN-6	白噪声	XY	0.035	2D
8B'	27	4-K-X	Kobe 波	X	0.4	1D
	28	4-L-X	兰州波	X	0.4	1D
	29	4-E-X	El Centro 波	X	0.4	1D
	30	4-W-X	汶川波	X	0.4	2D
	31	WN-7	白噪声	XY	0.035	2D
7.5R	32	5-K-X	Kobe 波	X	0.495	1D
	33	5-L-X	兰州波	X	0.495	1D
	34	5-E-X	El Centro 波	X	0.495	1D
	35	5-W-X	汶川波	X	0.495	2D
	36	WN-8	白噪声	XY	0.035	2D
8R	37	6-K-X	Kobe 波	X	0.6	1D
	38	6-L-X	兰州波	X	0.6	1D
	39	6-E-X	El Centro 波	X	0.6	1D
	40	6-W-X	汶川波	X	0.6	2D
	41	WN-9	白噪声	XY	0.035	2D

注：M为多遇地震，B为基本地震，R为罕遇地震。

4. 测点布置

根据结构特点及试验条件，在结构关键部位布置加速度和位移传感器，量测模型结构在地震作用下整体、局部的加速度和位移反应。具体布置如下：①在基础平面振动方向的中心位置布置一个加速度传感器（A）和一个位移传感器（D），测量输入结构底部真实的加速度时程以及位移时程。②沿模型高度在各测点布置一个加速度传感器和一个位移传感器，测量结构的动力响应。③在二层楼面和外金柱柱顶布置两个加速度传感器和两个位移传感器，测量结构的扭转效应。试验中共布置加速度传感器15个，位移传感器10个，其布置方式如图 5.2.5 所示。

5. 加载与测试设备

（1）模拟地震振动台

钟楼模型结构模拟地震振动台试验在西安建筑科技大学结构与抗震实验室进行。三维

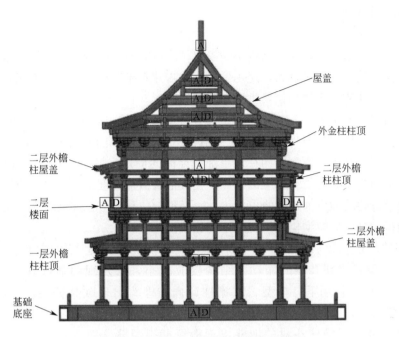

图 5.2.5　加速度和位移测点布置图

注：A 为加速度传感器；D 为位移传感器。

六自由度地震模拟振动台试验系统（图 5.2.6）是由美国 MTS 公司生产，目前国内最为先进的数字化地震模拟试验平台。

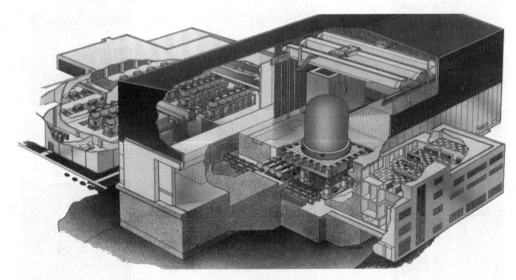

图 5.2.6　西安建筑科技大学三维六自由度振动台透视图

（2）测试设备

本试验加速度数据的采集用的是由美国 PCB Piezotronics 公司生产的 PCB 型加速度传感器，其频响范围为 0.5～100Hz，横向灵敏度为 1%，测量精度可以很好地满足试验要求。

6. 试验结果与分析

（1）试验现象

在地震波加载过程中，模型结构不断发出"嘎吱嘎吱"的响声，且随着地震峰值加速度的逐渐增大，响声也越来越大，这主要是因为古建筑木结构采用榫卯连接，在试验过程中会在榫卯以及斗拱的连接部位发生摩擦和挤压变形。

试验中可以观察到在 El Centro 波的作用下，结构的位移响应最大，Kobe 波最小。由图 5.2.4 可知，El Centro 波加速度反应谱在结构周期变化范围内（根据后文得到的模型频率以及相似关系得到原型结构在地震加载期间的周期）最大，Kobe 波加速度反应谱值最小，因此引起了结构位移响应的差异。在其他峰值加速度条件下的反应谱表现出相同的规律。此外，随着地震加速度峰值的增大，模型的位移响应也逐渐增大，层间错动越来越明显，但振动结束后模型仍能恢复到平衡位置。

每个试验阶段结束后，观察模型结构的破坏情况。当输入地震加速度峰值小于 $0.15g$ 时，模型仅出现轻微的振动，结构反应较小，未发现明显破坏。在加速度峰值为 $0.21g$ 的地震作用下，模型二层檐柱穿插枋榫头出现顺纹劈裂，一层檐柱的额枋出现轻微的拔榫（图 5.2.7a、b），其余构件未发现损伤。$0.4g$ 地震作用后，外金柱斗拱栌斗以及一层檐柱斗拱的散斗出现横纹劈裂裂缝（图 5.2.7c、d）。当加速度峰值达到 $0.6g$ 时，外金柱额枋出现拔榫，斗拱出现滑移且横拱压曲（图 5.2.7e、f）。直至试验结束，梁柱等主要构件均未出现明显损伤，模型结构仍具有较好的恢复变形的能力。

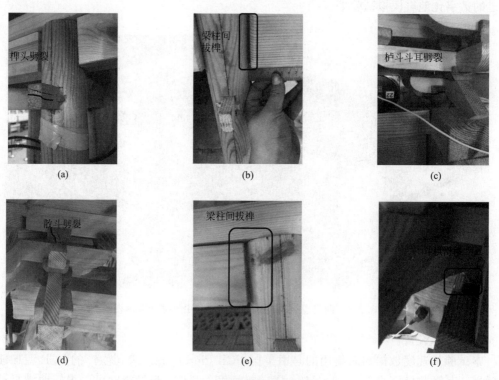

图 5.2.7　模型构件破坏示意图

（2）动力特性

在振动台试验中，通常利用白噪声激励试验来确定模型的动力特性。以测点的白噪声反应信号对台面白噪声信号做传递函数。传递函数即频率响应函数，其模等于输出振幅与输入振幅之比，表达了振动系统的幅频特性；其相角为输出与输入的相位差，表达了振动系统的相频特性。利用传递函数可作出模型加速度响应的幅频特性图和相频特性图。幅频特性图上的峰值点对应的频率为模型的自振频率；在幅频特性图上，采用半功率带宽法可确定该自振频率下的临界阻尼比；由模型各测点加速度反应幅频特性图中，同一自振频率处各层的幅值比，再由相频特性图判断其相位，经归一化后，就可以得到该频率对应的振型曲线。

1）频率

基于各测点加速度实测数据得到各阶段后模型前两阶频率，如表 5.2.5 所示。在 0.15g 峰值加速度地震作用后模型前两阶频率较试验前降低较小（分别降低了 5% 和 2%），结构基本没有损伤。随后频率下降较为明显，在经历了峰值加速度为 0.6g 的试验后，模型结构的前两阶频率与试验前相比分别下降了 21% 和 8%。从图 5.2.8（a）可看出，随着加速度峰值的提高，模型频率逐渐降低，周期逐渐增大，表明地震后模型结构受到损伤，主要是因为在反复地震作用下结构节点内部产生了不可恢复的挤压塑性变形和损伤累积。由于结构刚度大致与自振频率的平方成正比，因此模型频率的降低反映了结构刚度的不断退化。另外，0.3g 地震作用后模型的 1 阶频率有所增大，这可能是结构模型在地震作用下构件间挤紧而导致的。

模型频率及阻尼比

表 5.2.5

白噪声工况	频率		阻尼比	
	f_1	f_2	ζ_1	ζ_2
WN-1	2.227	7.578	6.91	3.32
WN-2	2.188	7.695	7.14	2.68
WN-3	2.109	7.383	7.20	2.76
WN-4	2.109	7.422	8.57	3.75
WN-5	2.148	7.343	9.39	2.60
WN-6	1.992	7.188	10.55	3.69
WN-7	1.875	7.188	8.85	4.04
WN-8	1.836	7.070	10.22	4.19
WN-9	1.758	6.914	11.20	4.36

2）阻尼比

阻尼比是结构耗能能力的度量指标之一，模型在不同加速度峰值地震作用后的前两阶阻尼比见表 5.2.5。在 0.105g 峰值加速度地震作用后，结构的 1 阶阻尼比增幅较小（提高 4%），与频率表现出的规律相似。随后 1 阶阻尼比急剧增加且增幅较大，在 0.6g 峰值加速度地震作用后，结构的 1 阶阻尼比相较于试验前提高了 62%，其波动范围在 7%～

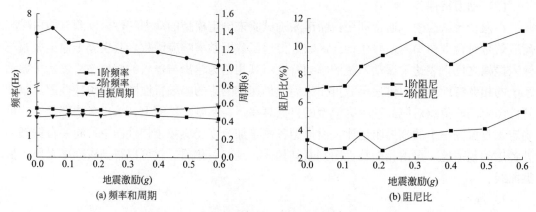

(a) 频率和周期

(b) 阻尼比

图 5.2.8　模型结构频率、周期及阻尼比变化趋势

11%之间，明显高于其他结构（钢筋混凝土结构阻尼比约为 5%，钢结构为 2%，混合结构为 3%），说明古建木结构具有很好的耗能能力。

　　阻尼比的变化如图 5.2.8（b）所示，随着地震加速度峰值的增加呈增大趋势，这是因为在地震作用下结构发生往复变形，产生损伤并逐渐累积增大，模型结构局部构件逐渐进入弹塑性状态，引起阻尼较大幅度提高。此外，在部分地震作用下模型结构的前两阶阻尼比都出现了波动，主要是由于试验中采集得到的加速度信号存在噪声干扰，使得到的频响函数曲线不够光滑，造成识别的阻尼比可能存在一定的误差。

　　3）振型

　　图 5.2.9 表示地震作用前后模型结构前两阶振型变化曲线，从图中可以看出模型结构第一阶振型基本属于剪切型，且地震作用后模型结构一层和二层刚度在不断退化，二层结构刚度退化相对一层较小。

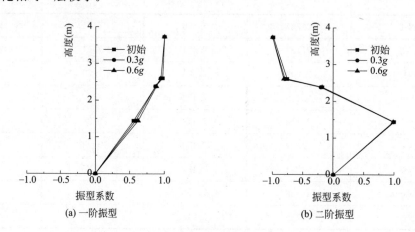

(a) 一阶振型

(b) 二阶振型

图 5.2.9　地震作用前后模型前两阶振型

　　图 5.2.10 表示模型结构在 WN-2 白噪声工况下，沿楼层高度 3 个测点加速度响应的幅频特性曲线。由图可知，在 1 阶频率点，二层楼面的幅值与其他测点相比是最小的，而在 2 阶频率点，其幅值却是最大的，说明模型结构的 1 阶振型中，二层楼面反应最小，以 2 阶振动为主。

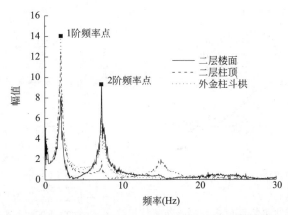

图 5.2.10　WN-2 白噪声工况下模型结构的幅频曲线

（3）模型的动力响应

1）加速度响应

采用动力放大系数来分析结构的隔震减震作用。动力放大系数计算公式为：

$$\beta_i = \max\{|a_i/a_0|\} \tag{5.2.1}$$

式中：a_i 为结构第 i 层绝对加速度峰值；a_0 为模型基础绝对加速度峰值。该系数与地震波的频谱特性、结构的动力特性（频率、阻尼比等）有关。

图 5.2.11 为不同加速度峰值地震作用下结构各层的动力放大系数及变化趋势。从图中可以看出，在不同地震波作用下，动力放大系数表现出的规律基本一致。整体上，模型结构的动力放大系数在二层柱顶处最小，在基础和屋盖最大，呈 K 形分布，与现代建筑加速度响应不同（呈倒三角分布）。除在加速度峰值为 $0.105g$ 和 $0.21g$ 的 El Centro 波作用下部分测点的动力放大系数大于 1 之外，其余动力放大系数均小于 1，远远小于混凝土结构等刚性结构的动力放大系数（一般为 2～4），说明古建筑木结构具有良好的耗能能力。且随着地震激励强度的增加，模型结构各层的动力放大系数均表现出减小的趋势，表明模型结构在地震反复荷载作用下，结构损伤不断累积，抗侧刚度不断减小，阻尼比逐渐增加，耗能减震的能力增强。

二层柱顶的动力放大系数（β_2）较小，说明梁柱间榫卯节点具有良好的耗能能力，在地震作用下起到了耗能减震作用。斗栱层动力放大系数（β_3）大于二层柱顶的动力放大系数（β_2），表明斗栱层的耗能能力弱于榫卯连接。屋盖顶部的放大系数（β_4）最大，说明屋盖处存在一定的鞭梢效应。

2）位移响应

图 5.2.12 为模型结构在不同地震作用下相对于台面的最大位移。由图可知，各层的最大位移随着层高的增加而增大，随着地震激励强度的增加同一层的位移反应逐渐增大。结构模型各层的位移最大响应基本呈倒三角分布，以剪切变形为主，与模型结构第一振型相似。当峰值加速度为 $0.6g$ 时，模型结构在 Kobe 波的作用下，结构顶点的最大位移为48.30mm，在兰州波的作用下最大位移为 57.11mm，在汶川波作用下最大位移为59.30mm，而在 El Centro 波作用下结构顶点位移显著增大，达到了 95.22mm，说明该模型结构对 El Centro 波更加敏感。

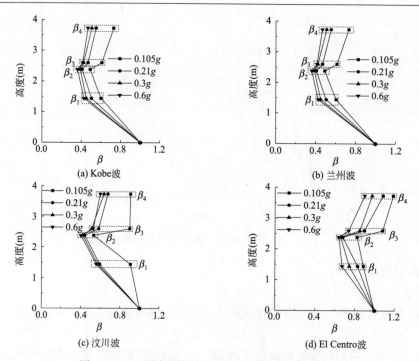

图 5.2.11 不同地震作用下模型动力放大系数分布

注：β_1 为二层楼面动力放大系数；β_2 为二层柱顶动力放大系数；β_3 为外金柱斗栱层动力放大系数；β_4 为屋盖层动力放大系数。

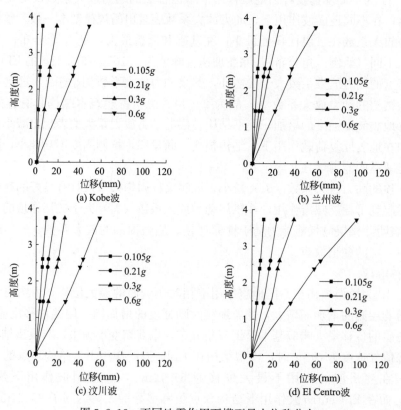

图 5.2.12 不同地震作用下模型最大位移分布

表 5.2.6 是模型结构在不同地震波作用下的最大层间位移角。由表可知，层间位移角在斗栱层最大，一层和二层的层间位移角比较接近，屋盖的层间位移角最小，说明斗栱层最为薄弱，这与破坏主要集中于斗栱层的试验现象一致。在峰值加速度为 0.6g 的 El Centro 波作用下模型结构一层、二层、斗拱以及屋盖的层间位移角分别达到了 1/34、1/36、1/22、1/56，但整体结构仍保持完好，说明模型结构具有良好的变形性能和抗倒塌能力。

不同地震波作用下最大层间位移角　　　　　　　　表 5.2.6

地震波	输入加速度峰值(g)	二层楼面	二层柱顶	斗栱	屋盖
Kobe 波	0.105	1/961	1/751	1/528	1/778
	0.210	1/417	1/405	1/293	1/689
	0.3	1/190	1/180	1/215	1/292
	0.6	1/58	1/62	1/57	1/150
兰州波	0.105	1/558	1/527	1/356	1/444
	0.210	1/234	1/219	1/143	1/274
	0.3	1/158	1/140	1/100	1/164
	0.6	1/70	1/101	1/52	1/98
汶川波	0.105	1/375	1/441	1/289	1/423
	0.210	1/203	1/226	1/188	1/233
	0.3	1/119	1/120	1/103	1/152
	0.6	1/51	1/56	1/33	1/88
El Centro 波	0.105	1/270	1/283	1/203	1/272
	0.210	1/108	1/142	1/73	1/124
	0.3	1/62	1/59	1/46	1/84
	0.6	1/34	1/36	1/22	1/56

（4）剪力分布

将模型的质量等效集中于二层楼面、二层柱顶、斗栱和屋盖，根据相应位置的加速度数据，可近似得到模型各层最大剪力。

图 5.2.13 为模型结构在不同地震作用下的楼层剪力峰值分布图。由图可知，当加速度峰值小于 0.6g 时，楼层剪力沿高度由上而下呈阶梯式增大，与其他结构类似。当地震加速度峰值达到 0.6g 时，除 Kobe 波外，在其他地震波作用下，二层楼层剪力相对于斗栱层突然变小，这主要是因为模型结构在兰州波、汶川波及 El Centro 波作用下的地震响应较 Kobe 波激烈，且随着地震激励幅值的增加，斗栱层与二层柱顶的加速度响应不同步，出现相位差，甚至在同一时刻加速度方向相反，如图 5.2.14 所示。

（5）结构扭转反应

在水平地震作用下地震波的空间特性和结构本身的特性可能会引起结构的扭转，扭转效应会造成结构抗震性能的退化，进而导致结构破坏甚至倒塌。采用时间历程法对结构的扭转效应进行分析。图 5.2.15 为地震加速度峰值为 0.6g 时二层外金柱柱顶两个不同测点（东南角及东北角）的位移时程。由图可知，在沿 E-W 向输入不同地震波时，二层柱顶两个测点的位移时程曲线基本重合，说明结构没有发生明显的扭转。

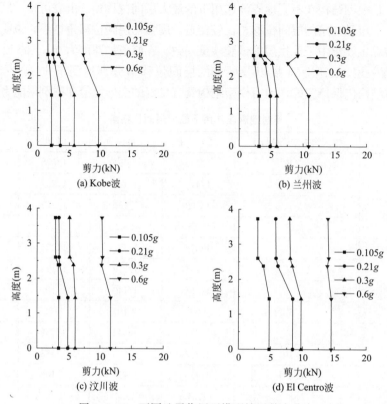

图 5.2.13　不同地震作用下模型楼层剪力分布

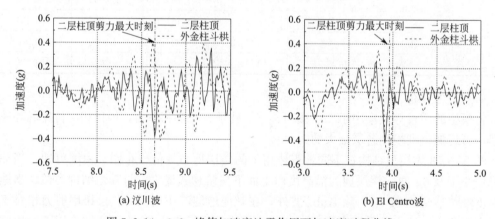

图 5.2.14　0.6g 峰值加速度地震作用下加速度时程曲线

5.2.2　砖石结构古建筑模型振动台试验

1. 原型结构的总体特征

砖石结构古建筑模型振动台试验以小雁塔为原型。小雁塔（图 5.2.16）又称"荐福寺塔"，建于公元 707 年（唐景龙年），位于西安南郊大慈恩寺内，是唐代长安城保留至今的标志性建筑。小雁塔是密檐式方形砖构建筑，由塔基座、塔身、塔檐、基座、地宫等主要部分组成。初建时为 15 层，高约 46m，塔基边长 11m。塔立于砖基上，基座为砖方台，

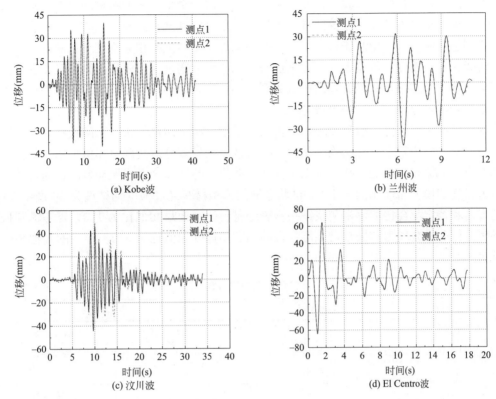

图 5.2.15 0.6g 峰值加速度地震作用下二层柱顶位移时程曲线

注：测点 1 为东南角外金柱柱顶位移测点，测点 2 为东北角外金柱柱顶位移测点。

塔基座南北各开有一券门，券门下为青石踏步。地基夯土是半圆形，这样的结构具有强大的抗震能力。基座下有地宫，为竖穴。塔基之上为塔身，塔身为四方形，造型端正，塔体密檐部分随着高度的增加，其密檐的砌筑部分都会随之而改变。塔体用青砖和黄泥浆砌筑，但其外露处风化严重。由于这种形式的古塔结构阻尼较大，在地震时能量能够较快地被阻尼吸收，使位移得到衰减。塔身上为叠涩挑檐，塔身每层砖砌出檐，塔身表面各层檐下砌斜角牙砖。每层南北各辟券门用青石砌成，以起到采光透气的作用。明清两代时因遭遇多次地震，塔身中裂，塔顶残毁，仅存 13 层，高 43.4m。筒状结构塔体、较厚的塔壁、均匀的土质、宽广坚实的台阶形地基，以及考究的建造工艺等，这些因素也成为小雁塔经历 70 余次地震而屹立千年不倒的原因。

图 5.2.16 西安小雁塔

2. 模型设计及制作

由于对砖石古塔结构的抗震理论分析不够充分，往往不能全面反映结构在地震作用下的状态，地震模拟振动台的整体模型试验是再现原结构地震反应、薄弱部位、损伤机制的有效手段。在振动台模型试验中，相似关系是联系试验模型与原型结构的重要桥梁。考虑到实际振动台承载力和经济性等因素，很少进行足尺模型试验，最常见的情况是模型将按缩尺比例进行制作。模型制作过程中会依据相似关系将与试验相关物理现象的量（比如长度、时间、力、速度）等缩小或扩大来进行实际应用。通过相似原理，科研工作者可以将模型试验现象和结果，基于有效的相似关系，部分有效地还原到原型结构中去，从而可以更好地为砖砌古建筑的保护提供参考。

确定模型相似条件一般有方程式分析法和量纲分析法两种方法。当问题的规律尚未完全掌握、问题较为复杂没有明确的函数关系时常采用量纲分析法确定相似关系。相似关系的选取应考虑振动台性能参数、施工条件和吊装能力等。综合考虑振动台的台面尺寸及承载能力，确定模型缩尺比例为 1/8。试验选取的模型材料经过强度测试选为 20 世纪 50 年代的青砖和特定配合比的糯米灰浆，初步确定材料弹性模量相似比为 1/5；再考虑到振动台噪声、台面承载能力和振动台性能参数等确定加速度相似比为 3/2。模型的其他相似关系见表 5.2.7。

模型主要相似常数 表 5.2.7

物理量	相似关系	相似比	备注
长度	S_L	1/8	控制参数
弹性模模量	S_E	1/5	控制参数
应力	$S_\sigma = S_E$	1	
加速度	S_a	3/2	控制参数
质量	$(S_\sigma \cdot S_L^2)/S_a$	1/464	
集中力	$S_\sigma \cdot S_L^2$	1/310	
频率	$S_L^{-0.5} \cdot S_a^{0.5}$	3/1	
时间	$S_L^{0.5} \cdot S_a^{-0.5}$	1/3.5	

在试验中由于振动台本身条件的限制，例如极限承载力和台面尺寸、内部空间等，使得计算所得的全部人工质量不可能全部加入到模型当中去，在模型设计时可根据模型内部空间条件，尽最大可能地在模型内部加入人工质量，保证其应有的重力效应。模型采用钢块作为附加质量，一部分布置于楼板处，一部分放置于钢筋笼后固定于墙体中。附加质量布置见图 5.2.17。各层模型质量和配重详见表 5.2.8。

配重在模型中的分布情况 表 5.2.8

楼层	模型自重(t)	配重(t)
1	2.296	0.720
2	1.142	0.411
3	1.136	0.341
4	1.087	0.298
5	0.986	0.296
6	0.879	0.259
7	0.750	0.190

续表

楼层	模型自重（t）	配重（t）
8	0.656	0.163
9	0.551	0.128
10	0.432	0.087
11	0.292	0.068
12	0.249	—
13	0.201	—
总重	10.657	2.961
底梁重	2.000	
模型总重	15.618	

(a) 墙体配重设计　　　　　　　　(b) 楼板配重设计

图 5.2.17　模型配重设计

　　小雁塔缩尺试验模型结构的具体尺寸按照相似关系确定后详见表 5.2.9。模型结构的砌筑材料包括：20 世纪 50 年代建筑拆除的青砖（将标准砖切成 120mm×50mm×25mm 小砖）见图 5.2.18(a) 以及糯米灰浆 ［石灰：土：砂＝3：5：2（体积比）］见图 5.2.18 (b)。小雁塔缩尺试验模型砌筑在井字形钢筋混凝土底梁上，混凝土底梁按弹性地基梁进行设计，梁上留有吊装所用的吊环，并从梁两侧挑出翼缘板，梁上留有预留孔，与振动台预留孔相对应，振动台预留孔直径暂定为 50mm，孔间距为 500mm。底板梁上在相应模型底层墙体位置下陷 20mm，以便模型底层墙体与底板砌筑在一起，达到固接作用，用来模拟小雁塔的地基对塔身作用。塔体按照横平竖直、砂浆饱满、搭接错缝、避免通缝的砌筑工艺砌筑。模型砌筑过程和局部细节见图 5.2.19。

小雁塔模型几何尺寸（m）　　　　　　　　　　　　表 5.2.9

层	边长		层间边长差		层高		墙厚		券高		南外券宽	
	原型	模型	原型	模型	原型	模型	原型	模型	原型	模型	原型	模型
1	11.38	1.420	0.5	0.065	6.84	0.855	3.57	0.440	2.68	0.335	1.77	0.220
2	10.68	1.335	0.7	0.085	3.75	0.469	3.38	0.420	1.45	0.180	0.968	0.125
3	10.56	1.320	0.12	0.015	3.43	0.429	3.28	0.410	1.40	0.175	0.942	0.120
4	10.41	1.300	0.15	0.020	3.34	0.418	3.20	0.400	1.36	0.170	0.882	0.110
5	10.32	1.290	0.09	0.010	3.09	0.386	3.10	0.380	1.22	0.150	0.756	0.090
6	10.00	1.250	0.32	0.040	2.91	0.364	3.00	0.375	1.20	0.150	0.733	0.090

层	边长		层间边长差		层高		墙厚		券高		南外券宽	
	原型	模型	原型	模型	原型	模型	原型	模型	原型	模型	原型	模型
7	9.64	1.205	0.36	0.045	2.62	0.328	2.85	0.350	0.85	0.110	0.655	0.085
8	9.13	1.140	0.51	0.065	2.47	0.309	2.78	0.340	0.80	0.100	0.614	0.070
9	8.62	1.080	0.51	0.060	2.28	0.285	2.50	0.310	0.80	0.100	0.59	0.070
10	8.04	1.005	0.58	0.075	1.98	0.245	2.26	0.280	0.60	0.075	0.537	0.065
11	7.64	0.955	0.40	0.050	1.60	0.203	2.20	0.270	0.40	0.050	0.488	0.055
12	7.18	0.900	0.46	0.055	1.54	0.190	1.94	0.240	0.37	0.046	0.406	0.050
13	6.53	0.820	0.56	0.08	1.45	0.184	1.82	0.230	0.37	0.046	0.36	0.040

(a) 砌筑所用青砖

(b) 砌筑所用糯米灰浆

图 5.2.18　模型砌筑材料

(a) 模型底层砌筑

(b) 模型卷洞细节

(c) 模型塔檐细节

(d) 小雁塔试验模型

图 5.2.19　模型砌筑过程

3. 地震波的选取及调整

小雁塔原型位于 8 度设防烈度区，场地为二类场地，设计地震分组为第一组，特征周期为 $T_g=0.35s$，根据《建筑抗震设计规范》GB 50011—2010 的规定，在对结构进行时程分析时，选取地震波规定应选取自然波和人工合成波相结合，自然波的数量不应少于总数的 2/3。地震记录的选取方法有：依据场地类别选择地震记录；依据地震加速度记录反应谱特征周期选择地震记录；依据地震加速度记录反应谱特征周期和结构基本自振周期双指标选择地震记录也即采用结构主要周期拟合反应谱的方法；依据反应谱面积选择地震记录。其中采用双指标方法选择地震记录时，具有底部剪力、弹塑性顶点位移和最大层间位移角结果离散性最小的特点，并且能较好地拟合规范规定的设计反应谱。具体的方法是：首先初步选择适应于地震烈度、场地类型、地震分组的数条地震波；分别计算反应谱并与设计反应谱绘制在同一张图中；计算结构振型参与质量达 50% 对应各周期点处的地震波反应谱；检查各周期点处的包络值与设计反应谱相差不超过 20%。故本试验采用此方法根据设计的场地条件及其动力特性选定三条天然波和一条人工波总共四条地震波作为地震振动台台面输入波，其中三条天然地震波分别是 El Centro 波、Taft 波和汶川波，人工波选用兰州波。选取地震波时程曲线见图 5.2.20。

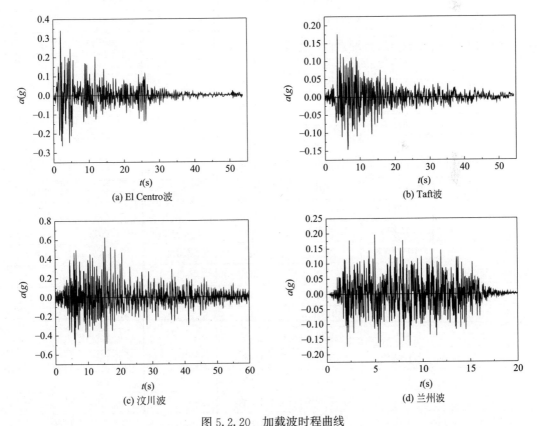

图 5.2.20　加载波时程曲线

在选定地震波之后，还应该考虑到自然波与人工波的加速度峰值和模型所在场地的设防烈度不相对应的情况，因而在输入到振动台控制程序之前，需要按照建筑物的基本设防烈度对加速度峰值进行相应调整。此外，试验时除调整加速度峰值外，还要应用时间相似系数对地震波的时间进行调整。

4. 试验加载方案

本次试验在西安建筑科技大学结构与抗震实验室进行。试验加载地震波加速度峰值按照 0.053g、0.105g、0.150g、0300g、0.465g、0.600g 依次施加到模型结构，进行模拟地震振动台试验。在不同水准地震波输入前后，对模型进行白噪声扫频，测量结构的自振频率、振型和阻尼比等动力特征参数。地震波持续时间按照相似关系进行压缩，输入方向分为单向或三向输入。各个水准地震下，台面加速度峰值均按照有关规范的规定及模型的相似关系要求进行调整以模拟不同水准的地震作用。加载工况见表 5.2.10。

模型结构振动台试验工况

表 5.2.10

测试序号	名称	波形	方向	PGA(g)		
				X	Y	Z
1	W1	白噪声	3D	0.030	0.030	0.030
2	F7LY	兰州	1D-Y	—	0.053	
3	F7WY	汶川	1D-Y	—	0.053	
4	F7TY	Taft	1D-Y	—	0.053	
5	F7EY	El Centro	1D-Y	—	0.053	
6	F7LX	兰州	1D-X	0.053	—	
7	F7WX	汶川	1D-X	0.053	—	
8	F7TX	Taft	1D-X	0.053	—	
9	F7EX	El Centro	1D-X	0.053	—	
10	F7LZ	兰州	1D-Z	—		0.053
11	F7WZ	汶川	1D-Z	—		0.053
12	F7TZ	Taft	1D-Z	—		0.053
13	F7EZ	El Centro	1D-Z	—		0.053
14	F7LXYZ	兰州	3D	0.045	0.053	0.034
15	F7WXYZ	汶川	3D	0.045	0.053	0.034
16	F7TXYZ	Taft	3D	0.045	0.053	0.034
17	F7EXYZ	El Centro	3D	0.045	0.053	0.034
18	W2	白噪声	3D	0.030	0.030	0.030
19	F8LY	兰州	1D-Y	—	0.105	—
20	F8WY	汶川	1D-Y	—	0.105	—
21	F8TY	Taft	1D-Y	—	0.105	—
22	F8EY	El Centro	1D-Y	—	0.105	—
23	F8LX	兰州	1D-X	0.105	—	—
24	F8WX	汶川	1D-X	0.105	—	—
25	F8TX	Taft	1D-X	0.105	—	—
26	F8EX	El Centro	1D-X	0.105	—	—

续表

测试序号	名称	波形	方向	PGA(g)		
				X	Y	Z
27	F8LZ	兰州	1D-Z	—	—	0.105
28	F8WZ	汶川	1D-Z	—	—	0.105
29	F8TZ	Taft	1D-Z	—	—	0.105
30	F8EZ	El Centro	1D-Z	—	—	0.105
31	F8LXYZ	兰州	3D	0.089	0.105	0.068
32	F8WXYZ	汶川	3D	0.089	0.105	0.068
33	F8TXYZ	Taft	3D	0.089	0.105	0.068
34	F8EXYZ	El Centro	3D	0.089	0.105	0.068
35	W3	白噪声	3D	0.030	0.030	0.030
36	B7LY	兰州	1D-Y	—	0.150	—
37	B7WY	汶川	1D-Y	—	0.150	—
38	B7TY	Taft	1D-Y	—	0.150	—
39	B7EY	El Centro	1D-Y	—	0.150	—
40	B7LX	兰州	1D-X	0.150	—	—
41	B7WX	汶川	1D-X	0.150	—	—
42	B7TX	Taft	1D-X	0.150	—	—
43	B7EX	El Centro	1D-X	0.150	—	—
44	B7LZ	兰州	1D-Z	—	—	0.150
45	B7WZ	汶川	1D-Z	—	—	0.150
46	B7TZ	Taft	1D-Z	—	—	0.150
47	B7EZ	El Centro	1D-Z	—	—	0.150
48	B7LXYZ	兰州	3D	0.128	0.150	0.098
49	B7WXYZ	汶川	3D	0.128	0.150	0.098
50	B7TXYZ	Taft	3D	0.128	0.150	0.098
51	B7EXYZ	El Centro	3D	0.128	0.150	0.098
52	W4	白噪声	3D	0.030	0.030	0.030
53	B8LY	兰州	1D-Y	—	0.300	—
54	B8WY	汶川	1D-Y	—	0.300	—
55	B8TY	Taft	1D-Y	—	0.300	—
56	B8EY	El Centro	1D-Y	—	0.300	—
57	B8LX	兰州	1D-X	0.300	—	—
58	B8WX	汶川	1D-X	0.300	—	—
59	B8TX	Taft	1D-X	0.300	—	—
60	B8EX	El Centro	1D-X	0.300	—	—
61	B8LZ	兰州	1D-Z	—	—	0.300

测试序号	名称	波形	方向	PGA(g)		
				X	Y	Z
62	B8WZ	汶川	1D-Z	—	—	0.300
63	B8TZ	Taft	1D-Z	—	—	0.300
64	B8EZ	El Centro	1D-Z	—	—	0.300
65	B8LXYZ	兰州	3D	0.255	0.300	0.195
66	B8WXYZ	汶川	3D	0.255	0.300	0.195
67	B8TXYZ	Taft	3D	0.255	0.300	0.195
68	B8EXYZ	El Centro	3D	0.255	0.300	0.195
69	W5	白噪声	3D	0.030	0.030	0.030
70	R7LY	兰州	1D-Y	—	0.465	—
71	R7WY	汶川	1D-Y	—	0.465	—
72	R7TY	Taft	1D-Y	—	0.465	—
73	R7EY	El Centro	1D-Y	—	0.465	—
74	R7LX	兰州	1D-X	0.465	—	—
75	R7WX	汶川	1D-X	0.465	—	—
76	R7TX	Taft	1D-X	0.465	—	—
77	R7EX	El Centro	1D-X	0.465	—	—
78	R7LZ	兰州	1D-Z	—	—	0.465
79	R7WZ	汶川	1D-Z	—	—	0.465
80	R7TZ	Taft	1D-Z	—	—	0.465
81	R7EZ	El Centro	1D-Z	—	—	0.465
82	R7LXYZ	兰州	3D	0.396	0.465	0.303
83	R7WXYZ	汶川	3D	0.396	0.465	0.303
84	R7TXYZ	Taft	3D	0.396	0.465	0.303
85	R7EXYZ	El Centro	3D	0.396	0.465	0.303
86	W6	白噪声	3D	0.030	0.030	0.030
87	R8LY	兰州	1D-Y	—	0.600	—
88	R8WY	汶川	1D-Y	—	0.600	—
89	R8TY	Taft	1D-Y	—	0.600	—
90	R8EY	El Centro	1D-Y	—	0.600	—
91	R8LX	兰州	1D-X	0.600	—	—
92	R8WX	汶川	1D-X	0.600	—	—
93	R8TX	Taft	1D-X	0.600	—	—
94	R8EX	El Centro	1D-X	0.600	—	—
95	R8LZ	兰州	1D-Z	—	—	0.600
96	R8WZ	汶川	1D-Z	—	—	0.600
97	R8TZ	Taft	1D-Z	—	—	0.600
98	R8EZ	El Centro	1D-Z	—	—	0.600
99	R8LXYZ	兰州	3D	0.510	0.600	0.390

测试序号	名称	波形	方向	PGA(g)		
				X	Y	Z
100	R8WXYZ	汶川	3D	0.510	0.600	0.390
101	R8TXYZ	Taft	3D	0.510	0.600	0.390
102	R8EXYZ	El Centro	3D	0.510	0.600	0.390
103	W7	白噪声	3D	0.030	0.030	0.030

本试验拟采用沿模型高度方向均匀布置 X、Y、Z 三个方向的传感器布置加速度、位移及速度传感器，以量测模型在各个工况下的三维地震反应，具体布置见图 5.2.21。

5. 试验现象及分析

在加速度峰值为 0.053g 和 0.105g 地震波作用下，模型结构仅顶部有小幅度晃动，其他部位反应微小，振动不明显且模型各处没有明显的裂缝存在。在加速度峰值为 0.150g 地震波作用下，模型振动幅度加大，模型结构的南北洞口处及结构顶部几层有微小裂缝发生。

当加速度峰值为 0.300g 时模型顶部振动加剧，存在明显的鞭梢效应。在振动过程中 11 层灰缝处能看见明显的灰尘飞溅现象见图 5.2.22(a)，这是由于在振动过程中灰缝震开又闭合导致的。洞口的裂缝变宽，沿灰缝成阶梯形进一步延伸，塔檐处砖块脱落，在模型的 11 层背面和西面形成宽大且较长的裂缝见图 5.2.22(b)。

在加速度峰值为 0.465g 和 0.600g 地震波作用下，整个模型结构的地震反应更为明显。洞口和塔檐处的裂缝进一步开展见图 5.2.7(c)。在模型结构的 11、12 和 13 层的裂缝发展为贯穿截面的裂缝，局部区域的砖块即将剥落，顶部三层震毁见图 5.2.22(d)。这与小雁塔原型结构的顶部两层震毁的震害现象一致，也在一定程度上表明本次试验的缩尺模型设计和制作等方面的合理性。

综上，模型发生了塔体沿竖向中轴线劈裂以及顶部倒塌的损伤。主要原因包括：①由于塔体南北面中轴线洞口的存在，截面削弱，刚度减小，抗剪能力不足进而引起沿洞口裂缝开展的阶梯形裂缝。②结构顶部几层的震害明显，破坏严重，鞭梢效应明显，在大震作用下直接出现块体剥落现象临近倒塌。

6. 动力特性分析

在试验开始之前和不同水准地震作用前后，均用白噪声对结构进行扫频试验。以测点的白噪声反应信号对台面输入白噪声信号做传递函数。传递函数的模等于输出振幅与输入振幅之比，反映了模型结构的幅频特性，其相位角为输出与输入的相位差，反映了模型结构的相频特性。采用半功率带宽法确定该自振频率对应的临界阻尼比；再由同一自振频率对应下模型各层幅值结合相频特性图判断相位，归一化处理后可以得到该频率对应的振型曲线。模型频率变化见图 5.2.23。

表 5.2.11 显示了地震前后频率和阻尼比的具体值。从上述结果可以看出：

(1) 模型的前两阶初始自振频率分别为 7.265Hz、25.586Hz，初始阻尼比为 3.64%、4.76%。

(2) 模型结构频率随着地震动幅值的加大而降低，而阻尼比则随着结构破坏加剧而提高。

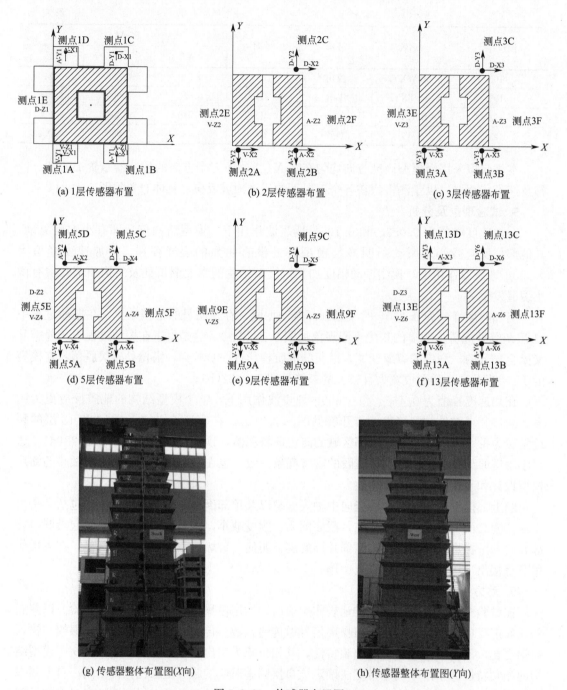

(a) 1层传感器布置　　　(b) 2层传感器布置　　　(c) 3层传感器布置

(d) 5层传感器布置　　　(e) 9层传感器布置　　　(f) 13层传感器布置

(g) 传感器整体布置图(X向)　　　　(h) 传感器整体布置图(Y向)

图 5.2.21　传感器布置图

（3）在小烈度地震工况完成后，结构的自振频率稍有下降，结构的损伤较小。在 8 度罕遇地震工况施加后，结构的前两阶自振频率分别下降了 27.4% 和 27.5%，阻尼增大为 2.55 倍和 1.52 倍。结构损伤加剧。产生这一现象的原因是由于加速度峰值的增大，结构逐渐产生裂缝，结构整体刚度退化，结构逐渐进入非线性。

(a) 灰尘飞溅

(b) 11 层西侧裂缝

(c) 塔檐处的裂缝

(d) 顶部接近倒塌

图 5.2.22　模型裂缝分布图

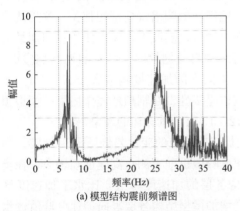

(a) 模型结构震前频谱图

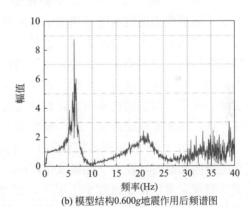

(b) 模型结构0.600g地震作用后频谱图

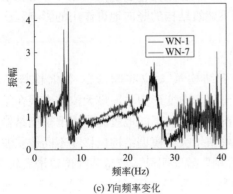

(c) Y向频率变化

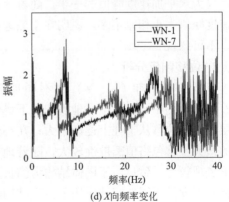

(d) X向频率变化

图 5.2.23　模型频率变化

模型结构自振频率和阻尼比

表 5.2.11

振型阶数		一	二
第一次白噪声	频率(Hz)	7.27	25.59
	阻尼比(%)	3.64	4.76
第二次白噪声	频率(Hz)	6.76	24.84
	阻尼比(%)	6.15	4.12
第三次白噪声	频率(Hz)	6.76	24.41
	阻尼比(%)	5.96	4.25
第四次白噪声	频率(Hz)	7.03	22.15
	阻尼比(%)	7.38	5.60
第五次白噪声	频率(Hz)	6.80	22.54
	阻尼比(%)	7.64	6.30
第六次白噪声	频率(Hz)	6.29	22.11
	阻尼比(%)	9.23	6.76
第七次白噪声	频率(Hz)	5.27	18.56
	阻尼比(%)	9.28	7.22

7. 加速度响应分析

模型水平方向（X、Y）在不同地震作用下结构最大加速度响应的变化趋势见图5.2.24。模型的加速度响应与当前结构的频率和地震波的频谱特性密切相关。汶川波的加速度包络值明显大于其他地震波，这是因为在四个输入地震波中，汶川波的主周期最接近模型结构的固有振动周期。当输入激励周期接近结构自身周期时，结构的地震响应更大。考虑到洞口对截面的削弱，在相同的条件下，Y方向上的加速度响应大于X方向。在加速度小工况下，模型损伤不明显，加速度变化基本呈线性。在剧烈地震作用下，模型顶部破坏严重，加速度响应最大，这与模型第11、12、13层严重破坏的现象一致。

模型竖向（Z）在不同地震作用下结构最大加速度响应的变化趋势见图5.2.25。当地震作用竖向加载时，在各个地震波作用时，加速度峰值也随着测点高度逐渐增大，在模型顶层达到最大值。在加速度小工况下，模型结构各层的加速度峰值要比水平加速度峰值小，仅为水平加速度峰值的一半。随着地震烈度增加模型结构各层竖向加速度峰值较水平加速度峰值大小相差不多，说明在剧烈地震作用下建筑结构的竖向地震作用的影响程度变大，不可忽视。

8. 位移响应分析

模型水平方向（X、Y）在不同地震作用下结构最大位移响应的变化趋势见图5.2.26。从图中可以看出在地震作用下塔体的变形以弯曲变形为主，最大位移出现在结构顶层，层间位移从下往上逐渐增大；在小烈度工况作用时，不同地震波作用下模型结构各层的最大位移包络值离散性较大，随着地震作用峰值增大，模型结构位移在不同地震波作用下表现较为一致；由于塔体结构为细长型，"鞭梢"效应明显，模型顶部位移增大较多；在相同烈度的不同地震波作用下模型结构的Y向最大位移要比X向大，这是由于X向开设有洞口，在地震作用下沿着洞口灰缝裂缝开展使模型结构出现损伤导致的。

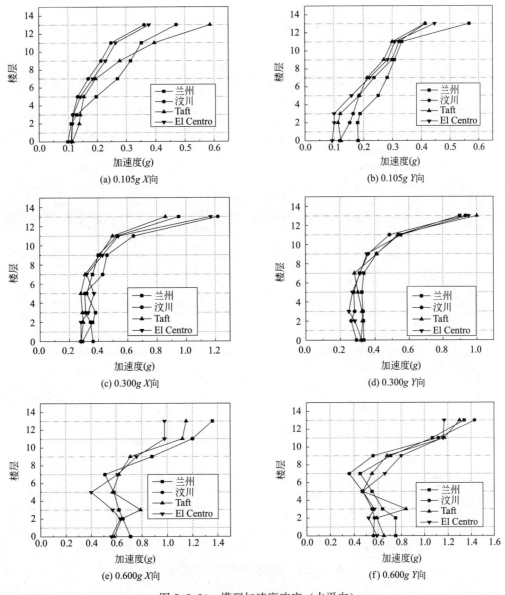

图 5.2.24 模型加速度响应（水平向）

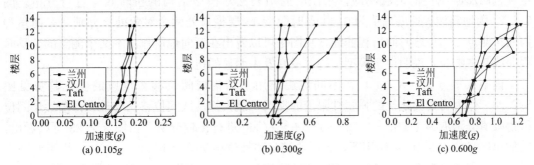

图 5.2.25 模型加速度响应（竖向）

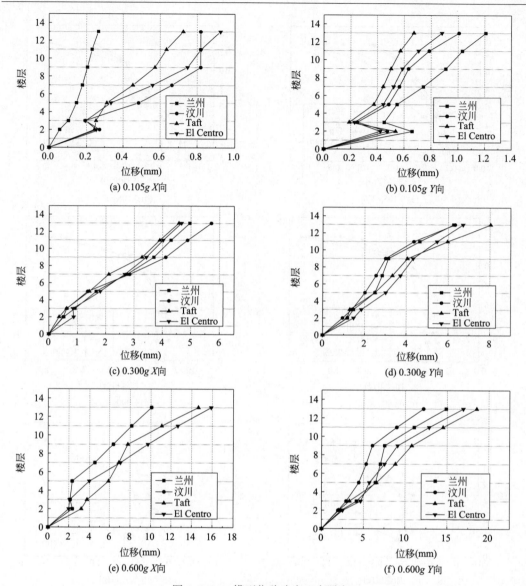

图 5.2.26　模型位移响应（水平向）

　　在三向地震波空间共同作用时可能引起结构的扭转反应，扭转效应会增加结构的不稳定性进而加剧结构的地震响应。采用时间历程法对模型结构的扭转效应进行分析。图5.2.27 为地震波加速度峰值为 0.600g 时模型 13 层檐口处两个对角处（分别是东南角和西北角测点）的位移时间历程曲线，从图中可以看出在三向地震作用下两个测点的位移时程曲线基本吻合，说明由于模型结构并没有发生明显的扭转。

　　模型水平方向（X、Y）在不同地震作用下结构层间位移角反应的变化趋势见图5.2.28。作为古塔类建筑的弹塑性限值的探讨，最大弹性层间位移角与最大弹塑性层间位移角限值分别取为 1/532～1/565、1/100～1/200 进行比较分析。由图 5.2.28 可以看出：在加速度峰值为 0.105g 作用下，各层均满足弹性位移角限值 1/532～1/565，也可判断全塔结构在多遇水准下状况良好；在加速度峰值为 0.300g 作用下，模型结构除底部 5 层外，

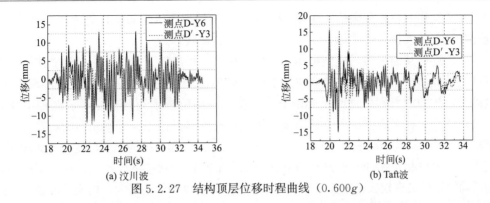

图 5.2.27　结构顶层位移时程曲线（0.600g）

以上各层均超出了弹性位移角限值 1/532～1/565，进入弹塑性状态，但大都满足弹塑性层间位移限值；在加速度峰值为 0.600g 作用下，模型结构除底部 2 层外，以上各层均

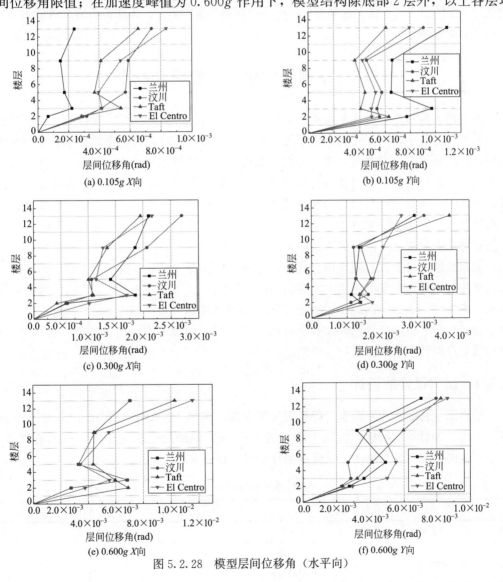

图 5.2.28　模型层间位移角（水平向）

达到了弹塑性层间位移角限值 1/100～1/200，模型结构顶层层间位移角达到 1/100，各层裂缝充分开展，模型顶部震塌，结构已达到严重破坏状态。

综上所述，从缩尺砖塔模型振动台试验分析可以得出以下结论：①模型塔体可以再现原塔结构的地震损伤模式，在强震作用下由于塔体南北面中轴线洞口的存在，截面削弱，刚度减小，抗剪能力不足进而引起沿洞口裂缝开展的阶梯形裂缝。结构顶部鞭梢效应明显，破坏严重，在大震作用下直接出现块体剥落现象临近倒塌。②利用白噪声输入，可以测定小雁塔模型结构震前震后结构的自振频率变化情况。随着结构损伤程度的不断加深，模型结构一阶频率由 7.265Hz 降到 5.273Hz，阻尼由 3.64％ 增加到 9.28％。对于定性研究原结构的动力特性具有较大帮助。③随着加载地震波加速度峰值的增大，模型的加速度逐渐增大，随着楼层增加加速度幅值明显增大。在相同工况各地震波竖向输入时，竖向加速度数值大小仅为水平加速度的一半。在地震作用下塔体的变形以弯曲变形为主，最大位移出现在结构顶层，层间位移从下往上逐渐增大；模型"鞭梢"效应明显，顶部位移增大明显。

5.3 木结构古建筑性能提升技术

木结构古建筑具有极高的历史、文化、艺术和科学价值。然而，在经历几百年甚至上千年的岁月洗礼中，由于受到自然环境、地震、人为等影响，存在不同类型和不同程度的残损，现已是"病"害缠身，为了使得木结构古建筑能够永久长存，恢复"健康"状态，对木结构古建筑进行合理的加固与维修成了一项迫切需要解决的任务。已有研究大多以碳纤维布、钢材等加固材料对木结构进行加固，仅能在一定程度上改善木结构的承载力，而鲜有能提高木结构的耗能性能。近些年来，形状记忆合金（SMA）由于具有优异的抗拉性能和特殊的超弹性性能，其不仅能提高结构刚度，同时也能提高结构的耗能性能，在木结构加固维修中可发挥有效作用。此外，榫卯节点作为古建筑木构架的主要受力部件，在木构架的抗侧性能中发挥着至关重要的作用。因此，以《营造法式》殿堂式二等材的尺寸要求，按 1：3.52 的比例制作了 2 个 T 形单向直榫榫卯节点，利用 SMA 丝对其进行了加固，对其进行了低周反复加载试验，对比了加固与未加固节点的抗震性能，分析了 SMA 丝加固节点的效果，得出了相应的结论。

5.3.1 试验试件的设计

参照宋《营造法式》殿堂二等材的尺度要求，按照 1：3.52，即 1cm：2 分二（分二表示宋代二等材每份长度，相当于现在的 1.76cm）的缩尺比例制作 2 个单向直榫节点，模型示意图如图 5.3.1 所示，试件模型详细尺寸见表 5.3.1。

直榫榫卯节点模型尺寸 表 5.3.1

构件名称		模型尺寸（mm）
柱	柱径	210
额枋	截面高	180
	截面宽	120

续表

构件名称		模型尺寸（mm）
单向直榫	榫宽	120
	榫高	180
	榫长	210

注：柱长与枋长根据试验条件确定，未按法式尺寸选取。

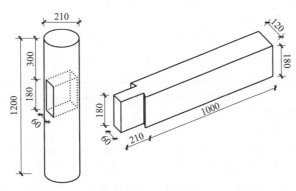

图 5.3.1　单向直榫榫卯节点尺寸详图

　　项目组分别采用 4、6、8 根 SMA 丝对节点进行加固，其中编号 SJ1 为未加固试件，SJ3 为 6 根 SMA 丝加固后的试件，SJ2 与 SJ4 加固所用的试件分别为 SJ1 与 SJ3 试验后的试件，即残损加固。图 5.3.2 为试件加固方式，各试件的加固设计方案见表 5.3.2。

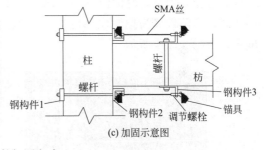

(a) 钢构件锚具　　　　(b) 现场加固图　　　　(c) 加固示意图

图 5.3.2　试件加固方式

各试件加固设计方案　　　　　　　　　　表 5.3.2

试件编号	SMA 加固方法			柱端轴力（kN）
	预应变	长度（mm）	根数	
SJ1	未加固			10
SJ2	7%	300	4	10
SJ3	7%	300	6	10
SJ4	7%	300	8	10

　　试验的节点均选用同批次落叶松原木加工制作而成。根据国家相关标准规定，测得木材物理力学性能指标见表 5.3.3。结合相关规范，测定的 SMA 丝力学性能指标见表 5.3.4。

落叶松材物理力学性能 表 5.3.3

含水率 W_c(%)	密度 (g/cm³)	顺纹抗压强度(MPa)	横纹抗压强度(MPa)	顺纹抗拉强度(MPa)	E_1 (MPa)	E_2 (MPa)	E_3 (MPa)	μ_{12}	μ_{13}	μ_{23}
17.6		35	5.7	79	15500	930	675	0.5	0.52	0.48

注: 1. E 为弹性模量; μ 为泊松比。

2. 下标 1、2、3 分别指木材的顺纹、横纹径向和横纹弦向方向。

SMA 力学性能指标 表 5.3.4

材料	奥氏体弹性模量 (GPa)	相变模量 (GPa)	正相变开始时应力 (MPa)	抗拉强度 (MPa)
SMA	28	5	300	988

5.3.2 加载与量测方案

为了更好地模拟节点的实际受力情况，本次拟静力试验加载方案具体如下：

（1）试验采用 MTS 液压式伺服加载系统，采用低周反复加载方式，作动器最大荷载为 600kN，位移量程为 750mm，作动器通过钢板和螺栓与试件枋端连接。

（2）为了较真实地反映古建筑木结构中柱头的竖向荷载，采用在柱头悬吊混凝土配重块的方式施加竖向荷载，配重大小为 1t。试验加载装置见图 5.3.3。

（3）低周反复加载试验采用位移控制加载程序，加载曲线的控制位移 Δu 为 65mm。正式加载之前预加载，预加载结束后，若仪器和设备工作正常，则正式加载。正式加载先进行一次循环加载，峰值位移为控制位移的 1.25%、2.5%、5% 和 10%，再采用三次循环加载，峰值位移为控制位移的 20%、40%、60%、80%、100% 和 120%，循环后终止试验，如图 5.3.4 所示。

(a) 未加固节点 (b) 加固节点

图 5.3.3 试验加载装置现场图

采用位移计测量节点与 SMA 丝的变形，采用应变片测量榫头和卯口的挤压应变，所有数据采用自动数据采集仪采集。具体方案如下：

（1）在节点上下侧处各布置 1 个 ±5cm 量程的位移计 W1、W2，测量榫头拔出量。

（2）在距柱边缘 650mm 处的枋端布置 1 个 ±15cm 位移计 W3，测量枋端位移。

（3）在柱底处布置一个 ±5cm 量程的位移计 W4，测量柱的位移变化，如图 5.3.5（a）所示。

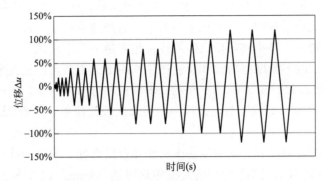

图 5.3.4　低周反复加载试验加载制度

（4）加固试验节点中，在节点处枋的上下各布置 1 个 ±5cm 量程的位移计 W5、W6，测量 SMA 的变形，如图 5.3.5（b）所示。

（5）在卯口内侧上下两边缘和枋端侧四个面分别粘贴 3 个应变片，用于测量榫头端部和卯口边缘挤压后应变变化，如图 5.3.5（c）所示。

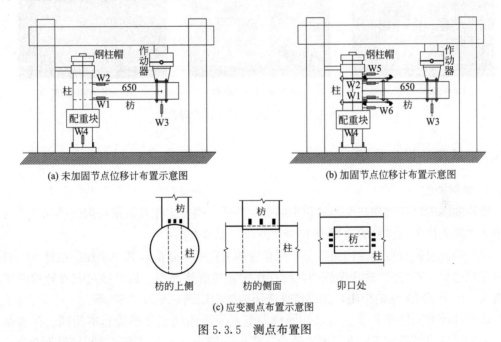

(a) 未加固节点位移计布置示意图　　　　　(b) 加固节点位移计布置示意图

枋的上侧　　　　　枋的侧面　　　　　卯口处

(c) 应变测点布置示意图

图 5.3.5　测点布置图

5.3.3　试验过程及现象

试验时先将柱子竖直固定，之后将配重块放置于柱顶，然后按照加载制度施加低周反复荷载，加载过程中观测并记录榫卯节点及 SMA 丝的变形和破坏情况。主要的试验现象如下：

（1）加载前期，由于作动器的控制位移较小，节点区域无明显变化，但会偶尔发出轻微"吱吱"的响声。随着榫卯节点转角的增大，榫卯节点"吱吱"声逐渐变得响亮，榫头和卯口开始出现挤压变形。继续加载时，卯口逐渐被挤紧，榫头逐渐被拔出，拔出量随着转角的增加而增大，如图 5.3.6（a）所示。当控制位移较大，试件正向受推时，枋出现整体滑落的现象；反向受拉时，枋出现滑动现象，这是随着控制位移的增大，节点挤压变形加剧，塑性变形增大，榫头和卯口之间的连接越来越松动造成的。

（2）在榫卯节点的不断摩擦滑移和反复挤压作用下，当节点恢复到平衡位置时，试件 SJ1 中枋整体被拔出，如图 5.3.6（b）所示。随着控制位移的增大，拔出量越来越大，最后约有 10mm 的拔榫量；但加固节点试件中的枋未出现此现象，说明 SMA 丝限制了榫头的拔出。

（3）加载结束时，节点破坏均发生在榫头和卯口结合处，表现为榫头、榫颈和卯口的挤压变形以及榫头的拔出，试件 SJ1 最大拔榫量可达 30mm，试件 SJ2 最大拔榫量可达 18mm，试件 SJ3 最大拔榫量可达 17mm，试件 SJ4 最大拔榫量可达 15mm，这也说明了 SMA 丝限制了榫头的拔出。加载结束后，柱与枋没有出现明显的破坏，将各构件拆开后可以发现，榫头颈部与最外端有明显的挤压塑性变形，如图 5.3.6（c）所示。

(a) 试件SJ1榫头挤压变形　　　　(b) 平衡位置时的拔榫　　　　(c) 榫头的挤压变形

图 5.3.6　部分节点破坏试验现象

5.3.4　试验结果及分析

1. 滞回曲线

滞回曲线能反映结构在受力过程中的变形特征、刚度退化及能量耗散。图 5.3.7 为试验中各单向直榫节点试件的弯矩-转角滞回曲线，可以看出：

（1）单向直榫节点的滞回曲线有不同程度的"捏缩"效应，其中未加固试件 SJ1 的滞回环形状呈反"Z"形，这说明榫卯之间存在明显的滑移现象，且滑移量随着转角的增加而增大。由于 SMA 丝的作用，加固试件滞回曲线较饱满，呈反"S"形。

（2）加固的完好榫卯节点与未加固榫卯节点滞回曲线变化趋势基本相同。在加载初期，未加固节点试件的滞回曲线基本重合，滞回环较小，这表明榫卯之间接触不充分，节点基本处于弹性阶段，残余变形小。随转角的增大，滞回曲线逐渐变陡，斜率逐渐增大，这说明榫卯之间咬合程度越来越大，节点相互作用越来越强。当节点转角在 0.02rad 附近时，曲线开始变缓，斜率逐渐降低，且控制位移越大，这种现象越明显，这说明在加载中榫头的拔榫和挤压塑性变形使节点的刚度逐渐降低。加固的残损节点与未加固节点的滞回曲线变化趋势相差较大，在加载初期，加固残损节点的抗弯承载力迅速上升，随着转角的增大，曲线变缓，斜率变小，这是因为加固的残损榫卯节点在控制位移较小时，榫卯之间并未挤压接触，此时承载力主要由榫卯间的摩擦力和 SMA 丝共同提供。当榫卯开始接触时，曲线开始变陡，斜率逐渐增大。随着转角的增大，曲线趋于稳定，斜率基本保持不

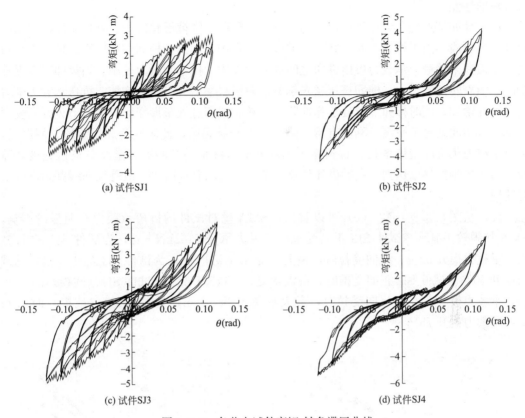

图 5.3.7　各节点试件弯矩-转角滞回曲线

变，这是因为榫卯处于弹性阶段，未有塑性变形继续发展。由于 SMA 丝的作用，加固榫卯节点滞回曲线在零点处的斜率高于未加固榫卯节点。

（3）在相同位移加载幅值下，首次滞回环的峰值较大，后两次滞回环峰值基本一致且明显低于第一次滞回环，随着位移幅值的增加，滞回曲线承载力峰值逐渐增大。当位移幅值增加一级时，首次滞回曲线的上升段将沿前一位移幅值的后两次循环滞回曲线的上升段进一步发展，这是由于位移幅值增大前，其榫卯挤压变形前后一致。卸载时，试件的承载力迅速下降，这说明榫头产生了较大的挤压残余变形使得榫卯变得松动。

（4）从图 5.3.7（a）和（c）可以看出，与未加固试件 SJ1 相比，加固试件 SJ3 滞回曲线峰值承载力更大，滞回环更饱满。加载时，试件 SJ3 刚度退化较为缓慢，且刚度明显高于试件 SJ1 的刚度；卸载时，试件 SJ3 承载力下降较试件 SJ1 缓慢。这是由于 SMA 丝在加、卸载过程中提供了一定的恢复力，这也说明了采用 SMA 丝加固的有效性。

（5）从图 5.3.7（b）和（d）可以看出，加固采用的 SMA 丝根数越多，滞回曲线峰值承载力越大，滞回环越饱满。

2. 骨架曲线

骨架曲线是每次循环加载达到承载力最大峰值时的轨迹，反映了试件在不同受力阶段的变形和特性（刚度、强度等），也是确定恢复力模型的特征点的重要依据。各节点试件的弯矩-转角骨架曲线如图 5.3.8 所示，图中试件 SJ1（残损）与 SJ3（残损）的骨架曲线分别取自试件 SJ1 与 SJ3 在最大位移幅值下第三次循环的包络曲线，这样可以反映出节点残损后的性能。

（1）榫卯节点的受力过程可以分为以下4个阶段：摩擦滑移阶段、弹性阶段、屈服阶段和破坏阶段。由于榫卯之间存在一定的缝隙，在加载初期，控制位移较小，榫头与卯口的受压面并未接触，承载力仅由榫卯之间的摩擦提供，抗弯承载力较小。当榫卯受压面接触时，随着转角的增大，榫卯挤压越来越紧，曲线斜率增大，刚度增加，抗弯承载力随着转角线性增加，此时榫卯节点处于弹性阶段。随着榫卯进入塑形变形阶段，节点开始变得松动，骨架曲线趋于平缓，刚度有所下降，节点开始屈服，此阶段为屈服阶段。屈服后，节点承载力仍可以缓慢增长，直到榫头颈部外侧木纤维受拉断裂，至此节点达到破坏阶段。由于控制位移未达到节点的破坏位移，节点未进入破坏阶段，故骨架曲线并未出现下降阶段。

（2）从图5.3.8（a）、（c）可以看出：SMA丝对试件的抗弯承载力有明显的影响，SMA加固效果显著。试件SJ3正向受推时，最大承受5.02kN·m，为试件SJ1的1.62倍，承载力提升62%；反向受拉时，最大承受4.89kN·m，为试件SJ1的1.6倍，承载力提升60%。试件SJ2正向受推时，最大承受4.23kN·m，是试件SJ1（残损）的1.72倍，承载力提升72%；反向受拉时，最大承受4.3kN·m，是试件SJ1（残损）的1.75倍，承载力提升75%。

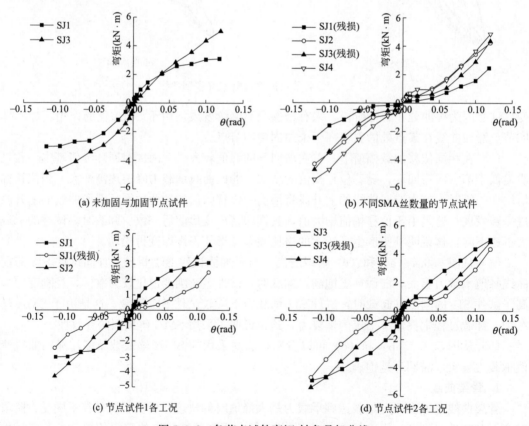

(a) 未加固与加固节点试件   (b) 不同SMA丝数量的节点试件

(c) 节点试件1各工况   (d) 节点试件2各工况

图5.3.8　各节点试件弯矩-转角骨架曲线

（3）从图5.3.8（b）可以看出：SMA丝的数量对试件的抗弯承载力有一定的影响，

SMA 丝的数量越多，节点抗弯承载力越大。8 根 SMA 丝加固节点试件 SJ4 的最大抗弯承载力为 4 根 SMA 丝加固节点试件 SJ2 的 1.2 倍，为 6 根 SMA 加固试件 SJ3（残损）的 1.13 倍。而 6 根 SMA 丝加固节点试件 SJ3（残损）的弯矩与 4 根 SMA 丝加固节点试件 SJ2 的弯矩相近，这是因为试件 SJ2 与 SJ3（残损）是两个不同的节点试件，试件的榫卯咬合程度和木材材料性能存在差异。

（5）图 5.3.9 为节点试件 SJ2、SJ3（残损）、SJ4 的抗弯承载力增量与 SMA 丝数量的关系，可以看出，当转角较小时，节点抗弯承载力增加量与 SMA 丝数量没有明显的比例关系；当转角达到一定程度时，节点抗弯承载力增加量与 SMA 数量呈正相关。造成初始差异很小的原因为：①当转角较小时，节点处存在滑移，节点受力比较复杂；②SMA 的固定问题与人工预拉误差等因素的影响。

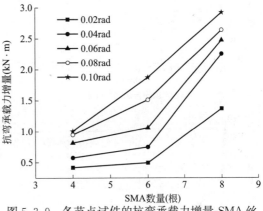

图 5.3.9　各节点试件的抗弯承载力增量-SMA 丝数量关系曲线

3. 刚度退化曲线

在水平荷载作用下，结构的刚度随控制位移的增大或循环周数的增加而减小的现象叫做刚度退化。在低周反复荷载作用下，刚度可采用割线刚度 K_i 来表示：

$$K_i = \frac{|+F_i| + |-F_i|}{|+X_i| + |-X_i|} \qquad (5.3.1)$$

式中：F_i 为第 i 次循环峰值荷载；X_i 为第 i 次循环峰值位移。

按式(5.3.1)计算的各节点试件的刚度退化对比曲线如图 5.3.10 所示，图中试件 SJ1（残损）与 SJ3（残损）的曲线是在每一级最大位移幅值下第三次循环骨架曲线中提取的刚度退化曲线。

（1）从图 5.3.10 可以看出：加载初期，节点抗弯刚度衰减较快，节点屈服后，刚度下降至较低水平并逐渐趋于稳定。未加固节点试件在转角达到 0.01rad 之前，刚度曲线斜率下降较快，随后刚度退化变缓；加固节点试件在转角达到 0.02rad 之前，刚度曲线斜率下降较快，随后刚度下降变缓并趋于水平。

（2）从图 5.3.10（a）可以看出：加固试件节点的初始刚度显著大于未加固试件节点的初始刚度，完好加固试件 SJ3 的最大刚度是完好试件 SJ1 的 1.39 倍，初始刚度提升约 39%。加载初期，加固试件节点刚度退化较为缓慢，当转角达到 0.02rad 时，刚度退化趋势基本相同。

（3）从图 5.3.10（b）可以看出：SMA 丝数量越多，节点抗弯刚度越大。当达到极限转角时，8 根 SMA 丝加固试件 SJ4 的刚度是 4 根 SMA 丝加固试件 SJ2 的 1.2 倍，是 6 根 SMA 丝加固试件 SJ3（残损）的 1.1 倍。加载前期，6 根 SMA 加固试件 SJ3（残损）的刚度略小于 4 根 SMA 加固试件 SJ2 的刚度，这是因为节点的前期抗弯刚度主要与其榫卯连接紧密程度有关，试件 SJ2 与试件 SJ3（残损）为不同的榫卯节点，其榫卯咬合程度不同。

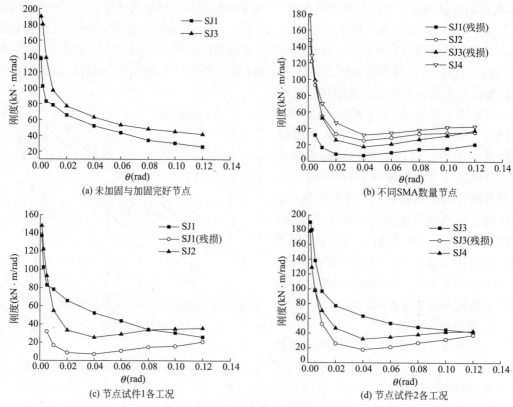

图 5.3.10　各节点试件刚度退化曲线

（4）从图 5.3.10（c）、（d）可以看出：当转角大于 0.02rad 时，残损加固试件 SJ2（SJ3）与残损试件 SJ1（残损）［SJ4（残损）］的刚度退化趋势几乎相同，这表明 SMA 丝限制了节点的刚度退化，这也说明 SMA 丝在提升残损节点的刚度方面是可行有效的。

图 5.3.11 为节点试件 SJ2、SJ3（残损）的刚度增量与 SMA 丝数量的关系，可以看出，当转角较小时，节点刚度增加量与 SMA 丝数量没有明显的比例关系，当转角达到一定程度时，节点刚度增加量与 SMA 丝数量呈正比关系。造成初始无明显比例关系的原因为：①当转角较小时，节点处存在滑移，节点受力比较复杂；②SMA 丝的固定问题与预拉误差的影响。

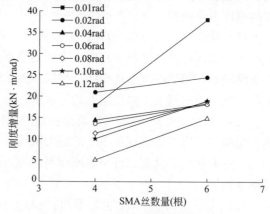

图 5.3.11　节点试件刚度增量-SMA 丝数量关系曲线

4. 耗能能力

采用等效黏滞阻尼系数 h_e 来衡量结构的耗能能力，h_e 越大，耗能能力越好，h_e 的表达式见式（5.3.2）：

$$h_e = \frac{1}{2\pi}\frac{S_{(ABF+ABE)}}{S_{(CEO+ODF)}}$$

（5.3.2）

式中：$S_{(ABF+ABE)}$ 是滞回环的面积（图 5.3.12 阴影部分）；$S_{(CEO+ODF)}$ 是三角形 CEO 和三角形 ODF 的面积之和。

（1）从图 5.3.13（a）和（b）可以看出：h_e 先增大后变小。这是因为加载初期，榫头和卯口刚开始接触，榫卯挤压产生的抗弯承载力较小，节点抗弯承载力主要由榫头和卯口之间的摩擦力提供，导致耗能能力较强，故 h_e 开始时呈上升趋势；随着节点转角的增大，榫卯挤压变形增大，节点抗弯承载力较高，此时节点耗散的能量主要由挤压塑性变形来提供，摩擦耗能较节点间的塑性变形耗能小，此外挤压变形的增加速度随节点转角的增大而减小，故 h_e 逐渐降低。

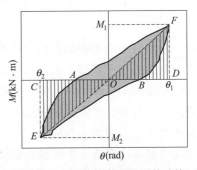

图 5.3.12　等效黏滞阻尼系数计算示意图

（2）由图 5.3.13（a）可以看出：总体上，加固节点的耗能能力高于未加固节点的耗能能力。在转角小于 0.04rad 时，加固节点的耗能能力略低于未加固节点的耗能能力；在转角大于 0.04rad 时，加固节点的耗能能力高于未加固节点的耗能能力。这主要是因为在转角较小时，SMA 丝变形较小，由于预应力的影响，SMA 丝的耗能能力较小，还没有发挥较大作用，依然为榫卯节点的摩擦耗能；当转角较大时，SMA 丝变形和发挥的作用越来越大，其耗能能力也随之增大。

（3）图 5.3.13（b）中，可以看出：加载初期（转角为 0.02rad 时），8 根 SMA 加固残损节点 SJ4 的等效阻尼系数是 4 根 SMA 加固残损节点 SJ2 的 0.95 倍。这是因为：①加载初始阶段 SMA 丝还没有发挥作用，仅靠榫卯节点的摩擦耗能；②加固节点 SJ4 与加固节点 SJ2 为不同的榫卯节点，榫卯咬合程度不同，摩擦耗能也不相同。随着节点榫卯的接触与挤压变形，加固节点 SJ4 的耗能能力逐渐增大，且大于加固节点 SJ2 的耗能能力。当达到极限转角 0.12rad 时，8 根 SMA 丝加固残损节点 SJ4 的等效阻尼系数是 4 根 SMA 丝加固节点 SJ2 的 1.03 倍。这表明加固节点的耗能能力随 SMA 丝数量的增多而提高。

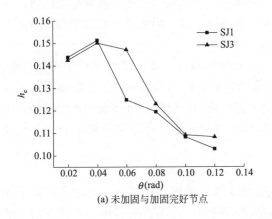

(a) 未加固与加固完好节点

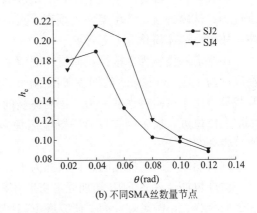

(b) 不同SMA丝数量节点

图 5.3.13　节点等效黏滞阻尼系数与转角的关系

5.4　砖石结构古建筑性能提升技术

汶川地震和玉树地震后，在砌体结构的抗震加固工程中，出现了一种新型的加固方式，沿墙体水平灰缝开槽，用粘结材料将钢筋嵌入水平灰缝中，使砖砌体、粘结材料以及钢筋粘结成为一个整体，将无筋砌体转变为配筋砌体的新型抗震加固方法。该方法具有构造简单，可操作性强，加固后不影响建筑的使用面积，基本不增加结构自重，耗材少、成本低等优点，适合于西部边远地区及村镇砌体建筑的推广应用。嵌筋加固技术的实质是将无筋砖砌体改造成水平配筋砖砌体或约束砖砌体，以提高墙体的抗剪承载力，增强其变形能力，达到无筋砖砌体抗震加固的目的。

5.4.1　试验概况

1. 试验方法与目的

本次墙体抗震性能试验拟对墙体采用低周往复荷载试验方法，用于研究嵌 FRP 筋加固后古塔墙体的抗震性能。通过低周往复荷载试验研究古塔墙体在地震作用下的破坏形态、滞回性能和抗剪承载力，通过试验得到的滞回曲线研究古塔墙体的刚度退化规律、延性及其耗能能力。

本试验目的在于通过对嵌 FRP 筋加固古塔墙体及其相应对比试件进行拟静力试验研究，得到古塔墙体的破坏形态、抗剪承载力、刚度退化规律及耗能等数据，对试验数据进行对比分析，分析采用嵌 FRP 筋嵌缝加固古塔墙体的性能参数指标。试验中考察了洞口大小及竖向荷载大小的影响，对比分析嵌 FRP 筋对不同种类古塔墙体的抗震加固效果。

2. 试件设计

以西安小雁塔第七层墙体为原型，按 1 : 2 比例制作缩尺模型，由于墙体高厚比较大（0.92），在厚度方向采用了与高度、宽度不同的缩尺比例，模型厚度统一确定为 370mm。

小雁塔从外部看，下大上小，层层收缩，塔体每一层的每一皮砖，都有稍微内收，特别优美；从内部看，每层墙面均垂直，无内收，从整体上看，内收尺寸相较于墙厚可以忽略，故模型墙体简化为上下等厚。

小雁塔的楼板为木楼板，简支在叠涩上，面积约为 $14m^2$，相较于塔体自重可以忽略。在高度为 $1310\pm120mm$ 的四皮砖范围内，墙体两边各悬挑约 70mm，并在侧面用水泥砂浆找平，用于试验时加载。为了让墙体竖向受力更加均匀，墙体顶部多砌四皮砖，但在上一层洞口位置，仅多砌三皮砖，既能避免多砌部分剪切破坏，又能保证洞口上部不受压力，符合实际情况。

洞口形式与原结构相同，即顶部为半圆形砖拱，底部为矩形。

试件包括 3 片嵌 FRP 筋加固古塔墙体模型和 3 片未加固对比试件，考虑了洞口大小和竖向荷载大小的影响。为了研究嵌 FRP 筋加固不同洞口大小古塔墙体的抗震性能，选取两种洞口尺寸，其中，试件 W-1~W-4 的洞口尺寸为 310mm×440mm，按照原型 1 : 2 的比例进行缩尺，W-5 和 W-6 为的洞口尺寸为 620mm×880mm，试件 W-6 为带有严重初始损伤的加固试件，加固前试件基本丧失承载能力。考虑到原墙体承受的竖向荷载，试件的竖向荷载分别取 0.12MPa 和 0.24MPa。试件的具体参数和尺寸见图 5.4.1 和表 5.4.1。

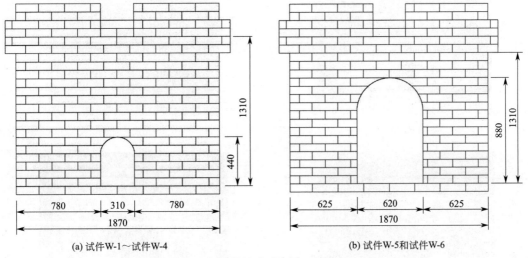

(a) 试件 W-1～试件 W-4　　　　　　　　　　(b) 试件 W-5 和试件 W-6

图 5.4.1　试件尺寸示意图（单位：mm）

墙体试件概况　　　　　　　　　　　　　　　表 5.4.1

试件编号	长×高 (mm×mm)	厚度(mm)	洞口尺寸(mm×mm)	竖向荷载(MPa)	是否损伤	墙体类型
W-1	1870×1370	370	310×440	0.12	否	—
W-2	1870×1370	370	310×440	0.12	否	嵌 FRP 筋加固
W-3	1870×1370	370	310×440	024	否	—
W-4	1870×1370	370	310×440	0.24	否	嵌 FRP 筋加固
W-5	1870×1370	370	620×880	0.24	否	—
W-6	1870×1370	370	620×880	0.24	是	嵌 FRP 筋加固

3. 试件加固

在墙体两侧每隔四匹砖进行嵌缝，由于在未加固墙体的加载过程中发现，由于洞口的削弱，砖拱部位破坏严重，因此，以砖拱顶部为基准，每隔四匹砖嵌缝。首先，在嵌缝位置处开设深度为 40mm、宽度为 10mm 的水平凹槽，清理凹槽内的灰尘，润湿凹槽，涂刷水泥砂浆，然后嵌入环氧树脂砂浆至一半槽深，将 GFRP 筋压入，最后将环氧树脂砂浆填满灰缝，完成勾缝。对于损伤的墙体，采用糯米灰浆填补灰缝缺失部分。在灰缝位置粘贴碳纤维布。为了避免加载部位先于墙体破坏，对加载部位的每条灰缝均进行了嵌缝加固，试件加固过程见图 5.4.2，加固试件在自然条件下养护 28 天。

4. 材料力学性能

古塔墙体是由糯米灰浆和青砖砌筑而成，糯米灰浆由石灰、黏土和砂按 3：5：2 的比例配制而成，糯米浆浓度为 3%，为了更加真实地模拟古建筑，青砖取自 50 年以上的旧房屋。根据《砌墙砖试验方法》GB/T 2542—2012，得到青砖的抗压强度平均值为 7.04MPa。根据《建筑砂浆基本性能试验方法标准》JGJ/T 70—2009，得到糯米灰浆的抗压强度平均值为 1.07MPa，青砖和糯米灰浆的材性试件见图 5.4.3。根据厂家提供的材

(a) 试件开槽

(b) 嵌筋、勾缝

(c) 填补糯米灰浆

(d) 粘贴碳纤维布

图 5.4.2　试件加固

料力学性能，环氧树脂砂浆和玻璃纤维筋材料参数见表 5.4.2 和表 5.4.3。

(a) 青砖试件

(b) 糯米灰浆试件

图 5.4.3　材性试件

环氧树脂砂浆力学性能　　　　　　　　　　　　　表 5.4.2

粘结强度(MPa)	7 天抗折强度(MPa)	抗压强度(MPa)	耐高温(℃)
3.1	8.3	54.9	81.2

GFRP 筋力学性能　　　　　　　　　　　　　　表 5.4.3

密度(g/cm³)	剪切强度(MPa)	抗拉强度(MPa)	弹性模量(GPa)	极限拉应变
2.1	110	600	40	1.2

5. 试件加载与量测方案

正式加载前先对试件进行预加载以检查仪器是否正常，预加载值为预估开裂荷载的20%。加载装置如图 5.4.4 和图 5.4.5 所示。试验采用低周反复加载，竖向荷载分别为0.12MPa 和 0.24MPa，水平荷载根据《建筑抗震试验规程》JGJ/T 101—2015 采用位移控制方式加载，在 1.5mm 之前，以 0.3mm 为一级增大位移，在 1.5mm 之后以 0.5mm 为一级增大位移，每级循环 3 次，当墙体承载力下降至峰值荷载的 85% 以下或试件局部破坏严重有倒塌风险时，停止加载。

位移传感器的布置如图 5.4.6 所示。传感器 S1 测量底梁的平移，传感器 S2～S4 测量墙体的侧向位移，传感器 S5～S10 测量墙体的剪切变形。

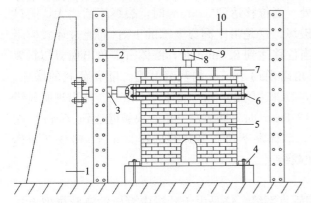

1—反力墙；2—反力框架；3—电液压伺服作动器；
4—压梁；5—墙体试件；6—水平连接装置；7—刚性垫梁；
8—液压千斤顶；9—滑动支座；10—反力梁

图 5.4.4　试验加载装置示意图

图 5.4.5　墙体试件拟静力试验现状

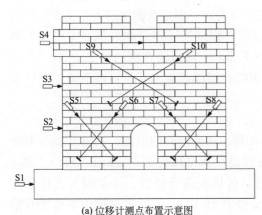

(a) 位移计测点布置示意图　　(b) 位移计测点布置现场

图 5.4.6　传感器布置图

5.4.2　试验现象

1. 试件 W-1

当位移为 0.9mm 时，砖拱中部出现垂直裂缝。随着位移的增大，裂缝沿灰缝向上扩展一匹砖。当位移增加到 3.0mm 时，砖拱顶部半圆处出现多处细裂缝。墙体中部的细裂缝延伸到 5 匹砖的高度，也延伸到左上角和右上角。墙体边缘出现垂直灰缝开裂，少量砖块断裂。位移达到 5.0mm 时，砖拱内灰浆脱落严重，砖位错位不大，上部两条斜裂缝已达顶部，并沿拱缝延伸至墙体左下角和右下角。在整个试件交叉处形成 "X" 形裂缝，承载力达到峰值。当位移达到 6.0mm 时，右侧裂缝突然加宽，形成主裂缝。其他裂缝也向外围延伸，墙体大部分区域都出现裂缝。继续加载时，主裂缝错位，裂缝处灰浆严重脱落。当位移达到 9.5mm 时，承载力下降到最大值的 85%，试件破坏。

2. 试件 W-2

当荷载为 0.9mm 时，砖拱部位出现灰缝开裂，随着位移的增大，墙体大部分区域均出现了微小裂缝，裂缝主要集中于灰缝处。当位移达到 5.5mm 时，裂缝不断增大，洞口内灰浆脱落，洞口部位并未出现明显的破坏，这是由于洞口上部的 FRP 筋通过环氧树脂砂浆将高应力传递给周边的低应力区。当位移达到 8.5mm 时，墙体右下角出现剪切斜裂缝。当位移达到 11.0mm 时，墙体左下角出现约 10mm 的灰缝开裂。随着荷载的增加，裂缝逐渐增大。当位移达到 12.5mm 时，裂缝达到 20mm，墙体左下角的砖块出现明显错位，砖块也出现开裂现象。当位移达到 13.5mm 时，墙体左下角砖块裂缝达到 10mm，左下角砖块脱落。当位移达到 14.0mm 时，墙体左下角灰缝开裂达到 30mm，砖块开裂达 20mm。由于墙体的左下角破坏严重，加载结束。

3. 试件 W-3

当位移为 0.6mm 时，砖拱中部出现垂直裂缝，这是由于砖拱中青砖的特殊排列方式和孔洞的存在，导致截面削弱所致。随着位移的增加，裂缝沿灰缝向上延伸 3 匹砖。当位移为 1.5mm 时，砖拱顶部半圆处出现多处细小裂缝。当位移增加到 3.5mm 时，墙体中部的细裂缝向上延伸了 7 匹砖，顶部只剩下 4 匹砖。同时，墙体左下角和右下角出现竖向灰缝开裂，少量砖块开裂。位移达到 5.0mm 时，砖拱内灰浆脱落严重，砖位错位小，其他部位无明显损伤。随着位移继续增加，在墙高 1/3 左右，洞口两侧出现大量垂直裂缝和 45 度斜裂缝，且发展迅速。当位移达到 8.0mm 时，裂缝发展到墙体底部，宽度增加到 3mm，并延伸到墙高的 2/3，数量和宽度均小于下部，上部裂缝宽度约为 2mm。当位移达到 9.0mm 时，墙体两侧形成高瘦 "X" 形主裂缝，墙体承载力开始迅速下降。当位移达到 11.5mm 时，试件破坏，加载结束。

4. 试件 W-4

当位移为 0.6mm 时，砖拱部位出现了灰缝开裂，随着位移的增加，灰缝开裂逐渐增多，当位移为 2.5mm 时，洞口右侧出现了砖块开裂。当位移为 3.5mm 时，洞口上部 3 匹砖出现了垂直灰缝开裂。当位移为 6.0mm 时，砖拱灰缝开裂进一步扩展。当位移为 9.5mm 时，洞口右侧砖块出现剪切斜裂缝。当位移为 12.0mm 时，砖拱部位的砖块开始松动。当位移为 13.0mm 时，砖拱右下侧砖块裂缝扩展至 3mm。当位移为 13.5mm 时，砖拱右侧砖块裂缝扩展至 2mm。当位移为 14.0mm 时，在砖拱的右上侧形成一个 3 匹砖的小通缝，小通缝并未并一步扩展，这是由于嵌入的 FRP 筋限制了裂缝的发展。当位移为 15.0mm 时，墙体右下角的砖块开始剥落。当位移为 17.0mm 时，砖拱上侧环氧树脂砂浆鼓起并开始脱落。当位移为 17.5mm 时，承载力下降到峰值荷载的 85%，停止加载。

5. 试件 W-5

当位移为 0.6mm 时，砖拱部位出现剪切裂缝。当位移为 1.5mm 时，砖拱部位的裂缝向上发展 3 匹砖，达到试件顶部，拱圈上形成了一圈半圆形裂缝。当位移达到 3.0mm 时，拱肩周围出现密集的裂缝，形成裂缝区。当位移达到 5.0mm 时，砖拱顶部裂缝不断发展，墙体底部出现较多水平裂缝，承载力达到峰值。当位移达到 7.0mm 时，墙体下部出现密集裂缝。当位移达到 8.0mm 时，砖拱右侧至墙体右上角出现主裂缝。当荷载继续增加时，主裂缝由半圆拱右端向墙体右下角发展。当位移为 9.5mm 时，承载力下降到最大值的 85%，加载完毕。

6. W-6 试件

当竖向荷载达到 15t 时，砖拱左右两侧及拱圈均出现了灰缝开裂，墙体左下角砖块出现了竖向裂缝，这是该部位的砖块错位造成的。当位移为 0.3mm 时，洞口两侧灰浆开裂并延伸，墙体开裂较早是由于墙体内部损伤严重，修补后灰浆粘结力弱所致。当位移为 2.0mm 时，砖拱顶部出现裂缝并逐渐增大。当位移为 2.5mm 时，洞口左侧出现裂缝。当位移为 4.0mm 时，砖拱的灰缝鼓出并开始脱落。当位移为 5.0mm 时，砖块出现裂缝。位移为 5.5mm 时，砖拱及洞口左侧裂缝不断发展，灰缝持续脱落。位移为 7.5mm 时，灰缝脱落严重，大部分灰缝脱落，灰缝厚度明显减小。当位移为 9.0mm 时，在洞口右上方砖块的裂缝已扩展至 2mm，墙体承载力也达到峰值。随着位移的增加，荷载开始下降。当位移为 12.5mm 时，试件的承载力下降到 85%，加载结束。

(a) 试件 W-1

(b) 试件 W-2

(c) 试件 W-3

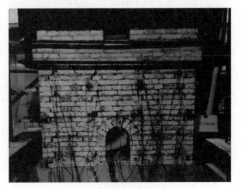

(d) 试件 W-4

图 5.4.7　试件破坏形态（一）

(e) 试件W-5　　　　　　　　　　　(f) 试件W-6

图 5.4.7　试件破坏形态（二）

5.4.3　试验结果及分析

1. 滞回曲线

3 组对比试件的滞回曲线如图 5.4.8 所示。从各组对比试件的滞回曲线可发现：

试件开裂前，荷载-位移曲线基本呈线性，随着位移的增加，试件的损伤逐渐累积，滞回环的面积逐渐增大，试件耗能不断增大。与试件 W-1 和试件 W-3 相比，试件 W-2 和试件 W-4 的滞回环更加饱满，这表明了嵌 FRP 筋加固能够有效提高墙体的耗能能力。

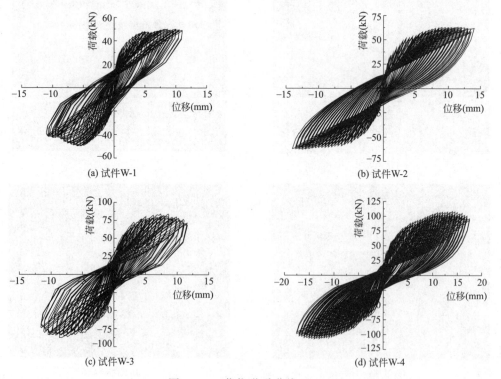

(a) 试件W-1　　(b) 试件W-2　　(c) 试件W-3　　(d) 试件W-4

图 5.4.8　荷载-位移曲线（一）

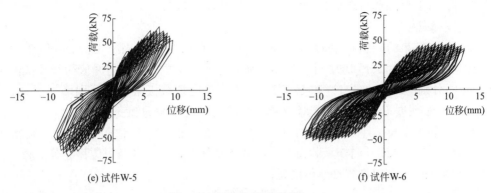

(e) 试件W-5　　　　　　　　　　(f) 试件W-6

图 5.4.8　荷载-位移曲线（二）

由于墙体相对地面滑移和墙体开裂的影响，各试件均出现了捏拢现象，当试件达到峰值荷载时，滞回曲线的捏拢效应更明显，嵌 FRP 筋加固能在一定程度上改善墙体的捏拢效应。由于试件 W-6 的原试件损伤严重，承载力基本丧失，试件内部存在灰缝缺失，滞回曲线出现了更为明显的捏拢现象。但由于 FRP 筋的作用和后期填补灰浆，试件 W-6 仍具有一定的耗能能力，极限位移明显提高。

2. 骨架曲线

各试件的骨架曲线如图 5.4.9 所示，骨架曲线特征点见表 5.4.4。其中，屈服点按照能量等值法计算，极限点取峰值荷载 85％时对应的点。位移延性系数 μ 取极限位移与屈服位移的比值。

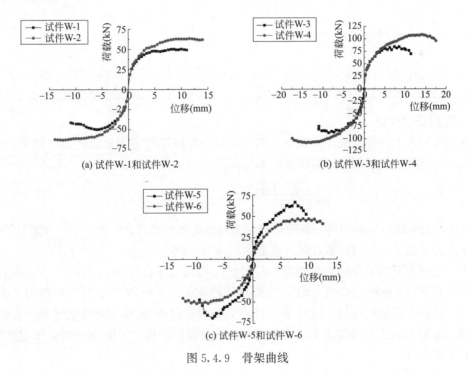

(a) 试件W-1和试件W-2　　　　(b) 试件W-3和试件W-4

(c) 试件W-5和试件W-6

图 5.4.9　骨架曲线

由图 5.4.9 和表 5.4.4 可知：

（1）嵌 FRP 筋加固古塔墙体的骨架曲线在形式上与未加固墙体相同，均可分为弹性段、开裂段和滑移段。

（2）试件 W-2 的峰值荷载较试件 W-1 在正、负向分别提高了 26.02％和 26.23％，正、负向加载极限位移分别增加了 27.35％和 27.28％，试件 W-4 的峰值荷载较试件 W-3 在正、负向分别提高了 28.71％和 22.77％，正、负向加载极限位移分别增加了 52.64％和 52.88％，表明嵌 FRP 筋加固能有效提高古塔墙体的承载力和变形能力。

（3）试件 W-6 与试件 W-5 相比，由于试件 W-6 存在较为严重的内部损伤，降低了墙体的整体性和整体刚度，前期承载力和刚度低于试件 W-5，但其极限位移显著提高，表明嵌 FRP 筋加固能显著提高损伤墙体的延性。

各试件骨架曲线特征点 表 5.4.4

试件编号		屈服点		峰值荷载点		极限点		μ
		P_y(kN)	Δ_y(mm)	P_{max}(kN)	Δ_{max}(mm)	P_u(kN)	Δ_u(mm)	
W-1	正	42.07	2.75	50.08	10.00	49.02	11.01	4.00
	负	40.40	2.81	49.72	6.03	41.13	11.01	3.65
W-2	正	51.92	3.92	63.11	11.51	61.85	14.01	3.58
	负	52.55	4.45	62.76	12.51	62.00	14.01	3.15
W-3	正	72.40	3.10	84.13	7.39	70.00	11.48	3.67
	负	69.46	3.78	87.61	8.65	72.77	11.47	2.94
W-4	正	89.04	5.77	108.28	14.01	95.97	17.52	3.03
	负	88.15	5.89	107.56	14.02	98.68	17.53	2.98
W-5	正	53.91	4.79	66.50	7.52	52.33	9.55	1.89
	负	54.55	4.46	68.64	7.21	47.35	9.53	1.97
W-6	正	40.15	4.63	47.14	8.99	41.31	12.50	2.70
	负	44.07	4.58	51.69	10.00	45.31	12.50	2.73

3. 剪切变形分析

分别在洞口上侧、左侧、右侧以及洞口位移布置位移传感器来监测试件的剪切变形，如图 5.4.6 所示。根据下式计算试件的剪切变形：

$$\gamma = \frac{\sqrt{L^2+h^2}}{2Lh}(a_1+a_2+a_3+a_4) \tag{5.4.1}$$

式中：γ 为试件的剪切角；L 和 h 分别为测量区域的边长；a_1、a_2、a_3 和 a_4 为墙体两对角线的伸长量。剪切变形计算示意如图 5.4.10 所示。

由于剪切变形结果得到规律相近，图 5.4.11 仅对比了试件 W-3 和试件 W-4 在其屈服点和峰值点洞口左侧的剪切角。由于 FRP 筋的约束作用，试件 W-4 的剪切角明显小于试件 W-3，且随着荷载的增加，试件 W-4 的剪切角较试件 W-3 减小的幅度更大，这说明了 FRP 筋能有效约束古塔墙体的剪切变形，且随着荷载的增加，FRP 筋的约束作用更强。

4. 耗能能力

以试件达到屈服点、峰值点和极限点的累计耗能评价墙体的耗能能力，如表 5.4.5 所示，从中可以看出：

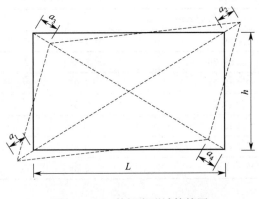

图 5.4.10　剪切变形计算简图

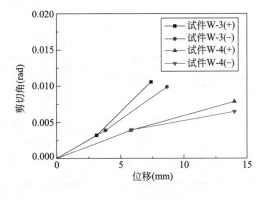

图 5.4.11　墙体试件剪切变形

（1）试件 W-2 在屈服点、峰值点和极限点的累计耗能分别是试件 W-1 的 1.68 倍、1.34 倍和 1.66 倍，可见嵌 FRP 筋加固可显著提高古塔墙体的耗能能力。

（2）试件 W-4 在屈服点、峰值点和极限点的累计耗能分别是试件 W-3 的 2.27 倍、3.13 倍和 2.34 倍，提升的幅度较试件 W-1 和试件 W-2 更为明显，这说明随着竖向荷载的增大，嵌 FRP 筋加固对墙体的耗能提升更为明显。

（3）试件 W-6 在屈服点的累积耗能仅为试件 W-5 的 66%，这是由于试件 W-6 的原型损伤严重，内部灰缝缺失，随着位移的增大，试件 W-6 的累积耗能增加更快，试件 W-6 在峰值点的累积耗能已超过试件 W-5，这说明嵌 FRP 筋加固是一种提高残损古塔墙体耗能的有效方法。

各试件的累积耗能　　　　　　　　　　　　　　　　表 5.4.5

试件编号	累积耗能 E(kN·mm)		
	屈服点	峰值点	极限位移点
W-1	691.22	12493.00	14187.74
W-2	1162.09	16738.97	23610.64
W-3	2196.02	11134.80	23391.70
W-4	4990.70	34804.01	54850.40
W-5	2122.72	6503.91	10781.19
W-6	1404.95	6642.18	11538.74

5. 刚度退化

不同顶点位移下的侧向刚度通过该点的割线刚度来表征。第 i 级割线刚度 K_i 按下式计算：

$$K_i = \frac{|+F_i| + |-F_i|}{|+\Delta_i| + |-\Delta_i|} \tag{5.4.2}$$

式中：$+F_i$、$-F_i$ 分别为正、负向峰值荷载；$+\Delta_i$、$-\Delta_i$ 分别为正、负向峰值荷载所对应的位移。所有试件在不同侧移角下的侧向刚度见表 5.4.6，侧向刚度 K 退化曲线如图 5.4.12 所示。

各试件的侧向刚度 表 5.4.6

试件编号	K_i(kN/mm)		
	$\theta=1/1000$	$\theta=1/300$	$\theta=1/150$
W-1	24.46	10.78	5.36
W-2	25.14	12.07	7.04
W-3	37.62	17.75	8.57
W-4	37.17	18.11	11.34
W-5	23.87	12.17	6.83
W-6	16.02	9.48	5.56

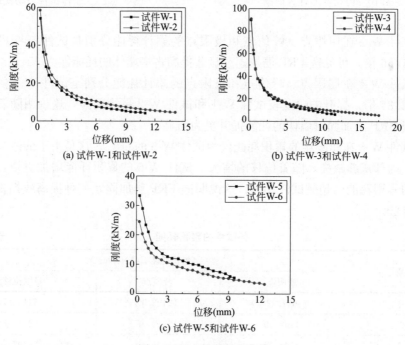

图 5.4.12 刚度退化曲线

由图 5.4.12 可知:

(1) 随着位移的增加,墙体的刚度不断减小,这是由于墙体在加载过程中产生了累积损伤;墙体开裂段刚度迅速退化,退化速率不断降低;到达滑移段后,试件刚度逐渐趋于稳定,刚度退化速率逐渐减小,趋近于 0。

(2) 试件 W-1 和试件 W-2、试件 W-3 和试件 W-4 的初始刚度比较接近,这说明嵌FRP 筋加固不会增加古塔的地震作用。

(3) 随着位移的增加,嵌 FRP 筋加固墙体的刚度退化较未加固对比试件更为平缓,这说明 GFRP 筋嵌缝加固能延缓墙体的刚度退化。

(4) 试件 W-6 的初始刚度 (24.47kN/mm) 明显低于试件 W-5 (33.36kN/mm),这是由于墙体内部损伤较为严重,随着位移的增加,试件 W-6 的刚度逐渐接近试件 W-5,这说明嵌 FRP 筋加固对损伤墙体的刚度退化具有一定的延缓作用。

第6章 古建筑多道防线振动控制技术

6.1 减振与隔振机理

减振与隔振作用主要体现在两个方面：一是减少振源振动传至周围环境；二是减小环境振动对建筑物的影响。

（1）减振与隔振就是在振源和振动体之间设置减振与隔振系统或装置，以减小或阻隔振动能量的传递。减小或阻隔力激振的传递，常称为第一类减振与隔振，即将振源与地基、基础隔离，减小振源的激振力向地基、基础传递，属于振源主动减振与隔振。

（2）减小运动激振传递的措施，常称为第二类减振与隔振，振幅可以是减振对象的绝对振幅或减振对象相对于基础运动激振源的振幅，振幅可取位移、速度或加速度。防止地基的振动通过支座传至需保护的建筑物，以减小运动的传递，从而减小环境振动对建筑物的影响，属于目标被动减振与隔振。

6.1.1 振源主动减振与隔振机理

城市轨道交通中的轨道结构减振是对于振源的振动控制，属于主动控制，第一类减振。浮置板轨道是一种质量-弹簧-阻尼系统，其基本原理是在轨道上部建筑与基础间插入一固有振动频率远低于激振频率的线性谐振器，即将道床板置于钢弹簧上，通过质量-弹簧系统的惯性运动，把列车运营产生的振动进行较大衰减后，利用浮置板质量惯性来平衡列车运行引起的动荷载，仅有没有被平衡的动荷载和静荷载才通过钢弹簧元件传到路基或者隧道结构上，达到减振的目的。

所谓振源主动减振与隔振，就是通过隔振器或隔振材料的作用，将由机车作用产生的振动大部分隔离掉。原理是通过控制振动传递来减弱系统振动，即采用附加子系统将振动源与减振体隔开，依靠附加子系统的变形来减小振源对受振对象的激励。作为附加子系统的减振装置通常称为减振器，可由弹性元件、阻尼元件甚至惯性元件以及它们的组合所组成。

假设振源处产生随机振动的某一具体频率为 $\bar{\omega}$，对应简谐荷载为 $p_0 \sin\bar{\omega}t$，将振源减振系统简化为一单自由度的质量-弹簧-阻尼系统，如图 6.1.1 所示。其稳态位移反映可以表示为：

$$u(t) = \frac{p_0}{k} D \sin(\bar{\omega}t - \theta) \tag{6.1.1}$$

式中：D 为动力放大系数，是合成反应振幅与 p_0 所引起的静位移的比值。

$$D = \frac{\rho}{\dfrac{p_0}{k}} = \left[(1-\beta^2)^2 (2\beta\zeta)^2\right]^{-1/2} \tag{6.1.2}$$

因此，弹簧传给基底的压力为：

$$f_s = ku(t) = p_0 D \sin(\bar{\omega}t - \theta) \tag{6.1.3}$$

相对于基底的运动速度为：

$$\dot{u}(t) = \frac{p_0}{k} D \bar{\omega} \cos(\bar{\omega}t - \theta) \tag{6.1.4}$$

由此导致作用在基底上的阻尼力为：

$$f_D = c\dot{u}(t) = \frac{cp_0}{k} D \bar{\omega} \cos(\bar{\omega}t - \theta) = 2\zeta\beta p_0 D \bar{\omega} \cos(\bar{\omega}t - \theta) \tag{6.1.5}$$

因为阻尼力的相位角超前弹簧力 90°，故作用于基底上的力的幅值为：

$$f_{max} = \sqrt{f_{smax}^2 + f_{Dmax}^2} = p_0 D \sqrt{1 + (2\zeta\beta)^2} \tag{6.1.6}$$

作用于基底上力的最大值与作用力的幅值之比称为支撑体系的传导比（TR），即：

$$TR = \frac{f_{max}}{p_0} = D \sqrt{1 + (2\zeta\beta)^2} \tag{6.1.7}$$

将传导比作为频率比和阻尼比的函数绘制于图 6.1.2。可以看出，只有当频率比 $\beta \geq \sqrt{2}$ 时，才能有良好的隔振、减振效果，此时古建筑的固有频率应远低于干扰频率。

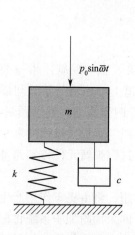

图 6.1.1　主动隔振示意图

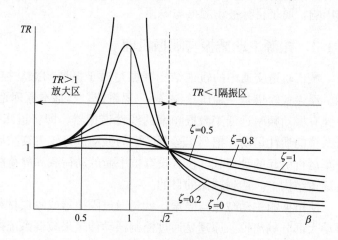

图 6.1.2　隔振示意图

6.1.2　目标被动减振与隔振机理

1. 弹性波传递和衰减规律

目标被动减振与隔振是利用均质和非均质弹性空间波传播问题的主要特性，在振动的传播路径上设置障碍或改变介质的阻抗，使轨道交通动力荷载产生的弹性波与均匀弹性介质（土体）中的非均匀介质（屏障）相互作用，通过对波的散射、衍射、反射耗损能量，实现减振与隔振的目的。本节总结了弹性波的传递规律，进一步说明弹性波在传播途径中的衰减过程。

（1）弹性波的类型及传播轨迹

当土体受到外力扰动时，土壤颗粒产生位移、变形、摩擦等现象，土壤颗粒间的运动将以不同类型波的形式向四周扩散传递，如图 6.1.3 所示。均匀的弹性全空间在动力荷载的作用下，土介质中将产生压缩波（P 波）和剪切波（S 波），其中剪切波又分为水平剪切波（SH 波）和垂直剪切波（SV 波）。而在均匀弹性半空间中，除属于体波的 P 波和 S 波外，在弹性半空间的自由表面还存在表面波，即 Rayleigh 波（R 波）。P 波和 S 波的波阵面呈半球形，P 波中质点振动方向与波阵面的传播方向平行，S 波中质点的振动方向与波阵面的传播方向垂直，R 波质点在同时垂直于波阵面和自由表面的平面中作逆时针椭圆运动。R 波为表面波，在深度方向呈指数衰减，因此 R 波主要在深度等于 R 波波长的范围内传播，R 波的运动幅值及轨迹如图 6.1.4 所示。均匀弹性半空间模型解决了动力荷载作用下土体中的振动问题。但在实际工程中，土层与土层、隧道与土层、土层与建筑物基础之间存在复杂的界面，与界面相互作用形成的面波还存在 Love 波和 Stoneley 波。Love 波是经表面层边界多次反射而聚集在表面层中的 SH 波叠加而成的一种表面波，质点运动方向与 S 波类似，但没有垂直于波传播平面方向的分量。Stoneley 波是沿两个介质分界面传播的界面波。

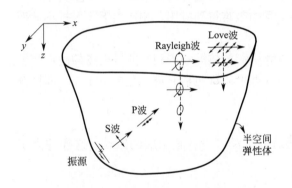

图 6.1.3　半无限弹性体中波的传播形式

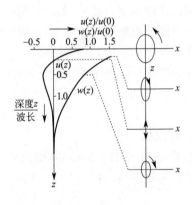

图 6.1.4　R 波的位移幅值及运动轨迹

（2）弹性波衰减规律

振幅随与振源距离的增加而减小的原因有两点：①波在传递时，随着传播的区域增大，能量密度降低，这种由于扩散而造成的衰减称为几何阻尼或辐射阻尼。②由于土壤不是均匀的理想弹性体，振波在传递过程中土壤颗粒间的摩擦或颗粒本身的运动造成传递能量衰减，称为材料阻尼。

2. 连续屏障

连续屏障的隔振原理是主要建立在波的反射和透射的基础上，考虑弹性波与土介质中屏障的相互作用问题，主要表现在两个方面：一是屏障周边的动应力集中现象；二是屏障引起波能的反射和透射。

当弹性波在传播过程中，体波遇到两种不同介质的界面处时，一部分入射波在反射后会回到原来的介质中，而另一部分波经过透射作用进入另一种介质中，由于第二种介质密度的变化，产生反射波和透射波并减少了振动的能量，同时，能量传递给了隔振墙，隔振墙内部产生振动和摩擦进而消耗振动的能量。

当弹性波到达土介质与屏障的界面时，会产生两个反射波和两个透射波，并且在界面上满足四个边界条件，即正应力、剪应力、法向位移、切向位移相等。

无论是纵波还是横波，在连续屏障隔振时，反射和折射后的波的振幅主要由两种介质的密度和波的传播速度的乘积与入射角来控制。在地铁列车运行时产生的振动，振动波的入射角我们无法确定，那么介质的密度和波的传播速度的乘积即波阻抗则是我们可以控制的一个重要因素。在屏障隔振的设计中，通过设置波阻抗，我们可以控制反射波和投射波的能量大小。由于隔振屏障有一定的厚度，当波通过屏障后要发生两次反射与折射，那么通过式我们可以推出，界面两侧的介质的波阻抗相差越大，那么经过两次透射后的透射波的振幅越小。因此，波阻抗是连续屏障隔振的一个非常重要的参数。

3. 非连续屏障

非连续屏障的隔振问题，其原理为固定屏障对弹性波的多重散射问题，散射波的能量是入射波能量衰减的主要原因。单一屏障的散射是具有方向性的，而且散射的强度随着波长减小或者桩径的增大而增加。单排的非连续屏障与单一屏障相比，因为散射波的互相干涉，进而抵消了一部分能量，而且干涉波在传播过程中转换成了热能消耗在土体中。单排屏障隔振在屏障后有比较稳定的隔振区，但是单排屏障对桩径的要求高，至少要大于被屏蔽波长才能够有好的隔振效果，这样在实际工程中很难得到应用，相比之下，多排小截面桩是比较理想的非连续隔振屏障。

在非连续屏障的隔振理论分析中，多个桩体引起的体波和瑞利波的散射场的确定是较为复杂的，特别是体波中 P 波和 SH 波，它们在散射后既包括 P 波又包括 SH 波，即耦合散射。

4. 波阻板

20 世纪 90 年代，Schmid 提出在土中建造人工基岩来屏蔽土层的振动，这样的人工基岩被称为波阻块，如图 6.1.5 所示。

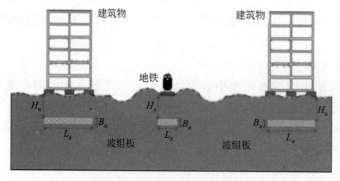

图 6.1.5　波阻块原理示意图

通过对波阻块的主动隔振和被动隔振分析可知，这种方法对低频振动有很好的隔振效果，由于土中刚性基底的存在，土体具有某些内在的固有模态，并具有一定的截止频率范围，任何超出土层截止频率范围的振动模态都不能产生（图 6.1.6）。由波阻块被动隔振与填充沟被动隔振对比分析可知，在低频段，波阻板的隔振效果要优于填充沟；但对高频振动则容易在远场出现放大现象。场地性质和波阻块刚度对波阻块隔振效果有显著的影响，当增加波阻块的刚度时，能够改善主动隔振效果。

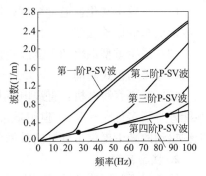

图 6.1.6　波数与频率对应关系

5. 隔振器

通过隔振器的作用，消除大部分的振动，使设置于隔振器上的建筑物免受振动的影响。

被动隔振的质量 m 由弹簧阻尼体系承重，安置在基底平板上，而这块平板承受简谐竖直运动 $u(t) = u_{g0}\sin\omega t$，质量相对于基底的位移为：

$$u(t) = u_{g0}\beta^2 D\sin(\bar{\omega}t - \theta) \tag{6.1.8}$$

可以证明，在与基底的运动矢量相加后，质量的总运动为：

$$u^t(t) = u_{g0}\sqrt{1+(2\zeta\beta)^2}D\sin(\bar{\omega}t - \bar{\theta}) \tag{6.1.9}$$

式中的相位角 $\bar{\theta}$ 通常没有重要意义，如果在这种情况下，用质量运动的振幅与基础运动的振幅之比来定义传导比，如下式所示，可以看出与式（6.1.7）相同：

$$TR = \frac{u^t_{max}}{u_{g0}} = D\sqrt{1+(2\zeta\beta)^2} \tag{6.1.10}$$

因此，图 6.1.6 同样可以用来确定两种单自由度隔振基本情况中的隔振体系的效率。

尽管设置隔振器可以起到一定的减振效果，但仅在轨道交通附近修建新的建筑物时予以考虑，由于古建筑年代已久，且其结构形式及材料性能均不同于传统建筑结构，采取的减振隔振措施须尽量避免对古建筑本体造成损伤，更不可破坏古建筑，始终遵循"最小干预，不改变文物原状"的保护原则，所以类似于设置隔振器的这种办法能否适用于古建筑的减振技术措施，有待进一步深入研究。

6.2　振源减振技术

从振源处进行主动减振通常是较为经济有效的办法，可以从改变车辆及系统、改善轮轨接触关系等方面进行处理，达到减振的目的。其中对轨道系统进行减振的处理的措施居多，效果也较为明显。

6.2.1　各种振源减振技术及性能比较

从车辆措施、轨道减振、路基三方面入手，研究振源减振技术措施并对其性能进行比较。

1. 车辆措施

车辆措施主要包括以下几个方面内容：

（1）车辆轻型化。

（2）车轮平滑化：通过采用弹性车轮、阻尼车轮和车轮踏面打磨等车轮平滑措施，可有效降低车辆振动强度。

（3）采用重型钢轨和无缝线路。

（4）采用盘式制动。

（5）采用直线电机：直线电机具有造价低、振动小、噪声低、能耗低、污染小、安全性能好等诸多优点，是 21 世纪城市轨道交通发展的方向。磁悬浮列车的研制和发展也给地铁振动的减少提供了良好的技术前景。

2. 轨道减振

轨道减振问题涉及质量、刚度和阻尼三个方面。无论采用何种减振轨道或减振扣件，新的轨道系统将具有其自身的固有频率特性，只有当振动频率大于固有频率时，减振轨道才能发挥作用。比较常见的做法是在组成轨道的各个刚性部件（如钢轨、轨枕、轨道板）间插入弹性层来降低轨道的固有频率，从而得到更宽的减振频带和更高的减振量。通常可以使用橡胶、人造弹性材料、钢弹簧等作为弹性层。弹性层所处的位置越靠下，悬浮的质量就越大，往往能获得较高的减振效果。理论上讲，材料的弹性可以无限制降低，从而获得更低的自振频率。然而，要维持列车运行的平稳和安全，材料的弹性会受到制约，获得的减振量不会无限大。可以用扣件减振、轨枕减振和道床减振表示三种不同插入弹性层位置。扣件减振通常是使用减振扣件或插入减振性能的扣件垫板，可得到 3～17dB（加速度级）的插入损失。轨枕减振是（加速度级）在轨枕下插入弹性层或采用超弹性直接固定减振系统，可得到 5～20dB 的插入损失。道床减振是在轨道体系最下层插入弹性层，设法将整个轨道系统全部悬浮起来，它的减振性能最好，可以获得平均约 17～30dB（加速度级）的插入损失。

图 6.2.1 给出了有砟轨道和无砟轨道的各种减振措施的主要特征和主要弹性元件（用粗黑线表示）的位置，弹性元件的位置主要分为三类：轨下、枕下和道床下。有砟轨道和无砟轨道的各种减振措施的减振效果和造价均为从上到下递增。

（1）轨下垫板减振

轨下垫板减振方式包括轨下橡胶垫板及Ⅲ型轨道垫板，其中轨下橡胶垫板是最基本的减振手段，减振设计时在普通地段一般采用轨下橡胶垫板，在要求较高的地段则采用Ⅲ型轨道垫板替代传统的铁垫板。Ⅲ型轨道垫板也称科隆蛋，是常见的较好的隔振手段，在北京地铁 10 号线一期工程中应用较广，一般可以取得减振 5～8dB 的效果。它由金属承轨板、底座与橡胶圈硫化为一个整体，橡胶圈承受压力与剪力，较充分地利用了橡胶的剪切变形，具有横向和垂向弹性。其缺点是横向刚度较低，橡胶圈可能脱落而影响减振效果。

（2）轨枕减振

轨枕减振的主要形式是在枕下铺设弹性垫层，常用的轨枕减振方法有弹性长轨枕和弹性短轨枕，用于中等减振地段，环评提出的减振效果为 8～12dB，应用于振动较为敏感的地区。在北京、深圳的轨道交通中都得到了广泛应用。

弹性短轨枕整体道床由 2 个独立的短轨枕、钢轨扣件和轨下垫板及混凝土道床等部分组成。短轨枕外设橡胶套提供轨道的纵、横向弹性变形，具有较好的噪声和振动衰减特性，可取得减振 5～10dB 的效果，弥补了无砟轨道刚性大的缺陷，它在广州地铁 2、3 号线中得到大量应用。但是，在高架桥上使用这种轨道结构时，当高温暴晒和雨水或脏物进

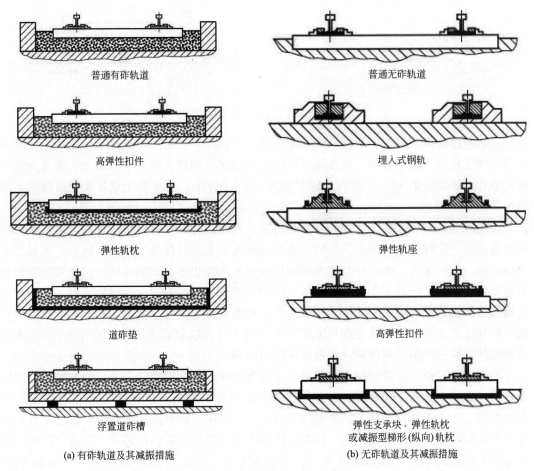

普通有砟轨道　　　　　普通无砟轨道

高弹性扣件　　　　　　埋入式钢轨

弹性轨枕　　　　　　　弹性轨座

道砟垫　　　　　　　　高弹性扣件

浮置道砟槽

弹性支承块、弹性轨枕
或减振型梯形(纵向)轨枕

(a) 有砟轨道及其减振措施　　　　(b) 无砟轨道及其减振措施

图 6.2.1　各种减振轨道的示意图

入橡胶套靴内部时可能对结构性能或寿命产生不利影响，同时，橡胶套侧面磨损后，其横向刚度也会降低，影响减振效果。

（3）扣件减振

扣件减振方面应用比较成功的是 Vanguard 扣件，它是一种新型的减振扣件，是英国 Pandrol（潘得路）公司的专利技术，国内最先在广州地铁 1 号线进行试验，并在广州地铁 3 号线中首次得到了应用。该系统较其他传统铁路扣件最大的优点在于列车运行中允许更大的垂直变形量，可减小轨道两侧及列车内的辐射噪声和振动，同时能保证轨道几何状态不变，可以较低的轨道高度实现较好的减振效果。特别适用于因减振需要对营业线进行换铺工程。但是它对轨道几何尺寸、组装精度的要求很高，其减振效果可达到 11～16dB。

（4）道床减振

道床减振是（图 6.2.2）将整体道床与基础结构分离，通过橡胶或螺旋钢弹簧等弹性元件支承整体道床，并分别构成橡胶浮置板道床和钢弹簧浮置板道床。浮置板可以提供足够的惯性质量来抵消车辆产生的动荷载，只有静荷载和少量残余动荷载会通过橡胶或螺旋钢弹簧等弹性元件传递到基础结构上。

橡胶浮置板在广州地铁 2 号线中应用较多，其减振效果优于 III 型轨道减振器及弹性

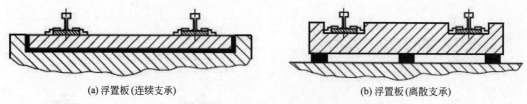

(a) 浮置板(连续支承)　　　　　　　　　(b) 浮置板(离散支承)

图 6.2.2　浮置板轨道结构示意图

短轨枕，但由于以下问题的存在影响了它的进一步推广：①橡胶易老化，检修困难；②由于横向刚度较低及阻尼较小，列车运行至隔振地段时车内振动噪声明显增大，钢轨内侧磨损加剧；③隔振效果 10～15dB，但固有频率为 15～20Hz，对于软土地基及低频振源地段隔振效果并不理想。

　　传统减振技术在减振方面因减振效果有限，列车运行经过时产生的振动仍会直接对周围建筑物在一定程度上造成不良影响，因此在减振要求高的特殊地段传统减振技术显然已不再适用。正因如此，国内外对减振问题的研究从未停止过，试图找到一种在减振方面有突出效果的技术。经过多年的潜心研究，德国在减振与隔振方面率先取得突破，他们在浮置板轨道结构研究与应用方面作了大量工作，相继开发了多种浮置板结构形式以及配套隔振支座和施工工艺。德国最先在科隆地铁中采用了浮置板轨道系统，并在 1994 年投入运营的柏林地铁中采用了钢弹簧浮置板道床轨道结构。

　　钢弹簧浮置板道床采用螺旋弹簧支承浮置板道床，在减振效能方面，弹簧隔振器浮置板轨道比橡胶支承式浮置板轨道的效果还要好。截至目前，钢弹簧浮置板道床已具有 90 多年的历史，由于造价较高，它主要用于古建筑、医院、研究院、博物馆、音乐厅等对减振有特殊要求的场合。除在德国、日本、韩国等国应用外，国内在北京、上海、广州、西安等城市的地铁建设中也得到了推广。它具有如下优点：①隔振效果好，可减振 25～40dB；②使用寿命达 30 年以上；③同时具有三维弹性，水平方向位移小，无需附加限位装置；④检查或更换十分方便，不用拆卸钢轨，不影响地铁列车运行；⑤基础沉降造成的高度变化可通过增减调平钢板厚度实现。

　　钢弹簧浮置板道在目前所有振源减振方法中减振效果最好，系统固有频率约5～7Hz，标称减振效果为 20～30dB，可以有效减振及消除固体声。适用于线路从建筑物下或附近通过，以及建筑物隔振要求较高的区域，如图 6.2.3 所示。

　　钢弹簧浮置板减振轨道是将具有一定质量和刚度的混凝土道床板浮置于钢弹簧隔振器上，距离基础垫层顶面 30mm 或 40mm，构成质量-弹簧-隔振系统。

　　钢弹簧浮置板道床的施工工艺：

　　1）工艺原理

　　隔振器内放有螺旋钢弹簧和黏滞阻尼，钢弹簧隔振器内的黏滞阻尼使钢弹簧具有三维弹性，增加了系统的各向稳定性和安全性，且能抑制和吸收固体声。作用在钢轨上的力传递给浮置于钢弹簧隔振器上的道床板，道床板可以提供足够的惯性质量来抵消车辆产生的动荷载，只有静荷载和少量残余动荷载会通过弹性支承传递到基础垫层中去。道床板受力后，在惯性作用下将受到的力经过重新分配后传递给固定在基础垫层上的隔振器，再通过隔振器传递到基础垫层，在此过程中由隔振器进行调谐、滤波、吸收能量，达到隔振减振

(a) 钢弹簧浮置板道照片

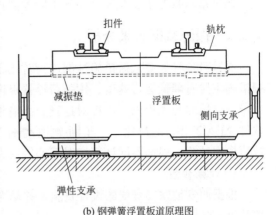

(b) 钢弹簧浮置板道原理图

图 6.2.3　钢弹簧浮置板道

的目的。

2）工艺特点

钢弹簧浮置板减振道床工程内容多、工序复杂、施工周期长，现场施工通常采用预铺的方式进行。施工时先浇筑基础垫层，再进行浮置板道床施工。通常采用工具轨及与浮置板断面形式相适应的钢轨支撑架调整线路几何尺寸，扣配件类型及标准与普通整体道床线路相同，轨道调整就位后道床混凝土采用现场泵送的方式进行浇筑。浮置板与基础垫层之间铺设聚乙烯隔离层，将基础垫层与浮置板隔开，以便于后期钢弹簧浮置板道床的顶升。顶升工作在浮置板混凝土浇筑完成 28d 后进行。为保证钢弹簧浮置板道床的整体性，每块板必须一次性浇注完毕，板与板之间通过剪力铰进行连接，板缝即为施工缝。

在振源强度控制的减振技术中，钢弹簧浮置板轨道系统是基于轨道形式改善措施中最有效的方法之一，减振效果一般可达 50％以上。由于浮置板轨道良好的减振性能，在临近古建筑、医院、实验室、剧院等有较高减振要求的地段普遍采用了这种减振措施。目前几十个有轨道床和多座邻近建筑采取了钢弹簧浮置板系统，减振效果都十分理想。德国柏林地铁、德国科隆地铁、德国法兰克福-曼茵茨国际机场楼顶快速客运系统、巴西圣保罗地铁、日本东京地铁、韩国首尔-釜山高速铁路的釜山车站和天安车站、伦敦地铁延长线的居民楼下隧道采用了这项技术。其中，韩国首尔-釜山高速铁路釜山车站和天安车站采用的弹簧浮置板道床，是迄今为止荷载最重、车速最高的减振道床。

3. 路基减振

路基减振主要是指通过设计和施工控制来减少路基不平顺，最终满足轨道结构较高平顺性和稳定性的要求，从而减弱振源强度。

4. 不同振源减振技术性能比较

（1）车辆措施最直接，但在实际建设过程中，车辆专业并未纳入振源减振的考虑范围，相反为了保障乘客的舒适度，车辆会采用一些措施阻止振动传递到车厢，将轮轨产生的振动隔离在轮对范围以下。

（2）轨道减振中的钢弹簧浮置板道床减振最有效，适用于具有特殊减振要求的地段，其长度应大于一列车长。

（3）路基减振主要在设计及施工阶段需重点考虑，是振源减振设计的基础。

6.2.2 振源减振效果分析

通过对各种振源减振措施性能进行对比分析可知，目前工程实践中普遍采用的有效减振措施主要有降低运行速度、钢弹簧浮置板道床、减少轨道不平顺等，本小节以西安地铁二号线过城墙为工程依托，针对这三方面措施进行振源减振机理分析，采用三维数值模拟软件 ABAQUS，通过建立"车辆-轨道-浮置板系统"的竖向耦合振动系统计算模型进行数值模拟计算，根据不同计算工况下仰拱反力的差异来对其减振效果进行研究。

1. 计算参数

根据西安地铁二号线的设计资料，并结合国内外相似工程的设计参数，将与本研究有关的计算参数罗列如下。

（1）列车采用 6 辆编组列车（Tc＋Mp＋M＋T＋Mp＋Tc），车辆的计算参数如表6.2.1 所示。

车辆的计算参数 表 6.2.1

参数	Tc、T	Mp	M
固定轴距(m)	2.2	2.2	2.2
转向架中心距(即定距)(m)	12.6	12.6	12.6
车辆长度(钩到钩)(m)	19.52	19.52	19.52
构造速度(km/h)	80	80	80
轴重(空车)(t)	7.5	8.75	8.75
轴重(定员荷载)(t)	10.89	12.56	12.56
车体质量(t)	32.56	39.24	39.24
车体点头转动惯量(kg·m^2)	2027600	2443582	2443582
转向架构架质量(kg)	1700	1700	1700
转向架点头转动惯量(kg·m^2)	1700	1700	1700
轮对质量(kg)	1900	1900	1900
一系悬挂竖向刚度(每轴)(MN/m)	0.7	0.7	0.7
二系悬挂竖向刚度(每转向架一侧)(MN/m)	0.35	0.35	0.35
一系悬挂竖向阻尼(每轴)(kN·s/m)	38	38	38
二系悬挂竖向阻尼(每转向架一侧)(kN·s/m)	40	40	40

注：计算中采用定员荷载。

（2）扣件的计算参数

扣件型号　　　　　DTⅥ2

扣件节点动刚度　　43.5kN/mm/轨

扣件节点阻尼　　　50kN·s/m/轨

扣件节点间距　　　0.625m

（3）钢轨的计算参数

无缝线路，钢轨每延米质量　　60.64kg/m

截面积　$A=7.708\times10^{-3}\,\mathrm{m}^2$

惯性矩　$I=3.203\times10^{-5}\,\mathrm{m}^4$

高度　　$h=0.176\mathrm{m}$

弹性模量 $E=2.1\times10^{11}\,\mathrm{N/m}^2$

泊松比　$\mu=0.3$

钢轨重度　$\rho=7.83\times10^4\,\mathrm{N/m}^3$

（4）浮置板的计算参数

弹簧隔振器动刚度（每个）	6.9MN/m
弹簧隔振器阻尼系数（每个）	13.7kN·s/m
弹簧隔振器纵向中心距	1.25m
弹簧隔振器横向中心距	2.0m
浮置板截面尺寸	厚0.293m，宽3.51m
浮置板长度（每块）	24.98m
浮置板纵向缝宽	20mm

浮置板（每块）上有 20 个扣件节点。

浮置板混凝土强度等级	C40
钢筋混凝土重度	25kN/m³

（5）列车计算速度

安远门城墙处列车运营速度在 69～76km/h 之间；永宁门城墙处列车运营速度在 72～75km/h 之间。车辆构造速度为 80km/h。计算速度取为 10km/h、20km/h、30km/h、40km/h、50km/h、60km/h、70km/h、80km/h。

（6）线路计算长度

考虑建筑物的宽度和振动影响范围，计算中考虑了 10 块浮置板，共计 250m 长浮置板，200 对隔振器。列车全长为 117.12m。为保证列车在运行到浮置板轨道前列车在普通线路上的充分振动和列车离开最后一个隔振器，因此在浮置板轨道两端分别增加了一段普通线路，计算线路全长为 632.5m。

2. 计算方案

本研究根据不同的运行速度和减振措施共进行 12 种工况的计算，具体见表 6.2.2。

计算工况

表 6.2.2

序号	速度(km/h)	高低不平顺幅值(mm)	隔振器刚度(MN/m)	备注
1	10	±2	6.9	
2	20	±2	6.9	
3	30	±2	6.9	
4	40	±2	6.9	
5	50	±2	6.9	
6	60	±2	6.9	
7	70	±2	6.9	
8	80	±2	6.9	

续表

序号	速度(km/h)	高低不平顺幅值(mm)	隔振器刚度(MN/m)	备注
9	80	±2	6.9×500	模拟普通整体道床
10	70	±4	6.9	
11	80	±4	6.9	
12	80	±2	3.11	模拟优化后的浮置板道床

3. 动力学评价指标

（1）浮置板轨道结构动力学性能

弹簧隔振器下的仰拱反力，浮置板垂向位移，轮轨垂直力。

（2）车辆动力学性能

车体垂向加速度，轴箱垂向加速度，平稳性指标。

4. 计算结果和分析

（1）列车速度对仰拱反力的影响

列车运行速度的控制属于车辆控制措施，是古建筑等隔振要求较高区域常用的减振方式，如西安地铁穿越城墙及钟楼等全国重点文物保护单位时都采取了降速措施，使机车的运行车速降低到40km/h以下。为了研究列车运行速度的减振机理，在数值模拟计算中设定车辆、扣件、钢轨等相关计算参数不变，通过列车不同行驶速度的计算工况得出其仰拱反力的大小来反映其减振作用。

1）降低车速对仰拱反力的影响

图 6.2.4 给出了列车速度为 10km/h、20km/h、30km/h、40km/h、50km/h、60km/h、70km/h、80km/h，高低不平顺幅值为±2mm 时，浮置板第 10 个隔振器下的仰拱反力时程曲线。

图 6.2.5 给出了列车速度为 10km/h、20km/h、30km/h、40km/h、50km/h、60km/h、70km/h、80km/h，高低不平顺幅值为±2mm 时，浮置板第 1～50 个隔振器下的仰拱最大反力。

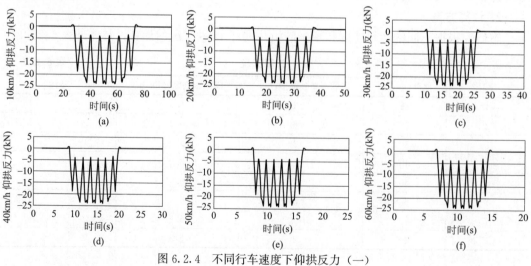

图 6.2.4　不同行车速度下仰拱反力（一）

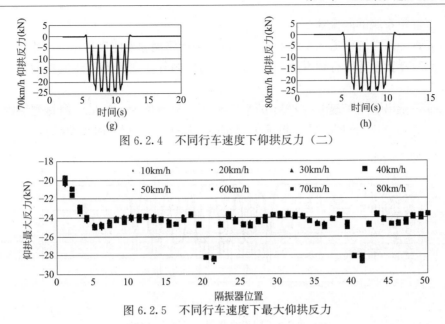

图 6.2.4　不同行车速度下仰拱反力（二）

图 6.2.5　不同行车速度下最大仰拱反力

从图 6.2.4 和图 6.2.5 中可以看出，列车速度对仰拱反力的影响不大；除板端部外，其他隔振器处仰拱反力很均匀，在 25kN 左右，板端处由于支承刚度较小，仰拱反力较大，这提示在设计中要尽量增加板长，以减少反力较大的位置，减小对环境的振动。

2）降低车速对频率的影响

根据数值计算得出不同车速下的影响频率对比图如图 6.2.6 所示。

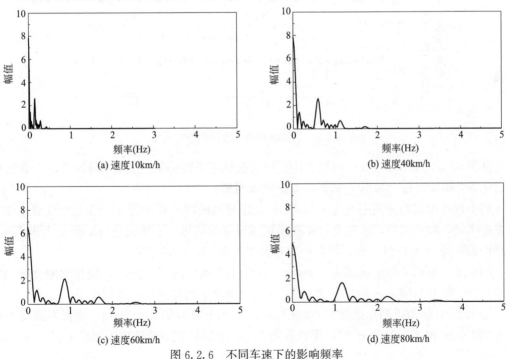

图 6.2.6　不同车速下的影响频率

通过图 6.2.6 可以看出在降低车速时，荷载幅值仅会略微降低，但频率衰减明显。

（2）浮置板系统的隔振效果

为研究钢弹簧浮置板道床系统的隔振效果，采用将隔振器刚度乘以 500 来模拟普通整体道床（此时浮置板的固有频率是 233.22Hz，与国内外实测普通整体道床的第一阶主频相近）。

图 6.2.7 给出了列车速度为 80km/h，高低不平顺幅值为 ±2mm，隔振器刚度分别为 6.9MN/m、3450MN/m 时，浮置板第 10 个隔振器下的仰拱反力时程曲线。

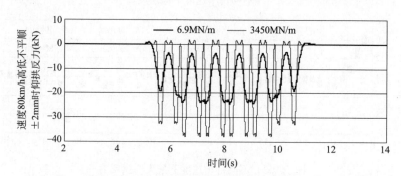

图 6.2.7　不同隔振器刚度仰拱反力对比

图 6.2.8 给出了列车速度为 80km/h，高低不平顺幅值为 ±2mm，隔振器刚度分别为 6.9MN/m 和 3450MN/m 时，浮置板第 1~50 个隔振器下的仰拱最大反力。

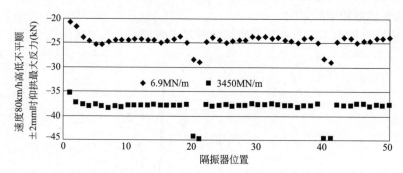

图 6.2.8　不同隔振器刚度仰拱最大反力

从图 6.2.7 和图 6.2.8 中可以看出，浮置板轨道下的仰供反力为 25kN 左右，普通整体道床为 38kN 左右，减小了 35%，减振效果明显。

初步设计给出的弹簧刚度为 6.9MN/m，浮置板的固有频率为 10.43Hz，这对于弹簧浮置板来说，频率过高，未能充分体现弹簧隔振器的优势，本课题进一步研究计算了隔振器刚度若降低为 3.11MN/m、浮置板固有频率为 7.0Hz 时的结果。

图 6.2.9 给出了列车速度为 80km/h，高低不平顺幅值为 ±2mm，隔振器刚度分别为 6.9MN/m 和 3.11MN/m 时，浮置板第 10 个隔振器下的仰拱反力时程曲线。

图 6.2.10 给出了列车速度为 80km/h，高低不平顺幅值为 ±2mm，隔振器刚度分别为 6.9MN/m 和 3.11MN/m 时，浮置板第 1~50 个隔振器下的仰拱最大反力。

从图 6.2.9 和图 6.2.10 中可以看出，浮置板固有频率从 10.43Hz 降低到 7.0Hz 时，仰拱反力减小了 4% 左右。

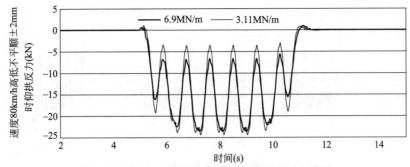

图 6.2.9　第 10 个隔振器下的仰拱反力时程曲线

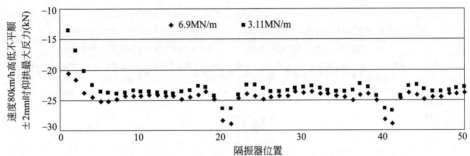

图 6.2.10　隔振器下的仰拱最大反力曲线

综上所述，采用钢弹簧浮置板轨道对降低地铁运行的影响效果较显著。同时建议适当降低隔振器刚度或提高混凝土密度，降低浮置板的固有频率，以减小仰拱反力，充分发挥弹簧支承浮置板的优势。

（3）轨道不平顺对仰拱反力的影响

为了研究轨道不平顺对仰拱反力的影响，对多工况进行模拟计算，图 6.2.11 给出了列车速度为 70km/h、80km/h，高低不平顺幅值分别为 ±2mm、±4mm 时，浮置板第 10 个隔振器下的仰拱反力时程曲线。

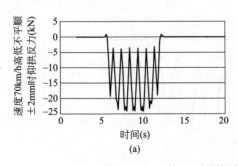

(a)

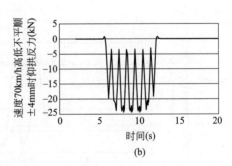

(b)

图 6.2.11　第 10 个隔振器下的仰拱反力时程曲线（一）

图 6.2.12 给出了列车速度为 70km/h、80km/h，高低不平顺幅值分别为 ±2mm、±4mm 时，浮置板第 1～50 个隔振器下的仰拱最大反力。

由图 6.2.11 和图 6.2.12 可以看出，轨道高低不平顺幅值从 ±2mm 增大到 ±4mm 时，仰拱反力略有增大，对减振不利，故轨道越平顺仰拱反力越小，越能达到振源减振的效果。

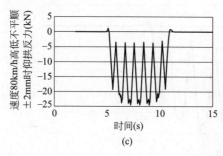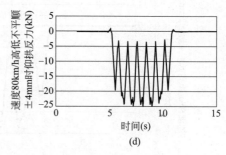

(c)　　　　　　　　　　　　　　　(d)

图 6.2.11　第 10 个隔振器下的仰拱反力时程曲线（二）

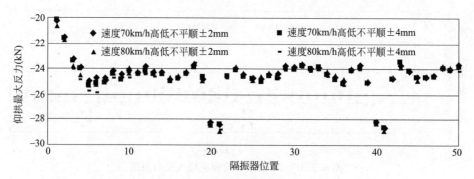

图 6.2.12　隔振器下的仰拱最大反力曲线

（4）浮置板系统隔振效果的优化设计

初步设计给出的弹簧刚度为 6.9MN/m、浮置板的固有频率为 10.43Hz，这对于弹簧浮置板来说，频率过高，未能充分体现弹簧隔振器的优势，本研究计算了隔振器刚度若降低为 3.11MN/m 浮置板固有频率为 7.0Hz 时的结果。

图 6.2.13 给出了列车速度为 80km/h，高低不平顺幅值为 ±2mm，隔振器刚度分别为 6.9MN/m 和 3.11MN/m 时，浮置板第 10 个隔振器下的仰拱反力时程曲线。

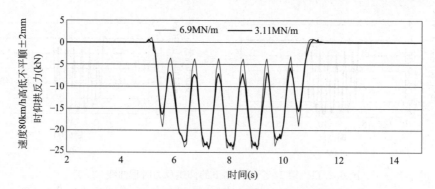

图 6.2.13　第 10 个隔振器下的仰拱反力时程曲线

图 6.2.14 给出了列车速度为 80km/h，高低不平顺幅值为 ±2mm，隔振器刚度分别为 6.9MN/m 和 3.11MN/m 时，浮置板第 1~50 个隔振器下的仰拱最大反力。

从图 6.2.13 和图 6.2.14 可以看出，浮置板固有频率从 10.43Hz 降低到 7.0Hz 时，仰拱反力减小了 4% 左右。

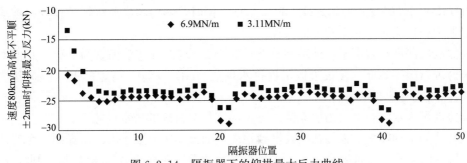

图 6.2.14 隔振器下的仰拱最大反力曲线

5. 结论

振源减振是古建筑振动控制"多道防线"技术中的第一道防线,通过对列车运行速度、钢弹簧浮置板道床、轨道不平顺等减振技术进行振源减振性能的研究得到以下几点成果:

(1)列车速度对仰拱反力的影响不大;在降低车速时,荷载幅值仅会略微降低,但频率衰减明显。

(2)钢弹簧浮置板轨道对降低地铁运行的影响效果较显著,重点考虑此减振方式。通过优化设计分析,建议适当降低隔振器刚度或提高混凝土密度,降低浮置板的固有频率,以减小仰拱反力,充分发挥弹簧支承浮置板的优势。

(3)轨道越平顺仰拱反力越小,越能达到振源减振的效果,振源减振措施应确保合理的轮轨匹配关系,对车辆及轨道系统进行统一的频率规划,避免出现轮轨接触及轮轨部件的共振现象。

6.3 传播路径隔振技术

根据隔振原理,浮置板轨道等振源减振措施对其固有频率$\sqrt{2}$倍以上的中、高频率的振动减振效果显著,对低频振动减振效果并不理想。在振动传播途径的隔振措施中,由于排桩和填充沟等的隔振原理难以避免弹性波的折射、散射和衍射等作用,对低频荷载的隔振效果通常也不及明沟的隔振效果。

针对工业微振动(主要是轨道交通振动)环境,传播途径隔振措施主要作用是为了阻隔或减弱振动波的传递,本节从振动传播途径出发,即古建筑振动控制"多道防线"技术中的第二道防线,采用数值模拟计算方法分别分析隔振桩对西安地铁二号线沿线城墙、钟楼等古建筑引起的低频振动的隔振效果。

6.3.1 各种传播途径隔振技术措施及性能比较

在地面振动的隔振研究中,针对表面振源问题的研究最多,而且以地面屏障隔振为主。对于地面轨道交通,常见的传播路径隔振主要是在路径中设置隔振屏障,如空心沟、连续空心墙、连续实心墙、排桩、波阻块等方式。

1. 沟式屏障隔振

沟式屏障可用于动力机器基础、地基强夯施工、桩基施工、岩土爆破、地面交通等主要干扰频率大于 20Hz 振动的地面隔振。主动隔振时，隔振沟应环绕振源设置；被动隔振时，隔振沟长度应大于隔振对象的长度。

隔振沟的深度不宜小于场地瑞利波波长的 1/2，沟的开挖截面宜为梯形，开挖形成边坡应符合现行国家标准《建筑边坡工程技术规范》GB 50330、行业标准《建筑基坑支护技术规程》JGJ 120 的规定。

隔振沟可为空沟，也可为填充沟。隔振沟应具有良好的排水设施。

通常认为空沟隔振是在传播路径屏蔽地面交通振动的有效手段。由振源产生的波传播到隔振屏障时，会发生透射和反射，并且在屏障两端和底部会出现波绕射。因此，经屏障隔离后，屏障后的振动能量主要由透射波和绕射波组成，其总能量一般要小于入射波的能量，地面振动由此得以降低；屏障前方局部区域因波的反射可能会出现地面振动放大现象。

现场测试结果和基于均匀半空间瑞利波的解析显示，对于波长小于空沟埋深的振动分量，空沟可以使其幅值衰减约一半，为了衰减低频振动需要施做很深的空沟，这往往在工程中很难实现，因此有时会选择采用连续桩墙体系替代空沟。对于地下振源问题，由于隧道埋深通常达十多米甚至几十米，这使得采取空沟隔振的可能性极小，而连续桩墙隔振和填充沟隔振的使用也会受到限制。此外，地下振源体波的贡献使研究地下铁道的地面振动的隔离措施时，不能完全照搬地面振源问题的研究结论。

2. 排桩式屏障隔振

排桩式屏障隔振可用于地下轨道交通等地下振源的隔振。排桩式屏障隔振适用于地基刚度较小的软土类场地，不适用于地基刚性较大的岩石类场地。

主动隔振时，排桩应环绕振源设置；被动隔振时，排桩宽度应大于隔振对象的宽度。排桩的深度不宜小于场地瑞利波波长的 2 倍，且排桩底部应深于地下振源 3m 以上。

排桩可采用单排、双排或多排，桩距宜为桩直径的 1.5 倍；当排桩为双排和多排时，两排之间的距离可取桩直径的 2.5 倍。

排桩的桩径宜为 0.4~1.0m，可采用强度等级不低于 C20 的混凝土，排桩的设计和施工应符合现行行业标准《建筑桩基技术规范》JGJ 94 的相关规定。

3. 波阻板屏障隔振

下列情况可采用波阻板屏障隔振：

（1）对振动频率为 0~100Hz 的地面人工振源，可按图 6.3.1（a）所示在地面振源下方一定深度处水平设置波阻板进行主动隔振。

（2）需减少环境振动对隔振对象影响时，可按图 6.3.1（b）所示采用置于土面或砂垫层表面的波阻板对环境振动进行被动隔振，隔振对象可设置于波阻板上表面。

（3）当采用单一置于土面或砂垫层表面的波阻板无法达到被动隔振要求时，对隔振对象可按图 6.3.1（c）、（d）所示采用波阻板与其他隔振方式进行并联隔振，隔振对象可设置于图 6.3.1（c）中 T 形台上表面或图 6.3.1（d）中波阻板上表面。

波阻板隔振效果，宜按下列规定确定：

（1）波阻板进行主被动隔振时，宜通过边界元、有限元等数值计算方法建立"振源-土体-波阻板"相互作用模型进行动力计算，对波阻板传递率进行预估。

（2）当单一类型波阻板屏障无法满足隔振设计要求时，可与其他隔振方式并联隔振。两种类型隔振单元并联隔振的传递率，可按下式计算：

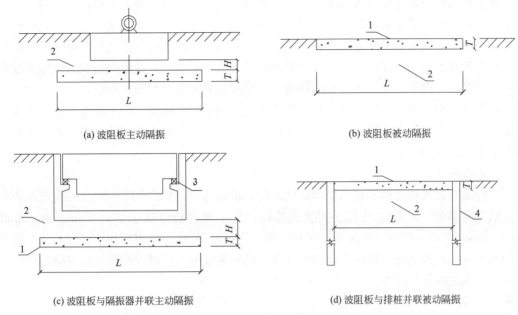

(a) 波阻板主动隔振

(b) 波阻板被动隔振

(c) 波阻板与隔振器并联主动隔振

(d) 波阻板与排桩并联被动隔振

图 6.3.1　波阻板屏障隔振

1—波阻板；2—砂垫层；3—隔振器；4—排桩

$$T_u = (1 - T_{u1})T_{u2} \tag{6.3.1}$$

式中：T_u 是并联隔振传递率；T_{u1} 是入射波最先接触的隔振单元 1 的传递率，T_{u1} 分别为波阻板和排桩的隔振率；T_{u2} 是经隔振单元 1 隔振后，进行二次隔振的隔振单元 2 的传递率，图 6.3.1（c）中和图 6.3.1（d）中，T_{u2} 分别为隔振器和波阻板的隔振率。

4. 不同控制方法优劣对比

（1）空沟或填充沟

在振源与建筑物之间设置空沟或填充沟，此方法在市区一般难以实现。通常空沟或填充沟的效果较差，这是因为所关注频率的地传振动和与地传噪声有关的长波长会从沟的两端和底部绕射，在软黏土中的效果尤差，因为这种土中的振动频率相当低，对应的波长很长。由于长波长振动更容易产生绕射，空沟或填充沟对高频振动的效果优于低频振动，且空沟或填充沟需距建筑物较近或振源较远时减振效果较好。由于空沟几乎没有透射，所以空沟的效果优于填充沟。空沟或填充沟只适用于表面波，通常 R 波在地面振动中占优势，因此空沟或填充沟的深度需要大于 R 波波长或 1.2 倍波长（R 波波长的范围通常在 10～100m），但是修建深度达到 R 波波长且足够长的空沟或填充沟在实际中是不大可行的，因为涉及施工难度、地下水、坍塌和行人的安全等。

空沟的宽度对减振效果的影响远小于深度，而填充沟的宽度的影响很大。填充沟的填充材料可采用膨润土泥浆、锯木屑、砂子、粉煤灰及泡沫材料等。填充材料的波阻比是影响填充隔振沟效果的主要因素。一般来说，柔性材料的波阻抗比越小，其隔振效果越好；刚性材料与之相反，其波阻抗比越大隔振效果越好。当两种柔性材料阻抗比相同时，剪切波速会影响隔振效果；阻抗比刚性材料的影响效果存在一个极限值。

（2）混凝土连续墙屏障

在振源与建筑物之间设置混凝土墙或其他介入式屏障。其原理和局限性与空沟或填充沟类似,只是强化了反射作用,但是其透射作用大于空沟。导致隔振效果很差,且要使地下连续墙在其有效隔振频率范围内有明显的隔振效果,连续墙的深度宜达到隧道底板的深度。在大于隧道底板埋深时,增加深度对隔振效果的影响较小;墙后的隔振区域随深度增加而略有扩大,但不显著,且连续墙厚度的变化对其隔振效果无明显影响。

地下连续墙设置的位置至关重要。连续墙不适用于主动隔振,距离振源太近不仅在有效隔振频率范围无隔振效果,反而地面振动放大了许多。混凝土连续墙理想的临界位置约相当于振源埋深的 1.5 倍。

（3）排桩（孔）

在振源与建筑物之间设置一系列周期性分布的桩（孔）。其原理与空沟、填充沟和混凝土墙屏障类似,不同之处在于其非连续性。其工程可行性优于空沟或填充沟。排桩（孔）的排列方式（排数、错位平行排列、蜂窝排列）、桩长、桩直径和桩间距对减振效果的影响很大,在最优化的情况下,排桩（孔）的减振效果可以接近混凝土墙屏障,可广泛应用于古建筑减振与隔振。

（4）波阻板

影响波阻板减振效果的主要参数有平面尺寸、厚度、刚度、剪切模量、埋深、相对于振源和建筑物的位置和土体竖向非均匀性。波阻板减小中低频振动的效果很好,且一些新型波阻板也克服了土体开挖量较大的缺点,降低了造价。

6.3.2 传播途径隔振效果分析

以西安地铁二号线过永宁门、钟楼为工程依托,通过数值模拟计算研究传播途径振动控制措施（围护桩）的隔振效果。

1. 隔振措施

（1）钟楼:在钟楼基座外围 8m 左右设 1 圈隔离桩,桩径为 1m,间距为 1.3m,跳桩施工,桩顶设冠梁,在桩间施工旋喷封闭,阻隔减弱振动传递,以降低运营期振动对古建筑的影响（图 6.3.2）。

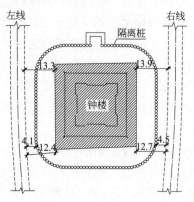 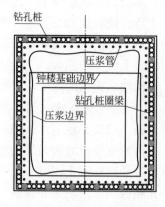

(a) 平面位置示意图

图 6.3.2 西安地铁二号线过钟楼隔振桩（一）

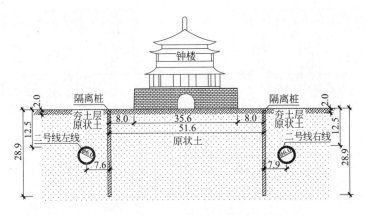

(b) 剖面位置示意图

图 6.3.2　西安地铁二号线过钟楼隔振桩（二）

（2）永宁门城墙：在永宁门段距瓮城边外围 5m 处打设一排钻孔灌注桩，桩顶设冠梁，桩径 1m，间距 1.4m，桩长至隧道底下 2m，盾构穿过范围内桩长至隧道顶 1m，阻隔减弱振动传递，以降低运营期振动对古建筑的影响（图 6.3.3）。

2. 计算模型

（1）钟楼：根据钟楼地层资料及实测三维尺寸建立模型，模型高 60m（包括上部木结构），宽 132m，纵向 132m，建立的数值计算模型为 132m×132m×60m 的区域，取平行于隧道横断面水平向为 x 轴，沿隧道轴线推进方向为 y 轴，竖向为 z 轴，建立三维坐标系。计算模型网格如图 6.3.4 所示。

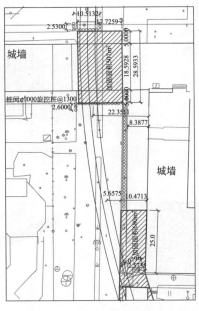

(a) 平面位置示意图

图 6.3.3　西安地铁二号线穿越永宁门段隔振桩布设图（一）

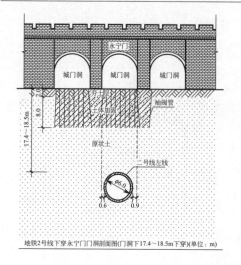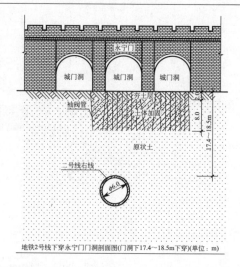

地铁2号线下穿永宁门门洞剖面图(门洞下17.4～18.5m下穿)(单位：m)　　　地铁2号线下穿永宁门门洞剖面图(门洞下17.4～18.5m下穿)(单位：m)

(b) 剖面位置示意图

图 6.3.3　西安地铁二号线穿越永宁门段隔振桩布设图（二）

（2）永宁门城墙：根据地铁线路布置和评估范围要求，在平行于地铁隧道方向（y 方向），有限元范围按 2 倍车长（250m）考虑，在平行于城墙方向（x 方向），按评估范围要求（地铁隧道中心以外 60m 范围），有限元范围按 270m 考虑。深度方向（z 方向），保证超过隧道底面 20m，永宁门段深度取 60m。单元采用实体六面体单元，城墙外包砖单元尺寸为 0.5m×0.5m×0.5m，城墙土单元尺寸为 0.5m×0.5m×1.0m。计算模型网格如图 6.3.5 所示。

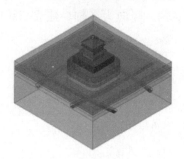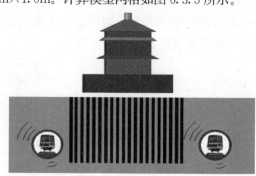

(a) 整体计算模型　　　　　　　　　　　(b) 隔振桩

图 6.3.4　西安地铁二号线过钟楼计算模型

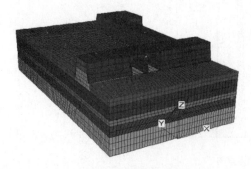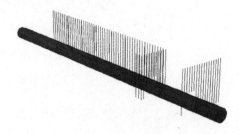

(a) 整体计算模型　　　　　　　　　　　(b) 隧道+隔振桩

图 6.3.5　西安地铁二号线过城墙计算模型

3. 计算工况及监测点

为了研究钟楼、永宁门城墙段布设隔振桩前后的振动响应变化情况，进行了如表 6.3.1 所示的多工况模拟计算。

其中，永宁门城墙段计算工况为：地铁车速为 80km/h，轨道设置浮置板减振措施（弹簧刚度 6.9MN/m），轨道不平顺 2mm 时，城墙测点的振动响应。

钟楼、永宁门段城墙振动响应计算工况　　　　　　表 6.3.1

工况	钟楼	城墙
一	无隔振桩情况下，二号线双向运行,70km/h	V80-69-2mm
二	有隔振桩情况下，二号线双向运行,70km/h	V80-69-2mm-加固

钟楼、永宁门段城墙计算模型拾振点如图 6.3.6、图 6.3.7 所示。

（1）钟楼段主要以台基为研究对象，地铁运行产生的 z 向楼振动速度最大值出现在台基顶部中点，选取 1~13 钟楼台基监测点。

（2）永宁门段各工况下选取如图 6.3.7 所示监测点的振动响应结果。其中 A~F 为隧道正上方对应的永宁门城墙监测点；G、H、I、K 为城楼底脚处监测点。

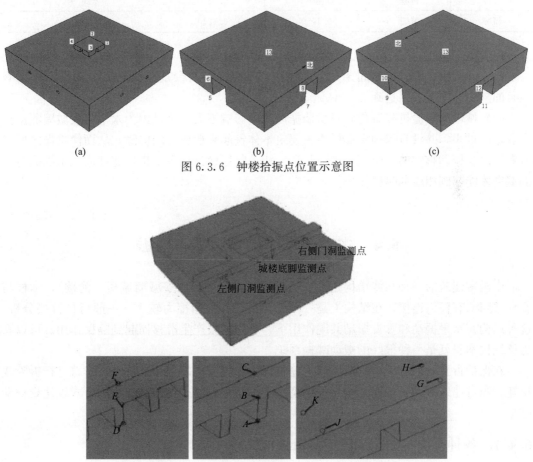

图 6.3.6　钟楼拾振点位置示意图

（a）左侧门洞监测点　（b）右侧门洞监测点　（c）城楼底脚监测点

图 6.3.7　永宁门段城墙拾振点位置示意图

4. 计算结果及分析

根据各古建筑是否采用传播途径隔振措施，将数值模拟计算结果综合分析后，得到隔振效果如表 6.3.2 和表 6.3.3 所示。统计结果表明，地铁二号线在钟楼段采用排桩隔振措施后，地铁运行对西安钟楼台基的影响明显降低，对城墙的减振作用不大。

地铁运行时古建筑振动速度响应最大幅值　　　　表 6.3.2

序号	工况	钟楼			永宁门城墙		
		振动速度响应幅值(mm/s)					
		x 方向	y 方向	z 方向	x 方向	y 方向	z 方向
1	无隔振桩	0.0420	0.0644	**0.2340**	0.0222	0.0809	**0.1150**
2	有隔振桩	0.0255	0.0644	**0.1710**	0.0213	0.0789	**0.1240**

传播途径隔振措施数值模拟计算结果统计表　　　　表 6.3.3

对象	监测点位置	振动速度响应最大幅值(mm/s)		隔振效果(%)
		无隔振措施	有隔振措施	
钟楼	台基	0.2340	0.1710	−26.9%
城墙	城墙	0.1150	0.1240	7.8%

5. 结论

（1）钟楼段在围护桩加固条件下，地铁二号线运行对台基监测点 z 方向振动速度有显著的减少，隔振效果达到 26.9%。

（2）城墙的隔振桩隔振措施对城墙振动速度影响不大，这是因为永宁门段城墙隔振桩布置范围过小，并没有像钟楼那样将古建筑本体箍起来形成封闭屏障，从而使隔振区域未有效涵盖受振动影响的古建筑，进一步证明相关隔振设计规范中排桩宽度应大于隔振对象的宽度才能起到相应的隔振作用。

6.4 古建筑本体被动减振与隔振

中国古建筑的一种独特结构是木柱与石基础连接（如西安城墙城楼、箭楼），木柱与石柱之间未有任何连接，在结构上是一个滑移系统，但摩擦力较大，一般可作铰接分析。这种结构在水平振动和垂直振动共同作用下，可因柱根产生滑移而起到隔振作用。可以看出该结构本身就是一种很好的被动减振系统。

在保护古建筑的过程中应以保留古建筑历史原貌为出发点，无法对古建筑进行拆除或重建。当古建筑振动量长期处于超标的情况下，还可以通过古建筑加固的方式以达到被动减振效果。

6.4.1 各种受振古建筑加固措施及性能比较

1. 地基加固

对古建筑软弱地基运用合理的工程措施进行加固处理，在提高地基强度、保证上部古建筑安全的前提下,尚须遵循"最小干预、不改变文物原状"的保护原则,始终保持古建筑原状。

2. 本体加固

对古建筑本体加固措施为:可以通过对古建筑的薄弱部位进行植筋加固、粘钢加固、碳纤维布加固,以及结构性加固(如钢托梁置换加固技术和结构内部多层斜撑加固技术)等,加固时要特别注意结构的内力重分布而导致结构产生新的薄弱部位,并做到"修旧如旧"。由于加固过程中不可避免会使古建筑受到一定程度人为的损坏,所以该方法应尽量减少使用。

6.4.2 受振古建筑承振能力提升措施效果分析

1. 地基加固

以西安地铁二号线、六号线过钟楼为工程依托,通过数值模拟计算研究受振古建筑地基加固措施的减振效果。

(1)计算工况及监测点

为了研究西安地铁二号线、六号线轨道交通单独、联合运行环境下,钟楼地基加固前后的振动响应变化情况,进行了如表 6.4.1 所示的四种工况模拟计算。列车运行方式如图 6.4.1 所示。

钟楼振动响应计算工况   表 6.4.1

序号	工况
一	地基加固情况下,二号线单独运行
二	地基未加固情况下,二号线单独运行
三	地基加固情况下,二号线、六号线联合运行
四	地基未加固情况下,二号线、六号线联合运行

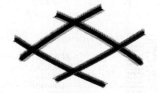
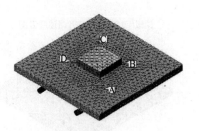

<table>
<tr><td>(a) 二号线单独运行</td><td>(b) 二号线、六号线联合运行</td></tr>
<tr><td colspan="2" align="center">图 6.4.1 列车运行方式</td><td>图 6.4.2 拾振点位置示意图</td></tr>
</table>

模型拾振点如图 6.4.2 所示。

(2)计算结果及分析

对于工况一、三(未加固工况)振动响应云图及计算结果如图 6.4.3 所示。

对于工况二、四(地基加固工况)振动响应云图及计算结果如图 6.4.4 所示。

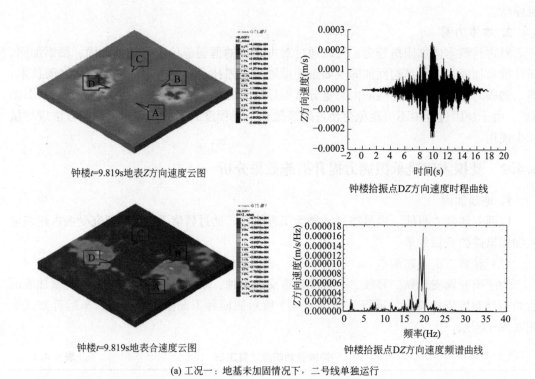

钟楼t=9.819s地表Z方向速度云图

钟楼拾振点DZ方向速度时程曲线

钟楼t=9.819s地表合速度云图

钟楼拾振点DZ方向速度频谱曲线

(a) 工况一：地基未加固情况下，二号线单独运行

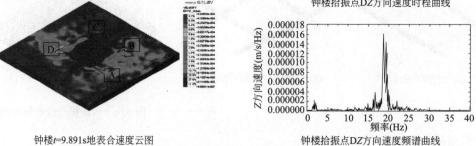

钟楼t=9.891s地表Z方向速度云图

钟楼拾振点DZ方向速度时程曲线

钟楼t=9.891s地表合速度云图

钟楼拾振点DZ方向速度频谱曲线

(b) 工况三：地基未加固情况下，二号线、六号线联合运行

图 6.4.3　钟楼动力响应预测结果

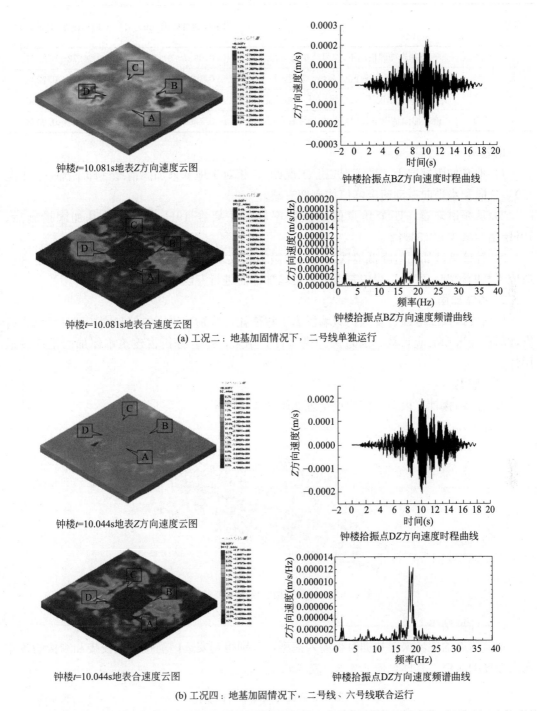

钟楼t=10.081s地表Z方向速度云图

钟楼拾振点BZ方向速度时程曲线

钟楼t=10.081s地表合速度云图

钟楼拾振点BZ方向速度频谱曲线

(a) 工况二：地基加固情况下，二号线单独运行

钟楼t=10.044s地表Z方向速度云图

钟楼拾振点DZ方向速度时程曲线

钟楼t=10.044s地表合速度云图

钟楼拾振点DZ方向速度频谱曲线

(b) 工况四：地基加固情况下，二号线、六号线联合运行

图 6.4.4　钟楼动力响应预测结果

根据计算结果，统计如表 6.4.2 所示。

表6.4.2

计算结果统计表

序号	工况		水平向速度幅值（mm/s）	Z向速度幅值（mm/s）
1	一	地基未加固情况下，二号线单独运行	0.0937～0.2013	0.1272～0.2379
2	二	地基加固情况下，二号线单独运行	0.1044～0.3144	0.1424～0.2286
3	三	地基未加固情况下，二号线、六号线联合运行	0.1035～0.2105	0.1263～0.2280
4	四	地基加固情况下，二号线、六号线联合运行	0.1366～0.3581	0.1286～0.2078

由表6.4.2可见：

1）地基加固情况下（即工况二、工况四），相对于地基未加固情况（即工况一、工况三），Z向和水平向振动速度峰值均有增有减。

2）从频谱来看，四个角点的响应频率峰值主要在19Hz。采取地基加固措施后，19Hz谱峰减少42.31%。

3）钟楼地基加固对降低地铁运行对钟楼影响效果不明显，盲目进行地基加固也许会造成不利的影响，实际工程中是否采用地基加固需进行专题研究。

2. 本体加固

以西安地铁二号线过安远门城墙段为工程依托，分别采用了铰接和刚接两种模型进行安远门箭楼振动响应计算，通过两种模型计算结果，综合分析古建筑本体加固措施的适用性。

（1）监测点

安远门箭楼计算模型、监测点位置如图6.4.5所示。

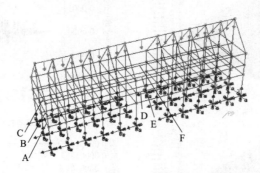

图6.4.5 计算模型、监测点位置示意图

（2）计算结果

将监测点的现场振动数据时程输入模型，分别得到安远门箭楼节点铰接和刚接的各监测点速度响应值，具体见表6.4.3、表6.4.4。

表6.4.3

监测点速度响应峰值（铰接）

部位	监测点	速度（mm/s）		
		x方向	y方向	z方向
柱底		0.0353	0.0454	0.0848
二层边墙中柱旁	A	0.0420	0.0545	0.0849

部位	监测点	速度（mm/s）		
		x 方向	y 方向	z 方向
三层边墙中柱旁	B	0.0336	0.0641	0.0890
边墙顶部	C	0.0403	0.0708	0.0908
一层中间	D	0.0386	0.0617	**0.4240**
二层中间	E	0.0382	0.0685	**0.5427**
三层中间	F	0.0443	0.0978	**0.6241**

监测点速度响应峰值（刚接）　　　　　　　　表 6.4.4

部位	监测点	速度（mm/s）		
		x 方向	y 方向	z 方向
柱底		0.0353	0.0454	0.0848
二层边墙中柱旁	A	0.1236	0.0762	0.1272
三层边墙中柱旁	B	0.0803	0.1097	0.1781
边墙顶部	C	0.1357	0.1481	0.2047
一层中间	D	0.0777	0.0772	**0.1696**
二层中间	E	0.1010	0.1258	**0.1729**
三层中间	F	0.0585	0.1635	**0.1557**

由表 6.4.4 可以看出：

1）节点刚接相对于节点铰接，中间位置 D、E、F 监测点竖直向振动速度幅值显著减小，其余测点竖直向和水平向振动速度峰值均略有增大。

2）由于安远门箭楼等古建筑在后期维修中，采用铁钉、铁匝等方式加固榫卯节点，增加了节点的约束，限制了节点的相互位移，使得节点趋向于刚接，有利于古建筑结构关键控制点的减振，从而说明古建筑结构减振与抗震机理不同，节点铰接虽然可以达到耗能、减震的作用，但节点刚接能有效减少长期微振动环境下古建筑的振动响应，实现古建筑本体加固减振。

6.5　古建筑振震双控方法

6.5.1　隔振技术在古建筑性能提升中的优越性

由于古建筑年代久远，结构破坏严重，抗震能力大大减弱，加之处于周边环境振动区，这些问题都对古建筑安全造成了不利影响。目前的研究还是单独针对古建筑的抗震加固或减振处理，未将抗震加固和振动二者结合进行研究。因此需要探索新的技术措施来同时解决抗震和振害防治的问题。

古建筑文化与经济价值极高，为了防止这类建筑物在地震以及振动中遭受重大的破坏，往往需要对其进行性能提升。传统的性能提升方法是通过加强结构的强度及承载力的途径来提高建筑物抵抗地震作用的能力。但是这种方法并不能有效减小结构所承受的地震及振动作用，并且还会对历史建筑的原有风貌造成不可避免的影响。

与之相比，隔振改造措施就具有明显的优越性，其优越性如下：

（1）隔振改造有非常明显的减震效果。在较大的地震作用下，非隔振结构的部分构件会进入弹塑性状态，而隔振结构的上部结构往往仍能处于弹性状态；

（2）对原结构进行隔振改造后，上部结构往往不需再进行加固，不会对古建筑的外观和内部装潢造成破坏且可以降低加固改造工程的总造价；

（3）在维修方面，采用传统方法的结构一旦发生破坏，修复工作的工作量和难度都较大，而采用隔振技术改造的结构只需对隔振装置进行检查，不需对结构本身进行修复或只需进行少量的、简单的修复。

基于上述理由，采用隔振技术来进行抗震与振动控制对于古建筑而言是相对较合适的。

6.5.2　三维隔震支座设计

基础隔振体系是在上部结构与基础之间，通过设置某种隔振元件，以减小地震（振动）能量向上部的传递，达到减小结构振动的目的。隔振元件必须具"复位"特性。建筑基础隔振技术研究已经日臻成熟，并广泛应用于工程实践中，但目前普遍使用的隔振元件多数用于隔离水平地震，对于地铁运行诱发的建筑物竖向振动与竖向地震引起建筑物的竖向振动没有多大的隔离效果。在实际工程建筑中，建筑的基础层为上部结构提供竖向稳定支撑，显著降低竖向刚度是困难的；较大的竖向位移也会引起建筑物内人员的不适和设备的损坏。因此，建筑物竖向隔振设计的难点在于如何在保证为上部结构提供有效支撑的同时，大幅度提高隔振后结构的竖向耗能特性。

基于对地铁运行诱发沿线邻近古建筑振动以及多维地震动的分析研究，提出了由普通橡胶支座和钢弹簧支座串联组成的三维隔振支座（图6.5.1）。下连接板和中连接板之间为橡胶支座，中连接板和上连接板之间为钢弹簧支座。支座的上、下连接板与外部结构之间采用锚固螺栓连接。

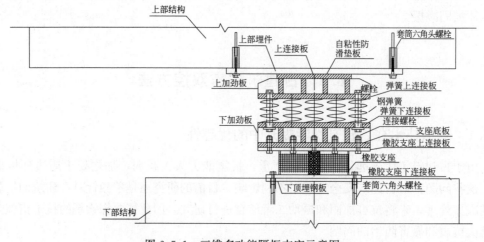

图6.5.1　三维多功能隔振支座示意图

该三维隔震支座综合了橡胶支座和钢弹簧支座的特点,在列车运行所引起的竖向振动荷载激励下,该隔振支座发生微小的往复压缩变形来消耗振动能量,从而减小列车振动荷载向上部结构的传递。在地震作用时,上部钢弹簧支座会发生压缩变形,耗散地震作用的竖向分量,而底部普通橡胶支座发生往复剪切变形耗能,减小水平地震作用,从而降低上部结构的地震响应。

1. 橡胶支座设计

(1) 形态设计

支座的性能取决于构成橡胶支座的橡胶性能和橡胶支座的形状。橡胶支座的形状通过形状系数 S_1 和 S_2 来描述。

第一形状系数 S_1 与橡胶支座的竖向刚度和承载力相关,定义为橡胶支座中各层橡胶层的有效承压面积与其自由表面积之比:

$$S_1 = \frac{d - d_0}{4t_r} \tag{6.5.1}$$

式中:d 为橡胶层有效承压面的直径;d_0 为橡胶支座中间开孔的直径;t_r 为单层橡胶层的厚度。

S_1 表征橡胶支座中的钢板对橡胶层变形的约束程度。所以 S_1 值越大,橡胶支座的受压承载力越大,竖向刚度也越大。

第二形状系数 S_2 与橡胶支座的水平刚度和稳定性有关,定义为橡胶支座有效承压体的直径与橡胶总厚度之比:

$$S_2 = \frac{d}{nt_r} \tag{6.5.2}$$

式中:n 为橡胶层的总层数。

S_2 表征橡胶支座受压体的宽高比。S_2 值越大,橡胶支座越扁平,其受压稳定性越好,但是,水平刚度也越大,水平极限变形能力将越小。

根据国内外的研究成果和应用经验,一般取 $S_1 \geqslant 15$,$S_2 \geqslant 5$。

(2) 强度设计

橡胶支座的强度设计主要是控制其平均压应力大小和不允许出现拉应力。一般将使用时的平均压应力控制在 $0 \sim 15\text{MPa}$,其中"0"表示不允许出现拉应力,如果第二形状系数 S_2 较小,比如小于 5,则隔振支座的允许平均压应力应降低。我国现行《建筑抗震设计规范》规定平均压应力控制在 $0 \sim 15\text{MPa}$,并规定在任何时候不允许隔振支座出现拉应力。对于国外规范,平均压应力一般比我国规定值要低一些,常在 10MPa 以内。

(3) 水平刚度

夹层橡胶支座的橡胶层,由于其上下两面都受钢板的横向约束,它的纵向弹性常数并不等于橡胶材料的弹性模量。研究表明,橡胶板的纵向弹性常数与板所处的力学状态有关。假定支座同时承受压、弯、剪作用,可得天然橡胶支座水平刚度 K_H:

$$K_H = \frac{P_v^2}{2k_r \tan\left(\dfrac{qh}{2}\right) - P_v h} \tag{6.5.3}$$

$$q=\sqrt{\frac{P_v}{k_r}\left(1+\frac{P_v}{k_s}\right)} \tag{6.5.4}$$

式中：P_v 为竖向压缩荷载；k_r 为橡胶板的有效弯曲刚度；k_s 为胶板的有效剪切刚度；h 为橡胶板高度。

对于具体问题，P_v 常常为已知，k_r 和 k_s 是计算水平刚度的重要因子。本文采用 LindleyP B 提出的 k_r、k_s、h 计算公式：

$$k_r=E_rI\frac{t_r+t_s}{t_r} \tag{6.5.5}$$

$$E_r=E_0\left(1+\frac{2}{3}kS_1\right) \tag{6.5.6}$$

$$k_s=GA\frac{t_r+t_s}{t_r} \tag{6.5.7}$$

$$h=n(t_r+t_s) \tag{6.5.8}$$

式中：E_0 为橡胶材料的弹性模量；G 为橡胶材料的剪切模量；E_r 为橡胶板作用有弯曲荷载时的纵向表现弹性常数；I 为橡胶板的截面惯性矩；t_r 为单层橡胶厚度；t_s 为单层钢板厚度；n 为橡胶层数。

式中关于 k_r 和 k_s 的计算式乘以 $(t_r+t_s)/t_r$，是为了将普通橡胶的截面刚度换算成由橡胶和钢板复合而成的夹层橡胶板的有效刚度。使用有效刚度，就可以将夹层橡胶板作为均质材料看待，有利于简化计算。

如不考虑竖向荷载 P_v 时，则橡胶支座的水平刚度 K_{HO}：

$$K_{HO}=\frac{GA}{nt_r}\left[1+\frac{4}{9S_2^2(1+2kS_1/3)}\right]^{-1} \tag{6.5.9}$$

试验结果表明，当 $S_1\geqslant15$，$S_2\geqslant5$ 时，K_{HO}/K_H 大约在 1.1 左右。即当形状系数在上述范围之内时，竖向压缩荷载的变动对水平刚度的影响较小，可考虑竖向压缩荷载的影响，式(6.5.9) 简化为：

$$K_{HO}=\frac{\pi d}{4}GS_2 \tag{6.5.10}$$

对于铅芯橡胶支座，铅棒的近似水平刚度表示为：

$$K_L=\frac{G_LA_L}{H_L} \tag{6.5.11}$$

$$K_H=\frac{GA}{nt_r}+\frac{G_LA_L}{H_L} \tag{6.5.12}$$

式中：G_L 为铅的剪切模量；A_L 为铅棒横截面积；H_L 为铅棒高度。

（4）竖向刚度

在竖向压缩荷载作用下，由于橡胶板受到钢板的约束，竖向变形较小，即橡胶板竖向刚度系数 K_{V1} 较大。假定单层橡胶的压缩刚度系数为 k_c，则

$$K_{V1}=\frac{k_c}{n} \tag{6.5.13}$$

$$k_c=\frac{E_{cb}A}{t_r} \tag{6.5.14}$$

式中：E_{cb} 为橡胶承受压缩荷载时，进行了体积弹性系数修正的表现弹性常数。Lindley P B 提出计算式：

$$E_{cb}=\frac{E_c E_b}{E_c+E_b} \tag{6.5.15}$$

$$E_c=E_0(1+2kS_1^2) \tag{6.5.16}$$

将式(6.5.15)、式(6.5.16) 代入式(6.5.13)，可得夹层橡胶支座的竖向刚度计算公式：

$$K_V=\frac{\pi d}{4}E_{cb}S_2 \tag{6.5.17}$$

对于铅芯橡胶支座，还应考虑铅棒的作用，近似计算时：

$$A=A_r+A_L\left(\frac{E_L}{E_{cb}}-1\right) \tag{6.5.18}$$

式中：E_L 为铅的压缩模量。

2. 圆柱螺旋钢弹簧设计

隔振弹簧组是隔振系统的主要支承部分，其承载能力和刚度特性直接影响工作范围和隔振性能，因此弹簧支座的设计是决定能否满足隔振需求的关键。

圆柱螺旋弹簧由弹簧材料卷制而成，几何形状成圆柱螺旋形，弹簧材料的中心线连成螺旋线，因此螺旋弹簧的基本理论先从螺旋线的几何描述展开。

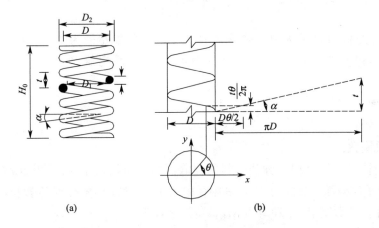

图 6.5.2　圆柱螺旋弹簧

以图 6.5.2 所示弹簧材料中心线形成的螺旋线的基本参数，可得螺旋线的方程式为：

$$\begin{cases} x=\dfrac{D}{2}\cos\theta \\[2mm] y=\dfrac{D}{2}\sin\theta \\[2mm] z=\dfrac{D\theta}{2}\tan\alpha \end{cases} \tag{6.5.19}$$

$$\theta=\frac{2l\cos\alpha}{D},0\leqslant\theta\leqslant2\pi n \tag{6.5.20}$$

式中：D 为螺旋线圆柱直径，即弹簧的中径；α 为螺旋线的升角，即弹簧的螺旋角；

l 为螺旋线的长度，即弹簧有效工作圈材料的展开长度；θ 为螺旋线的极角，θ_M 为最大角；n 为螺旋线的圈数，即弹簧的有效工作圈数。

根据 D、α 和 l 这三个基本几何参数，可以确定如下几何参数：

螺旋线的节距

$$t = \pi D \tan\alpha \tag{6.5.21}$$

螺旋线的圈数

$$n = \frac{l\cos\alpha}{\pi D} \tag{6.5.22}$$

螺旋的高度

$$H = nt = l\sin\alpha \tag{6.5.23}$$

螺旋线的曲率半径

$$\rho = \frac{D}{2\cos^2\alpha} \tag{6.5.24}$$

螺旋线的曲率

$$\chi = \frac{2\cos^2\alpha}{D} \tag{6.5.25}$$

螺旋线的扭转量

$$\kappa = \frac{\sin 2\alpha}{D} \tag{6.5.26}$$

螺旋弹簧的材料直径为 d，弹簧内径为 D_1，弹簧外径为 D_2，弹簧的自由高度为 H_0，n_1 为包括支撑圈 $n_{支}$ 在内的总圈数，则可得螺旋弹簧各参数的几何关系如下：

弹簧的外径： $\quad D_2 = D + d \tag{6.5.27}$

弹簧的内径： $\quad D_1 = D - d \tag{6.5.28}$

弹簧的总圈数： $\quad n_1 = n + n_{支} \tag{6.5.29}$

在弹簧受轴向荷载 P 时，弹簧材料的圆截面内将包括扭矩 T_t、弯矩 M_b、截面内的径向力 P_b 和垂直截面的法向力 P_t，其中径向力 P_b 和法向力 P_t 对弹簧材料的变形作用可以忽略不计，考虑扭矩 T_t 和弯矩 M_b，可表示如下：

$$T_{t1} = \frac{PD}{2}\cos\alpha \tag{6.5.30}$$

$$M_{b1} = \frac{PD}{2}\sin\alpha \tag{6.5.31}$$

圆柱螺旋弹簧的轴向变形分析时，可依据是否将螺旋角取 $\sin\alpha \approx 0$ 及 $\cos\alpha \approx 0$，分为疏圈理论和密圈理论，首先以疏圈理论进行下面推导。弹簧在受到轴向荷载后应依然保持螺旋形，但相关参数：中径 D_2、螺旋角 α、螺旋线长度 l 均发生变化，由于材料长度变化量 Δl 较小，因此不予考虑，则受荷载后的参数可表示为：

$$\begin{cases} D' = D + \Delta D \\ \alpha' = \alpha + \Delta\alpha \end{cases} \tag{6.5.32}$$

进而可得：

$$\Delta(\sin\alpha') = -\frac{D'\sin\alpha'}{2}\Delta\chi + \frac{D'\cos\alpha'}{2}\Delta\kappa \tag{6.5.33}$$

$$\Delta(\cos\alpha') = -\frac{D'\sin^2\alpha'}{2}\Delta\chi - \frac{D'\sin\alpha'}{2}\Delta\kappa \tag{6.5.34}$$

$$\Delta D_2 = -\frac{D'^2\cos2\alpha'}{2\cos^2\alpha'}\Delta\chi - \frac{D'^2\sin\alpha'}{\cos\alpha'}\Delta\kappa \tag{6.5.35}$$

由材料力学可知，弹性变形范围内有如下关系：

$$\Delta\chi = \frac{M_b}{EI} \tag{6.5.36}$$

$$\Delta\kappa = \frac{T_t}{GI_P} \tag{6.5.37}$$

式中：E 为弹性模型；I 为截面惯性矩；G 为剪切模量；I_P 为截面极惯性矩。

弹簧在轴向载荷作用下，端部变形量 f 可表达如下：

$$f = \frac{\pi PD^3 n}{4\cos\alpha}\left(\frac{\sin^2\alpha}{EI} + \frac{\cos^2\alpha}{GI_P}\right) \tag{6.5.38}$$

而在实际工程应用中一般螺旋弹簧的螺旋角 α 较小，此时可取 $\sin\alpha \approx 0$ 及 $\cos\alpha \approx 1$，也就是疏圈理论，因 $I_P = 2I = \pi d^4/32$，则有：

$$f = \frac{8PD^3 n}{Gd^4} \tag{6.5.39}$$

螺旋弹簧的应力分析限于篇幅不再展开，下面仅给出密圈理论下受轴向荷载 P 作用的最大切应力 τ 计算公式：

$$\tau = K\frac{8PC}{\pi d^2} \tag{6.5.40}$$

式中：$C = D/d$ 为旋绕比；$K = (4C-1)/(4C-4) + 0.615/C$ 为曲度系数，计算静载时可取 $K = 1$。

螺旋弹簧具有三向刚度，轴向刚度通常可认为是不变的常数，设计和计算方法较为简洁准确。而径向刚度计算则较复杂，不仅涉及自身参数、截面形状，还会受到轴向承载大小的影响。一般来说，为了简化计算可将弹簧看作悬臂梁，并利用等效弯曲刚度和等效剪切刚度等弹性力学理论进行推导计算，下面直接给出螺旋角 α 较小情况时螺旋弹簧在轴向和径向荷载作用下的径向刚度 k_r 计算公式：

$$k_r = k_v\left[0.295\left(\frac{H}{D}\right)^2 + 0.384\right]^{-1}\eta^{-1} \tag{6.5.41}$$

$$\eta = \frac{1}{1 - \dfrac{F}{F_c}} \tag{6.5.42}$$

$$F_c = \frac{1.3FH}{f}\left[\sqrt{1 + 4.29\left(\frac{D}{H}\right)^2} - 1\right] \tag{6.5.43}$$

式中：H 为弹簧在荷载作用下的有效高度；η 为轴向荷载影响系数；F_c 为临界轴向稳定性荷载。

为了方便弹簧的加工制造以及保证在使用过程中具有稳定的性能，还需对弹簧的各项特性进行一一校核。首先是压并特性的校核，压并高度 H_b 需小于弹簧在最大工作荷载下的压缩高度，以避免弹簧在工作时簧圈发生互相接触，并且弹簧的压并应力 τ_b 需保证小于容许应力 $[\tau_b]$，这是由于在弹簧制造过程中需要通过压并来消除残余应力，以减轻蠕变现象，而如果压并应力过大则会带来制造工艺上的困难。压并高度 H_b 和压并应力 τ_b 的计算公式如下：

$$H_b = (n_1 - 0.5)d \tag{6.5.44}$$

$$\tau_b = \frac{8FD}{\pi d^3} \tag{6.5.45}$$

其次是稳定特性的校核，为了保证弹簧在压缩过程中不发生失稳现象，需校核弹簧高径比 b 是否在允许范围之内。高径比 b 的计算公式如下：

$$b = \frac{H_0}{D} \tag{6.5.46}$$

然后是共振特性的校核，因为弹簧自身具有一定的质量，所以存在自振频率 f_e，需校核弹簧设计是否避开了外界干扰频率，以防共振现象的发生。自振频率 f_e 的计算公式如下：

$$f_e = \frac{3.56d}{nD^2}\sqrt{\frac{G}{\rho}} \tag{6.5.47}$$

最后是疲劳特性的校核，通常在高频周期性变荷载的作用下，螺旋弹簧会产生疲劳损伤，此时如若用静强度校核方法将不再合适，因此需进行疲劳强度的安全性验算。设弹簧所受周期性变荷载为：

$$F(t) = F_m + F_\alpha \sin 2\pi\omega t \tag{6.5.48}$$

则螺旋弹簧的切应力可计算如下：

$$\tau_{max} = \frac{8D}{\pi d^3}F_m + K\frac{8D}{\pi d^3}\frac{1}{1-(\omega/\omega_n)^2}F_\alpha \tag{6.5.49}$$

$$\tau_{min} = \frac{8D}{\pi d^3}F_m - K\frac{8D}{\pi d^3}\frac{1}{1-(\omega/\omega_n)^2}F_\alpha \tag{6.5.50}$$

式中：F_m 为平均荷载；F_α 为荷载幅；τ_{max} 为最大工作应力；τ_{min} 为最小工作应力。疲劳安全系数 S 的计算公式可简化为张氏公式：

$$S = \frac{\tau_0 + 0.75\tau_{min}}{\tau max} \geqslant S_{min} \tag{6.5.51}$$

式中：τ_0 为疲劳极限值；S_{min} 为疲劳许用安全系数，当弹簧设计计算和材料试验数据精确度较高时可取 $S_{min} = 1.3 \sim 1.7$。

3. 三维隔振支座设计

（1）刚度设计

三维多功能隔振支座由橡胶支座和钢弹簧复合支座串联组成。橡胶支座具有较小的水平刚度和较大的竖向刚度，分别由式（6.5.12）和式（6.5.17）计算。钢弹簧支座由弹簧组和黏弹性阻尼器并联而成，由于导向件限制了其水平位移，使其几乎只能发生竖向位移，因此具有一定的竖向刚度和非常大的水平刚度，其竖向刚度由弹簧组刚度 K_{t1} 和黏弹性阻尼器刚度 K_{t2} 按并联方式计算，即 $K_{V2} = K_{t1} + K_{t2}$，其水平刚度远大于橡胶支座的水平刚度，所以三维隔振支座的水平刚度 K_H 仅考虑橡胶支座的水平刚度 K_{H1}，竖向刚度 K_V 根据隔振支座的竖向刚度 K_{V1} 和钢弹簧支座的竖向刚度 K_{V2} 按串联方式计算。所以，三维多功能隔振支座的水平和竖向刚度为：

$$K_H = K_{H1} \tag{6.5.52}$$

$$K_V = \frac{K_{V1} K_{V2}}{K_{V1} + K_{V2}} \tag{6.5.53}$$

（2）承载力设计

三维隔振支座由橡胶支座和钢弹簧支座组成，因此，其承载力应分别考虑橡胶支座的竖向承载力和钢弹簧支座的竖向承载力。根据上部结构传来的轴力基本组合确定橡胶支座的规格，根据轴力基本组合值计算钢弹簧的竖向承载力。

地震时，由于橡胶支座发生较大的水平位移，竖向荷载作用线与正常使用时的作用线发生了较大变化，使得此时的受压有效面积大幅减小，因此，应根据该面积受压稳定要求来确定橡胶支座的承载力，如果取支座的剪切变形为 $0.55D$（D 为支座有效直径），则可得到支座的屈曲应力值 $\sigma_{max} = 0.45\sigma_{cr} \approx 15\mathrm{MPa}$（$\sigma_{cr}$ 为剪切变形等于零时支座的屈曲应力，满足 $S_1 \geqslant 15$，$S_2 \geqslant 5$ 且橡胶硬度大于 40 时的最小值为 $34\mathrm{MPa}$）。因此，橡胶支座的竖向承载力应该控制支座的竖向平均压应力 σ_v（等于轴力基本组合值/支座有效受压面积）不超过该应力值，平均压应力应在 $0 \sim 15\mathrm{MPa}$ 范围内选取。我国现行《建筑抗震设计规范》对甲、乙、丙类建筑平均压应力限值分别取 $10\mathrm{MPa}$、$12\mathrm{MPa}$ 和 $15\mathrm{MPa}$。

钢弹簧支座无论是在地铁运行诱发环境振动时还是地震时，力作用线始终保持不变。因此，对于钢弹簧支座的承载力计算，应根据上部轴力的基本组合进行。首先，根据上部轴力设计单个钢弹簧的几何尺寸和组合方式，保证竖向承载力。

（3）极限变形计算

地铁运行诱发环境振动与地震时，三维多功能隔振支座产生水平位移和竖向位移，其中橡胶支座主要产生水平位移，钢弹簧支座产生竖向位移。为了保证上部结构的安全及其居住舒适度，应保证罕遇地震时，三维隔振支座在罕遇地震时能稳固支撑上部结构，同时能有效降低地铁运行诱发的环境振动对建筑物的影响，两种情况下支座的位移均不应超过其位移限值。

设地震与地铁运营时第 i 个隔振支座分别产生水平位移和竖向位移为 u_i 和 v_i，则对于提供水平位移的隔振橡胶支座，罕遇地震下支座的水平位移 u_i 不应超过极限位移限值 $[u_i]$（$[u_i]$ 取 $0.55D$ 和 $3T_{Ri}$ 的较小者）。对于提供竖向位移的钢弹簧支座，罕遇地震时的竖向位移 v_i 不应超过允许限值 $[v_i]$（$[v_i] = 0.75nh_0$）。即为：

$$u_i \leqslant [u_i] = \min(0.55D_i, 3T_{Ri}) \tag{6.5.54}$$

$$v_i \leqslant [v_i] = 0.75nh_0 - v_0 \tag{6.5.55}$$

式中：u_i、v_i 分别为罕遇地震时第 i 个支座产生的水平位移和竖向位移；v_0 为第 i 个支座在重力荷载代表值作用下产生的竖向位移；$[u_i]$、$[v_i]$ 分别为第 i 个支座的水平位移和竖向位移限值；D_i 为橡胶支座有效直径；T_{Ri} 为支座橡胶总厚度；n 为钢弹簧对合组数；h_0 为单个弹簧的极限位移。

6.5.3　振震双控设计方法

对于处于振动影响范围内的古建筑，不能满足振动容许限值的规定时，可以考虑采取既能降低地震响应，又能降低振动响应的技术措施，即进行振震双控。对于采用橡胶支座和圆柱螺旋钢弹簧相结合的三维隔振措施来说，其设计思路如下：

（1）对隔振支座的布置方案进行初步设计。

（2）计算隔振支座在不利荷载组合下的支座反力，结合隔振支座竖向压应力容许值，调整隔振支座的数量。

（3）把结构模型当作单自由度体系，根据设计的竖向自振频率（远离场地卓越频率和古建筑楼板自振频率）计算隔振层竖向总刚度，再根据各支座所承担轴力大小按比例分配各个支座所承担的竖向刚度；把结构模型视为两质点模型，隔振层视为一个质点，上部结构视为一个质点，根据古建筑的一阶自振频率，计算出隔振层的总水平刚度，再按各柱柱底抗侧刚度等比例分配各支座水平刚度。

（4）建立古建筑有限元模型，对模型进行模态分析，采用动力特性验证模型的正确性，随后同样采用基于构件恢复力特性方法将隔振支座添加到整体结构模型中，进行模态分析进一步确保整体结构的竖向自振频率远离场地卓越频率和古建筑楼板自振频率。

（5）施加振动荷载（现场实测数值或采用两级校准的"地铁列车-轨道-隧道-土层振动分析模型"），验证结构振动响应是否满足振动容许值。

（6）如不满足（5），则改变隔振支座的布置方案，重复上述步骤（1）～（5），直至结构振动响应满足振动容许值。

（7）进行罕遇地震验算，验证结构各层变形是否满足容许值。

（8）如不满足（7），添加黏滞阻尼器，重复步骤（3）～（7），再次进行振动控制验算和地震响应验算，直至整体结构满足减振和抗震综合要求。

（9）对初步计算的隔振支座和黏滞阻尼器进行参数细化。

（10）连接件的设计。支座连接件包括上下连接板、抗侧移挡板、锚固螺栓以及其他相关配件，应对其分别进行设计和验算，使其满足安全性和稳定性的要求。

6.6　工程应用实例

6.6.1　西安地铁二号线绕行钟楼振动控制技术应用

1. 减振与隔振技术措施

为了减少地铁列车运营过程中产生的长期振动对钟楼的影响，采用了减振与隔振"多道防线"技术措施。

第一道防线：振源处减振——①钢弹簧浮置板轨道；②限制车速；

第二道防线：传播路径隔振——③加大埋深、绕行；④隔振桩；

第三道防线：受振古建筑治理——⑤地基加固；⑥本体加固。

① 钢弹簧浮置板轨道

通过钟楼段隧道内振动监测，对钢弹簧浮置板道床段和普通道床段的振动响应值比较与分析，得出隧道内减振段和普通段的振动差异，以此评价钢弹簧浮置板道床在地铁应用中的减振效果。

二号线过钟楼段采用钢弹簧浮置板道床进行振源减振（图 6.6.1），该减振方式属于道床减振。浮置板厚度为 330mm，中间凸台 200mm，左右区间长度共计 360m，钢弹簧浮置板道床设置范围见表 6.6.1。

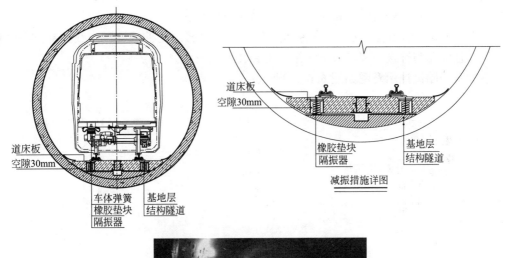

图 6.6.1　西安地铁二号线过钟楼段浮置板减振措施

西安地铁二号线过钟楼段钢弹簧浮置板道床设置范围　　　　表 6.6.1

钢弹簧浮置板设置范围		单线长度(m)	减振级别	敏感点名称
起点	终点			
DK13+300	YDK13+530(右)	230	特殊	西安钟楼
	ZDK13+430(左)	130		

② **降低列车运行速度**

西安地铁二号线最高运行时速为 80km/h，在钟楼段时速降为 30～40km/h。

③、④ **加大埋深、绕行、隔振桩**

(1) 线路平面布设时从钟楼两侧远距离绕行，设计上尽量远离钟楼基座的变形敏感区。

地铁线路方案设计的难点及关键点在于在保证钟楼的安全和稳定的前提下如何提高整个工程方案的经济性、合理性及可行性。基于此，产生了如下 3 种线路方案。

方案 1（双侧分绕方案）优点是：① 二号线和六号线与钟楼基座距离较远，运营振动对其影响较小，同时也为保护加固措施的实施提供了更为宽裕的空间。② 二号线和六号线与开元商城、世纪金花等周边建筑物基础净距均大于 2m，工程实施难度低。③ 线路技术条件好，二号线线路最小曲线半径为 600m，六号线线路最小曲线半径为 400m，可有效降低运营过程中的振动影响。

方案 2（直穿方案）优点是：线路顺直，行车及运营条件好，线路长度短，有利于节省投资。缺点是：线路自钟楼正下方穿过，施工风险较大。

方案 3（双线单侧绕行方案）缺点是：线路通过钟楼时为曲线穿越，线路穿过办公楼一栋，并且线路与钟楼距离较方案 1 近，对钟楼影响较大。

各方案线路设计示意图如图 6.6.2 所示。

图 6.6.2　西安地铁二号线双线绕行钟楼方案

本段线路方案比较的聚焦点在于线路绕行钟楼时，应不伤及遗址主体，确保文物在运营振动影响下的安全与稳定，并兼顾降低对沿线建筑物的不利影响。以此为出发点，设计推荐方案 1。

（2）纵向布设时加大埋深以降低振动对文物的影响。

纵断面设计：过钟楼段线路坡度为 24 ‰。隧道顶埋深约 13.2m。如图 6.6.3 所示。

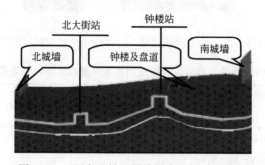

图 6.6.3　西安地铁二号线纵断面设计示意图

⑤、⑥ 地基、本体加固

在钟楼隔振桩内侧用化学注浆加固周围土体（图 6.6.4）。用袖阀管法化学浆液硅化加固方式，袖阀管直径 80mm，间距 600mm×600mm 梅花形布置，采用聚氨酯加固，在盾构通过之前进行注浆加固，盾构通过的时候可根据需要决定是否进行二次跟踪注浆，注浆管长 8m。

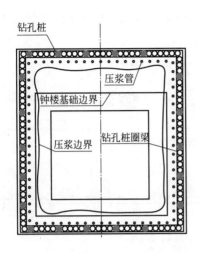

图 6.6.4　钟楼地基加固示意图

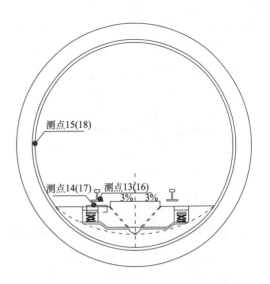

图 6.6.5　隧道内部测点布置示意图
注：括号内为浮置板段测点编号。

2. 振动响应测试结果

（1）钟楼段隧道内

1）测点布置

隧道内测点 13、14、15 分别位于普通段钢轨、道床、隧道壁上，测点 16、17、18 分别位于浮置板段钢轨、道床、隧道壁上。钢轨、道床上测点均为竖向加速度拾振器，隧道壁测点布置了竖向和水平向（线路方向）的加速度拾振器。

测点布置示意图如图 6.6.5、图 6.6.6 所示。

图 6.6.6　隧道内部测点布置照片

2）数据分析

对隧道内钢轨、道床和隧道壁上布设的测点进行振动监测，均采用触发采样，触发通道为钢轨通道，采样频率 5120Hz，采样长度为 1024 块。对采集的时域振动信号进行选择，选择原则为：

① 波形完整，无明显畸变；

② 信噪比高，无工频干扰或工频干扰不严重；

③ 由于计算中需要平均，相同车速下幅值差别不大。分析时时域波形应先预检，去

掉奇异项、修正零线飘移、趋势项等误差，当需滤波时，根据具体情况合理设置低通、高通的滤波截止频率或带通的通频带宽以确保数据分析的准确性和真实性。图 6.6.7 为不同断面与不同测点上的典型时程曲线图和频谱图。从图中可以看出列车整车通过测点断面的时间约为 11s，列车长为 117.12m，故车速约为 40km/h。

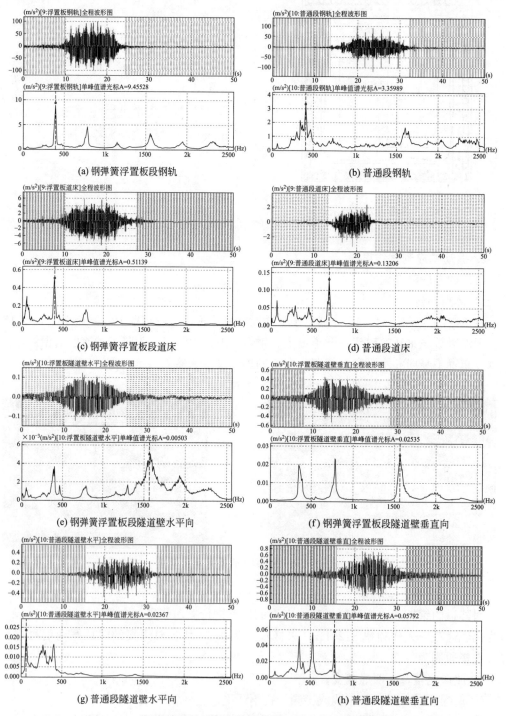

图 6.6.7　钢弹簧浮置板段与普通段典型时程曲线和频谱图对比

在振动监测数据中选择 10 次列车通过测点的时域信号进行统计分析。隧道内各测点的振动监测结果见表 6.6.2。从表中可以看出：

① 地铁运行下，普通道床下钢轨、道床、隧道壁水平向和垂直向的振动加速度幅值分别介于 $194.36\sim254.75 \mathrm{m/s^2}$、$1.03\sim1.36 \mathrm{m/s^2}$、$0.69\sim0.96 \mathrm{m/s^2}$ 和 $1.56\sim1.92 \mathrm{m/s^2}$ 之间；钢弹簧浮置板段铁轨、道床、隧道壁水平向和垂直向的振动加速度幅值分别介于 $174.59\sim223.18 \mathrm{m/s^2}$、$9.11\sim11.15 \mathrm{m/s^2}$、$0.10\sim0.16 \mathrm{m/s^2}$ 和 $0.32\sim0.46 \mathrm{m/s^2}$ 之间。由轮轨运动产生的振动传至道床、隧道壁有很大程度的衰减，其中隧道壁水平向振动较垂直向小。

② 车速、载客量及轨道均会对隧道内地铁产生振动量值有影响，通过比较相同车速和载客量情况下普通道床和钢弹簧浮置板道床的振动情况，可以看出在钢弹簧浮置板道床段的钢轨与道床处的振动量较普通道床段有所增加，且道床处的振动量值增加幅度较为明显，这是由于钢弹簧浮置板道床特殊的减振构造，使得浮置板的振动较为剧烈，这种振动主要由轨道传到车辆内。地铁产生振动通过浮置板的隔振后传到隧道壁上的振动量大大减小，相比普通轨道，隧道壁水平向振动加速度幅值能减小 86.6%，隧道壁垂直向振动加速度幅值能减小 76.6%。表明钢弹簧浮置板道床对减小隧道壁、土体及隧道上方敏感建筑物的振动响应有显著效果。

③ 图 6.6.8 为钢弹簧浮置板振源各测点的三分之一倍频程加速度级比较。可以发现，在 100Hz 以内，从钢轨到浮置板轨道，振动衰减量不大；但在 200Hz 以内，从浮置板轨道到隧道壁，振动有非常明显的衰减，平均衰减量可达 40dB 加速度级，因此盾构隧道内的浮置板轨道对振动的衰减有着非常明显的效果。

隧道内振动加速度幅值监测结果统计表　　　　　　　　表 6.6.2

测点位置		普通轨道（$\mathrm{m/s^2}$）				钢弹簧浮置板（$\mathrm{m/s^2}$）				减振效果（%）			
		铁轨	道床	隧道壁水平向	隧道壁垂直向	铁轨	道床	隧道壁水平向	隧道壁垂直向	铁轨	道床	隧道壁水平向	隧道壁垂直向
序号	1	122.45	1.37	0.64	1.15	188.42	8.98	0.12	0.4	−53.90	−555.50	81.30	65.20
	2	192.84	1.34	0.66	1.48	234.32	12.01	0.16	0.33	−21.50	−796.30	75.80	77.70
	3	107.69	1.34	0.53	1.18	182.64	9.42	0.12	0.38	−69.60	−603.00	77.40	67.80
	4	119.04	1.24	0.63	1.25	157.42	9.32	0.13	0.41	−32.20	−651.60	79.40	67.20
	5	165.47	1.41	0.62	1.68	274.33	12.09	0.15	0.42	−65.80	−757.40	−6.20	75.00
	6	119.05	1.3	0.62	1.13	192.31	8.65	0.15	0.36	−61.50	−565.40	75.80	68.10
	7	201.67	1.82	0.68	1.66	231.16	12.21	0.21	0.35	−14.60	−570.90	69.10	78.90
	8	198.25	1.33	0.65	1.23	237.95	11.8	0.23	0.38	−20.00	−787.20	64.60	69.10
	9	124.99	1.25	0.54	1.27	196.64	10.71	0.11	0.21	−57.30	−756.80	79.50	83.50
	10	126.07	1.3	0.64	1.26	207.69	12.02	0.11	0.3	−64.70	−824.60	82.80	76.20
平均值		147.75	1.37	0.62	1.33	210.29	10.72	0.15	0.35	−40.40	−682.60	76.00	73.40

3）减振效果对比分析

通过现场振动测试结果统计得出钢弹簧浮置板道床减振效果统计表如表 6.6.3 所示。可以看出，振源处减振措施对隧道壁、地表的振动响应值都有明显的减振效果，与数值模拟计算结果规律相同，同时验证了计算模型和参数选取的合理性。

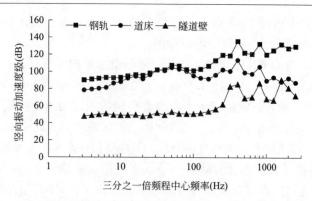

图 6.6.8　钢弹簧浮置板振源各测点的三分之一倍频程加速度级比较

钢弹簧浮置板道床减振效果统计表　　　　　　　　　　　　表 6.6.3

监测点位置	减振效果(%)
钢轨	−40.4
道床	−682.6
隧道壁水平向	+76.0
隧道壁垂直向	+73.4

（2）不同运行速度

为了研究地铁二号线运行速度对钟楼的振动影响，在路面交通最稀少的时候，委托地铁公司在上、下行线均专门调度了电客车分别以约 40km/h 和 20km/h 的时速匀速通过了钟楼（其中包括了单线运行和双线交汇运行），每一个工况往返共通过 8 次，从而实现了不同车速多种工况的振动监测。

具体的测试工况见表 6.6.4。

测试工况　　　　　　　　　　　　　　　　　　表 6.6.4

测试对象	测试工况	测试工况	地铁二号线运行		路面交通运行
			线路	时速	
钟楼（木结构、台基）	工况 1	地铁二号线	双线交汇	40km/h 匀速	无
	工况 2		单线运行	40km/h 匀速	无
	工况 3		双线交汇	20km/h 匀速	无
	工况 4		单线运行	20km/h 匀速	无

根据现场振动监测数据，统计钟楼木结构和台基在各工况下最大振动速度值，见表 6.6.5。

钟楼振动速度最大值统计表　　　　　　　　　　　表 6.6.5

工况		速度幅值最大值(mm/s)		
		X	Y	Z
地铁单独运行	40km/h 双线交汇	0.066	0.069	0.037
	40km/h 单线	0.075	0.073	0.040
	20km/h 双线交汇	0.077	0.070	0.032
	20km/h 单线	0.060	0.064	0.030

从表 6.6.5 可以看出：

1) 地铁单独运行时，运行速度从 40km/h 降至 20km/h，振动速度幅值均有一定的减小；

2) 地铁双线运行时，运行速度从 40km/h 降至 20km/h，水平向振动速度幅值均有一定的增加，竖向振动速度幅值减小；

3) 说明列车运行速度降低对古建筑的振动响应有一定的效果，列车通过古建筑、文物等敏感建筑地段时应合理降低车速，减小长期轨道交通微振动对建筑物的影响。

（3）隔振桩内外

现场振动监测照片如图 6.6.9 所示。

(a) 钟楼围护桩内　　　　　　　　　　　　(b) 钟楼围护桩外(花坛下)

图 6.6.9　现场振动监测照片

对地铁运行＋路面交通综合工况下隔振桩内外侧监测点的振动速度响应幅值进行统计，如表 6.6.6 所示。结果表明：隔振桩对钟楼台基的减振效果达到 40%，与第 3 章理论计算结果的规律一致。

振动速度最大幅值统计表　　　　　　　　　　　　　　　表 6.6.6

对象	结构类型	位置	速度幅值最大(mm/s)	隔振效果(%)
钟楼	台基	砖结构	隔振桩内侧　0.045	40
			隔振桩外侧　0.075	

（4）古建筑振动响应

在地铁二号线运行前后对钟楼共进行了 9 次振动监测，将历次最大振动速度幅值进行统计并与相关规范的容许振动标准相比较，具体如表 6.6.7 所示。

钟楼各监测点最大振动速度幅值统计表　　　　　　　　表 6.6.7

监测次数	监测对象		最大振动速度幅值(mm/s)		容许振动标准	是否满足规范要求
			水平向	竖向		
1 （2008.01）	钟楼	台基	0.096	0.128	0.15	是
		木结构	0.260	0.127	0.20	否
2 （2011.12）	钟楼	台基	0.060	0.059	0.15	是
		木结构	0.131	0.070	0.20	是
3 （2012.04）	钟楼	台基	0.040	0.028	0.15	是
		木结构	0.066	0.049	0.20	是

续表

监测次数	监测对象		最大振动速度幅值（mm/s）		容许振动标准	是否满足规范要求
			水平向	竖向		
4 (2012.06)	钟楼	台基	0.040	0.025	0.15	是
		木结构	0.072	0.044	0.20	是
5 (2013.09)	钟楼	台基	0.065	0.062	0.15	是
		木结构	0.139	0.080	0.20	是
6 (2013.11)	钟楼	台基	0.068	0.066	0.15	是
		木结构	0.153	0.069	0.20	是
7 (2014.03)	钟楼	台基	0.067	0.066	0.15	是
		木结构	0.152	0.077	0.20	是
8 (2016.03)	钟楼	台基	0.052	0.064	0.15	是
		木结构	0.129	0.101	0.20	是
9 (2016.11)	钟楼	台基	0.047	0.059	0.15	是
		木结构	0.155	0.089	0.20	是

2008年1月监测结果表明，钟楼木结构柱中振动速度幅值超出规范要求，其余各测点振动幅值也较大，说明当时的路面交通对钟楼的振动影响比较显著。

地铁二号线运行至今，共对钟楼进行了八次振动监测，测试工况包括地脉动背景振动、路面交通＋地铁运行综合工况、地铁单独运行工况、路面交通无地铁工况，测试结果均满足国家文物局要求和《古建筑防工业振动技术规范》GB/T 50452—2008的容许振动标准，说明地铁二号线建设过程中采取的线路绕行、加大埋深、降低车速、钢弹簧浮置板道床轨道、隔振桩、地基加固等一系列工程措施构成了"多道防线综合控制振动措施"，起到了很好的减振与隔振效果，将砖木结构钟楼类古建筑在多源交通叠加影响下的振动响应降低至容许范围内，有效解决了往复交通对古建筑振动影响的难题。

6.6.2　西安地铁二号线下穿城墙振动控制技术应用

西安明代古城墙是目前全国保存下来的最大、最完整的古城垣，它的城楼、箭楼也是全国相同建筑中最为宏大的建筑之一。2008年，北京故宫、上海外滩和西安城墙被排名为中国城市十大标志建筑的三甲，它们不仅成为西安城市的标志，而且也是中国古建筑中具有代表性的建筑类型之一，反映了炎黄文化的博大精深，是研究我国古代建筑艺术和工程技术的重要实物例证，具有非常重要的历史价值、艺术价值和科学价值。

1. 减振与隔振技术措施

为了减少地铁列车运营过程中产生的长期振动对永宁门城墙的影响，同样采用了减振与隔振"多道防线"技术措施。

第一道防线：振源减振——① 钢弹簧浮置板轨道；② 限制车速；

第二道防线：传播路径隔振——③ 加大埋深、门洞下绕行；④ 屏障隔振；

第三道防线：受振古建筑治理——⑤ 地基加固；⑥ 本体加固。

①、② 钢弹簧浮置板轨道（同钟楼段）、限制车速（30～40km/h）

③、④ 加大埋深、门洞下绕行，屏障隔振

（1）线路平面布设时从城墙门洞下穿，设计上尽量远离城墙的变形敏感区。

地铁线路方案设计的难点及关键点在于在保证城墙的安全和稳定的前提下如何提高整个工程方案的经济性、合理性及可行性。基于此，产生了如下 3 种线路方案。

方案 1（双侧分绕方案）优点是：线路避开了永宁门城楼这一变形敏感点，对振动和变形适应能力较强。

方案 2（直穿方案）优点是：线路顺直，行车及运营条件好，线路长度短，有利于节省投资。缺点是：线路自永宁门城楼正下方穿过，施工风险较大。

方案 3（双线单侧绕行方案）优点是：线路自瓮城东侧穿过城墙，避开了永宁门城楼。缺点是：① 线路技术条件较差，不利于行车及运营。② 线路通过永宁门时为曲线穿越，施工难度较大。

各方案线路设计示意图如图 6.6.10 所示。

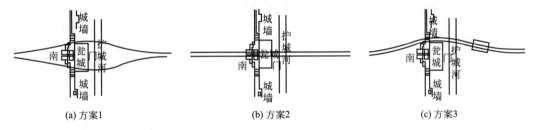

(a) 方案1　　　　　　　　　(b) 方案2　　　　　　　　　(c) 方案3

图 6.6.10　西安地铁二号线双线绕行城墙方案

本段线路方案比较的聚焦点在于线路穿过永宁门时，应不伤及遗址主体，确保文物在运营振动影响下的安全与稳定，并兼顾降低对沿线建筑物的不利影响。以此为出发点，设计推荐方案 1。具体线路平面位置示意图如图 6.6.11 所示。

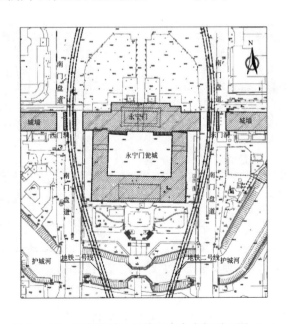

图 6.6.11　西安地铁二号线下穿永宁门平面图（一）

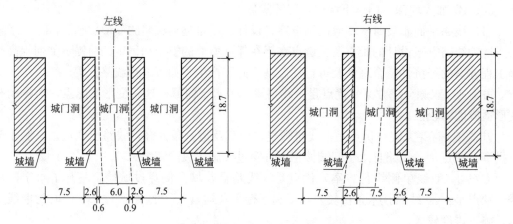

图 6.6.11　西安地铁二号线下穿永宁门平面图（二）

（2）纵向布设时加大埋深以降低振动对文物的影响。

纵断面设计：过永宁门城墙段盾构顶埋深为 18.7m；隧道顶距南护城河河底约 4.6m，如图 6.6.12 和图 6.6.13 所示。

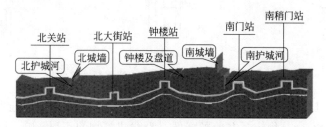

图 6.6.12　西安地铁二号线纵断面设计示意图

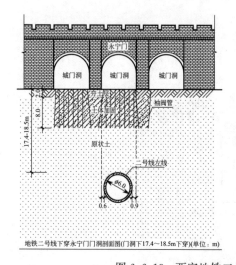
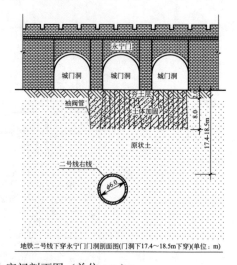

图 6.6.13　西安地铁二号线下穿永宁门剖面图（单位：m）

（3）隔振桩

对于运营期间的振动，在选线绕行、加大埋深的基础上，在永宁门段距瓮城边外围

5m 处打设一排钻孔灌注桩，桩顶设冠梁，桩径 1m，间距 1.4m，桩长至隧道底下 2m，盾构穿过范围内桩长至隧道顶 1m，阻隔减弱振动传递以降低运营期振动对古建筑的影响，如图 6.6.14 所示。

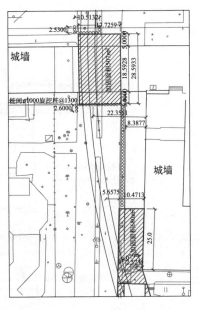

⑤、⑥ 周围土体加固，古建筑本体加固

从西安城墙永宁门结构本身出发，采用"古建筑振动控制多道防线技术"中的第三道防线，通过对城墙进行加固，研究其减振与隔振技术及效果。首先介绍西安城墙永宁门的结构类型和加固方案。

（1）对城墙基础加固

1）钻孔桩加固措施

在城墙两侧距离 8m、在瓮城两侧距离 5m 的位置打设直径 1m 钻孔灌注桩，间距 1.3m，桩长至盾构底下 2m。桩顶设冠梁，其中盾构穿越处桩长至盾构顶上 1m，如图 6.6.14 所示。

当在城墙两侧分别作一排布置为槽形的隔离桩并用冠梁将所有的桩连为整体后，会阻隔振动的传播，

图 6.6.14　西安地铁二号线沿线永宁门城墙段隔振桩布设示意图

从而地铁经过时对城墙产生的振动影响会大幅度减弱，可以有效地保护城墙的安全。

2）袖阀管注浆加固

对城墙地基采用袖阀管注浆加固，在围护桩范围内打设一排袖阀管注浆，间距为 0.6m×0.6m，梅花形布置，加固范围为地下 3～11m，如图 6.6.15 所示；浆液采用水泥-水玻璃双液浆，注浆压力初步定为 0.4～0.8MPa，具体浆液配比和注浆压力需根据现场试验确定。

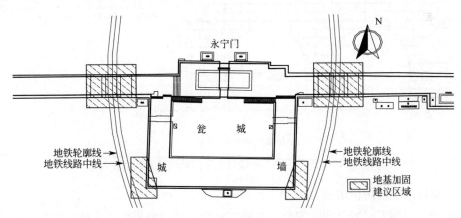

图 6.6.15　西安地铁二号线穿越永宁门城墙地基加固区域示意图

（2）对城墙外部的防护措施

盾构通过时采用外挂钢板网对城墙进行护壁（钢板网规格为 GW 3×65×2500×8000），要求尽量密贴，见图 6.6.16，实时观测，如发现有砖块脱落趋势需对城墙局部注粘结胶，通车一个月后可拆除该护网。

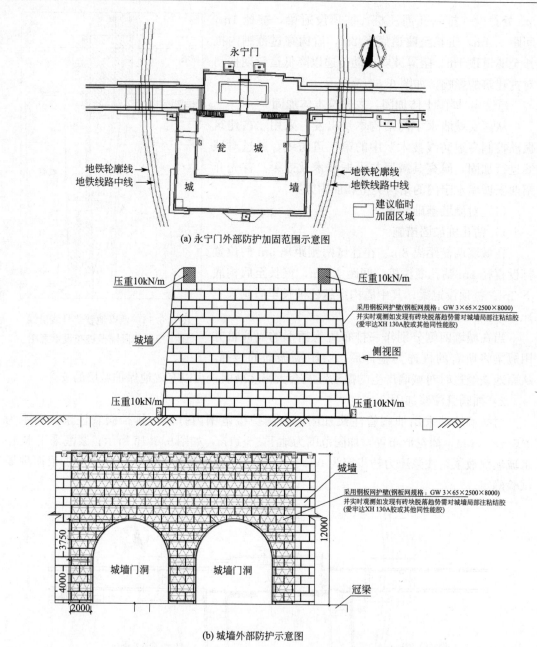

(a) 永宁门外部防护加固范围示意图

(b) 城墙外部防护示意图

图 6.6.16　西安地铁二号线对永宁门城墙外部的防护措施

（3）对城门洞的防护措施

为保证下穿施工时城门洞的安全，在施工前须对城门洞采取如下防护措施：在门洞内沿门洞轮廓设置 1 圈工字钢内支护，工字钢采用 22b，纵向间距为 1000mm，沿环向每隔 1m 设 1 道型号为 16 的工字钢加强纵向联系，见图 6.6.17。

2. 振动响应测试结果

项目组在地铁二号线运行后对永宁门段城墙共进行了 3 次振动监测，将历次最大振动速度幅值进行统计并与相关规范的容许振动标准相比较，具体如表 6.6.8 所示。

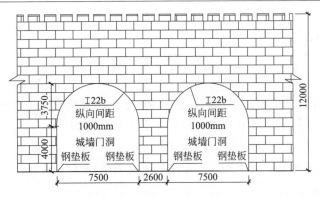

(a) 城门洞防护设计示意图

(b) 城墙门洞内设置钢拱架

图 6.6.17　西安地铁二号线对永宁门城门洞防护方案

永宁门、安远门段城墙各监测点最大振动速度幅值统计表　　　　　表 6.6.8

监测次数	监测对象		最大振动速度幅值(mm/s)		容许振动标准	是否满足规范要求
			水平向	竖向		
1 (2012.04)	永宁门	城墙	0.096	0.105	0.15	是
		城楼	0.176	0.153	0.19	是
2 (2016.03)		城墙	0.091	0.094	0.15	是
		城楼	0.125	0.107	0.19	是
3 (2016.11)		城墙	0.092	0.097	0.15	是
		城楼	0.082	0.055	0.19	是

　　地铁二号线运行至今，共对永宁门城墙段进行了 3 次振动监测，测试工况包括地脉动背景振动、路面交通＋地铁运行综合工况、地铁单独运行工况、路面交通无地铁工况，测试结果均满足国家文物局要求和《古建筑防工业振动技术规范》GB/T 50452—2008 的容许振动标准，说明地铁二号线建设过程中采取的线路绕行、加大埋深、降低车速、钢弹簧浮置板道床轨道、隔振桩、地基加固等一系列工程措施构成了"多道防线综合控制振动措施"，起到了很好的减振与隔振效果，将"砖表土芯"城墙类古建筑在多源交通叠加影响下的振动响应降低至容许范围内。

参 考 文 献

[1] 徐建.建筑振动工程手册［M］.2版.北京：中国建筑工业出版社，2016.

[2] 徐建，尹学军，陈骝.工业建筑振动控制关键技术［M］.北京：中国建筑工业出版社，2016.

[3] 徐建，曾滨，黄世敏，罗开海.工业建筑抗震关键技术［M］.北京：中国建筑工业出版社，2019.

[4] 建筑工程容许振动标准：GB/T 50868—2013［S］.北京：中国计划出版社，2013.

[5] 工程隔振设计标准：GB 50463—2019［S］.北京：中国计划出版社，2019.

[6] 动力机器基础设计标准：GB 50040—2020［S］.北京：中国计划出版社，2020.

[7] 地基动力特性测试规范：GB/T 50269—2015［S］.北京：中国计划出版社，2015.

[8] 建筑振动荷载标准：GB/T 51228—2017［S］.北京：中国建筑工业出版社，2017.

[9] 砌体结构设计规范：GB 50003—2011［S］.北京：中国建筑工业出版社，2012.

[10] 工程振动术语和符号标准：GB/T 51306—2018［S］.北京：中国建筑工业出版社，2018.

[11] 古建筑防工业振动技术规范：GB/T 50452—2008［S］.北京：中国建筑工业出版社，2008.

[12] 郑建国，钱春宇.西安地铁二号线运行振动对城墙影响专题研究报告［R］.西安：机械工业勘察计研究院，2008.

[13] 郑建国，钱春宇.西安地铁二号线运行振动对西安钟楼影响评估报告［R］.西安：机械工业勘察计研究院，2008.

[14] 宋春雨，陈龙珠，郑建国，等.地铁轨道减振措施对城墙振动的影响［J］.防灾减灾工程学报，2008，28（S）：147-150.

[15] 钱春宇.西安地铁二号线运行后钟楼、城墙（南门、北门）振动监测报告［R］.西安：机械工业勘察计研究院，2012.

[16] 钱春宇，郑建国，董霄，等.地铁运营引起的西安钟楼振动响应研究［J］.桂林理工大学学报，2012，32（3）：375-380.

[17] 刘维宁，马蒙，王文斌.地铁列车振动环境响应预测方法［J］.中国铁道科学，2013，34（4）：110-117.

[18] 马蒙，刘维宁，邓国华，等.基于校准法的地铁振动对西安钟楼影响研究［J］.工程力学，2013，30（12）：214-220.

[19] 李宇东，马蒙，钱春宇，等.地铁列车及路面交通引起古建筑微振动预测研究［J］.都市快轨交通，2014（3），27（3）：47-52.

[20] 彭勇刚，廖红建，钱春宇，等.古建筑木材料损伤强度特性研究［J］.地震工程与工程振动，2014，34（S1）：652-656.

[21] 徐建，胡明祎.工业工程振动控制概念设计方法［J］.地震工程与工程振动，2015，35（5）：8-14.

[22] 康佐，董霄，郑建国，等．钢弹簧浮置板道床在西安地铁中减振效果分析［J］．地震工程学报，2015，37（2）：372-376.

[23] 钱春宇，郑建国，张炜，等．西安钟楼台基防工业振动控制标准研究［J］．建筑结构，2015，45（19）：26-31.

[24] 张宸赫，廖红建，钱春宇，等．古建筑木材料拉-压疲劳试验研究［J］．工程力学，2016（S1）：201-206.

[25] 郑建国，徐建，张炜，等．古建筑抗震及防工业振动保护成套技术研究报告［R］．西安：机械工业勘察计研究院，2018.

[26] 钱春宇，徐敦峰，浩文明，等．西安小雁塔结构模型振动台试验研究［J］．振动与冲击，2020，39（22）：67-75.

[27] Clemente P，Rinaldis D. Protection of a monumental building against traffic-induced vibrations［J］. Soil Dynamics and Earthquake Engineering，1998，17（5）：289-296.

[28] 谢启芳，赵鸿铁，薛建阳，等．汶川地震中木结构建筑震害分析与思考［J］．西安建筑科技大学学报（自然科学版），2008，40（5）：658-661.

[29] 潘毅，唐丽娜，王慧琴，等．芦山 7.0 级地震古建筑震害调查分析［J］．地震工程与工程振动，2014，34（1）：140-146.

[30] 张铁柱，周占学．尼泊尔地震中古建筑的破坏分析与思考［J］．河北建筑工程学院学报，2016，34（3）：38-43.

[31] 姚侃，赵鸿铁．木构古建筑柱与柱础的摩擦滑移隔震机理研究［J］．工程力学，2006，23（8）：127-132.

[32] 闫维明，张博，周乾．古建筑榫卯节点抗震加固试验［J］．工程抗震与加固改造，2011，33（2）：89-95.

[33] 高永林，陶忠，叶燎原，等．传统穿斗木结构榫卯节点附加黏弹性阻尼器振动台试验［J］，土木工程学报，2016，49（2）：59-68.

[34] 石建光，谢益人．历史建筑砌体结构保护加固技术-以鼓浪屿历史建筑为例［M］．北京：中国建筑工业出版社，2004.

[35] Deutsch Institut für Normung．DIN4150-3 structural vibration part 3：effects of vibration on structure［S］. Berlin，1999.

[36] Office of Planning and Environment，Federal Transit Administration US. FTA-VA-90-91003-06 transit noise and vibration impact assessment［S］. Washington，2006.

[37] U. S. Department of Transportation Federal Railroad Administration（FRA），Manual for high-speed ground transportation noise and vibration impact assessment［S］. 2005.

[38] 魏鹏勃，夏禾，曹艳梅，等．安装阻尼板的钢轨减振性能试验研究［J］．北京交通大学学报（自然科学版），2007，31（4）：35-39.

[39] 耿传智，楼梦麟．浮置板轨道结构系统振动模态分析［J］．同济大学学报（自然科学版），2006，34（9）：1201-1205.

[40] 徐凯，郝洪美，郭亚兴．基于三维激光扫描仪的三维文物模型的建立［J］．北京测

绘，2014，（4）：120-122.

[41] 王振宇，刘晶波．建筑结构地震损伤评估的研究进展 [J]．世界地震工程，2001，17（3）：43-48.

[42] 古建筑木结构维护与加固技术标准：GB 50165—2020 [S]．北京：中国建筑工业出版社，2020.

[43] 李铁英，魏剑伟，张善元，等．木结构双参数地震损坏准则及应县木塔地震反应评价 [J]．建筑结构学报，2004，25（2）：91-98.

[44] 薛建阳，张风亮，赵鸿铁，等．古建筑木结构基于结构潜能和能量耗散准则的地震破坏评估 [J]．建筑结构学报，2012，33（8）：127-134.

[45] 高大峰，杨勇，邓红仙，等．基于能量耗散的多层木结构古建筑的地震破坏评估 [J]．地震研究，2016，39（2）：340-350.

[46] 李桂荣，郭恩栋，朱敏．中国古建筑抗震性能分析 [J]．地震工程与工程振动，2004，24（6）：68-72.

[47] 近现代历史建筑结构安全性评估导则：WW/T 0048—2014 [S]．北京：文物出版社，2014.

[48] 建筑结构检测技术标准：GB/T 50344—2019 [S]．北京：中国建筑工业出版社，2020.

[49] 建筑地基基础设计规范：GB 50007—2011 [S]．北京：中国建筑工业出版社，2011.

[50] Katagihara K. Preservation and seismic retrofit of the traditional wooden buildings in Japan [J]. Journal of Temporal Design in Architecture Environment，2001，1（1）：12-20.

[51] 机械工业环境保护设计规范：GB 50894—2013 [S]．北京：中国计划出版社，2013.

[52] Ma M, Liu W N. Ding D Y, et al. Vibration impacts on adjacent heritage buildings by metro trains [C] //4th International Symposium on Environmental Vibration (ISEV2009). Beijing：Science Press，2009：394-399.

[53] Ashley C. Blasting in urban areas [J]. Tunnels and Tunneling，1976，8（6）：60-67.

[54] Remington P J, Kurzweil L G. Low-frequency noise and vibrations from trains [M] //Neslson P M. Transportation Noise. London：Butterworth & Co. Ltd，1987.

[55] Esteves J M. Control of vibrations caused by blasting [R]. Portugal，Lisboa：Laboratorio National De Engenharia Civil，1978.

[56] Esrig M I, Ciancia A J. The avoidance of damage to historic structures resulting fron adiacent construction [J]. ASCE，1981.

[57] Chae Y S. Design of excavation blasts to prevent damage [J]. Civil Engineering，ASCE，1978，48（4）：77-79.

[58] Siskind D E, Stagg M S, Kopp J W, et al. Structure response and damage produced by ground vibration from surface mine blasting [R]. United States Bureau of

Mines Report Investigation，1980.

[59] Konon W，Schuring J. Vibration criteria for historic buildings ［J］. Journal of Construction Engineering and Management，1985，111（3）：209-215.

[60] 杨先健，潘复兰. 环境振动中古建筑的防振保护 ［C］// 中国土木工程学会第七届土力学及基础工程学术会议论文集. 1994.

[61] S. Suresh 著，王光中等译. 材料的疲劳 ［M］. 北京：国防工业出版社，1993.

[62] 李兆霞. 损伤力学及其应用 ［M］. 北京：科学出版社，2002.

[63] 袁建力. 砖石古塔的震害特征与抗震鉴定方法 ［M］. 北京：中国建筑工业出版社，2008.

[64] 周颖，吕西林. 建筑结构振动台模型试验方法与技术 ［M］. 北京：科学出版社，2012.

[65] 建筑抗震设计规范：GB 50011—2010（2016 年版）［S］. 北京：中国建筑工业出版社，2016.

[66] 赵祥，王社良，周福霖，等. 基于 SMA 阻尼器的古塔模型结构振动台试验研究 ［J］. 振动与冲击，2011，30（11）：219-223.

[67] 建筑抗震试验规程：JGJ/T 101—2015 ［S］. 北京：中国建筑工业出版社，2005.

[68] Xie Q F，Xu D F，Wang Y Z，et al. Seismic behavior of brick masonry walls representative of ancient Chinese pagoda walls subjected to in-plane cyclic loading ［J］. International Journal of Architectural Heritage，2019，180：1-13.

[69] 翟婉明. 车辆-轨道耦合动力学 ［M］. 2 版. 北京：中国铁道出版社，1997.

[70] 唐俊，程桂芝. 连续-现浇-金属弹簧隔振器式浮置板道床施工研究 ［J］. 铁道工程学报，2004，1：109-112.